Paul Kennedy

The Rise and Fall of British Naval Mastery

イギリス海上覇権の盛衰 下

パクス・ブリタニカの終焉

ポール・ケネディ
山本文史 訳

中央公論新社

目次

第一〇章　凋落の日々（一九一九―三九年）……………………152

戦間期のイギリスの経済的な衰退。影響力を高める民主主義と社会主義。戦争に対する嫌悪。防衛費の削減。一九二一年から二二年にかけてのワシントン会議と、会議がもたらした影響。一九二〇年代の海軍。未解決の国際情勢上の諸問題。極東における日本の侵攻。再軍備の開始――どうして、そんなにも、ゆっくりしたものだったのか。エアパワーの重視。イギリスの造船能力の低下。艦隊航空隊を有効に用いることができなかったこと。一九三〇年代なかばの高まる脅威。戦略上の宥和と再軍備の財政的なコントロールの放棄。一九三九年時点におけるイギリス海軍の力と戦略上の立場。海軍力だけではドイツを打ち倒すことができないということ。長期戦を退けたイギリスの財政的な弱さ。

第一一章　幻想の勝利（一九三九―四五年）……………………201

二つの世界大戦におけるイギリス海軍の働きと戦略上の立場の比較。本質的に消極的なシーパワーの役割。空からの脅威。海上封鎖がドイツに対して効力を発揮しなかったこと――戦争の経済的な側面。ますます高まるイギリスのアメリカへの依存とその意味。戦争のイギリスへの負担。原子爆弾。帝国の解体。「超大国」の興隆。勝利したイギリスという幻想。

第一二章　道の終わり：戦後世界におけるイギリスのシーパワー……… 238

戦争直後のイギリスの立場。インドからの撤退――他の領土からの撤退。ヨーロッパへの戦略上の関与。海軍の独自性――海軍の予算。イギリスの防衛上の関与――限られた海軍の役割と、限りのある海軍の能力――核戦争――西ヨーロッパの防衛――海上航路の支配――海外権益の擁護。イギリスの軍事力を大きく高めることが不可能なこと――イギリスの経済力の相対的な低下と、そのことがもたらした戦略上の影響。衰退途上期の他の帝国との比較。防衛予算と軍艦の建艦費。GNPの比較。将来への展望。この物語の結論。

終章 ……………………………………………………………… 273

訳者あとがき　278

注　319

主要参考文献　331

索引　346

地図リスト　347

（編集部注）章のあとのワードは小見出しではなく、原書の目次にあるキーワードです。

上巻　目次

イギリス海上覇権の盛衰　下

パクス・ブリタニカの終焉

第七章　マハン対マッキンダー（一八五九—九七年）

人類〔の歴史〕が面白いことには、ヨーロッパとアメリカの拡大について、マハンがシーパワーの影響力を唱えた時期〔一八九〇年〕は、産業革命の新しい流れが始まり、マハンの教義を支えていた原則や理論が侵食され始めた時期と、ぴったりと符合するのである。

ジェラルド・S・グラハム（G. S. Graham）〔イギリスの歴史家でシーパワーとイギリス帝国発展の歴史の関連性を描いた〕。*The Politics of Naval Supremacy*（Cambridge, 1965）, p. 124.

一八五九年という年は、一九世紀のイギリスの海軍史の伝統的な記述の中では、分水嶺とされる年ではない。というのは、この年、パクス・ブリタニカを機能させていた権力政治の構造が、ふつうの感覚では、歴史上の分水嶺とするほど、革命的な変化を遂げたわけではないからである。そうはいうものの、この辺で、ある種の長期的な変化について分析しておくことは必要なのである。この長期的な変化は、一九世紀の後半にその源があり、その後、長い期間にわたって影響をもたらすものとなるのだ。クリミア戦争後〔の一八五九年〕、ヴィクトリア女王の前に二五〇隻の艦艇が集まった観艦式から、一八九七年のヴィクトリア女王のダイヤモンド・ジュビリー〔即位六〇周年〕を祝うスピットヘッドでの壮大な観艦式までの間に、シーパワーそのものの有効性が、そして、特に、イギリスの圧倒的な海上覇権が、ゆっくりと、だが確実に、損なわれたのである。

この長期的な傾向は、二〇世紀に入ってからしばらく経つまで、海軍主義者たちの注意を惹くものとはならなかったので、当時の観察者のほとんどが気づかなかったとしても、あまり驚きではないだろう。ヴィクトリア期中期のイギリス人たちは、クリミア戦争での税負担から解放されて、クリミア戦争での不名誉な戦いぶりはすっかり忘れ、自国の海軍と世界情勢について、自己満足の状態に戻ってしまったのである。この状態は、時折フランスから挑戦を受けるものの、その後さらに二、三〇年の間、強固なものとして残りつづけるのだ。全体的に不穏な情勢が、一八六七年に装甲艦をさらに三隻起工することにつながったのだが、普仏戦争がイギリス海軍の地位を大きく押し上げたのであった。ドイツ海軍は存在しなかった。戦争の帰趨に影響を与えることができなかったフランスの艦隊は、大きく衰え、すべてのヨーロッパ諸国は、陸上の戦力にエネルギーを注ぎこむことになる。アメリカは、南北戦争と、そこからの復興に忙殺されたままであったが、アメリカ特有の強烈なイギリス嫌いは、徐々に弱まってゆきつつあった。それゆえ、イギリスの海軍の優勢が高まるというイギリスにとっては愉快な状況にあったのだが、その一方で、艦隊に注ぎこまれる予算は、縮小、あるいは、せいぜい、現状維持であった。一八七七―七八年の東方危機〔露土戦争〕によって「愛国感情」が激発するのだが、これは短期的なものであり、長くはつづかなかった。イギリスは、その後、すぐに、元の、無関心の状態に戻ってしまったのである。

　経費がそれほどかからない海上での優勢という時代は、一八八四年、突然、終焉を迎えた。それ以前から、フランスは、数年間にわたって、大規模な建艦計画を推進していたが、自国海軍の無敵さに、根拠のない自信を持ったままのイギリス国民は、それに気づかないのであった。現実として、英仏の艦隊は、第一級戦艦の数を比べた場合、ほぼ互角となっていたのである。〔ロンドンの夕刊紙〕『ポール・モール・ガゼット（*The Pall Mall Gazette*）』の編集委員ウィリアム・トーマス・ステッド（William Thomas Stead）が暴露した海軍の弱点は、人々には、ほとんど、自分たちに降ってきた爆弾であった。人々は、すでに、世界各地における、イギリスの商業利益や植民地権益に対する脅威に、不安になっていたのである。人々の叫びがあまりにも大きくなったために、打ちのめされたグラッドストン内閣は、この年だけでも、軍艦に、さらに三一〇万ポンド、海軍施設や給炭基地に、二四〇万ポンドの支出を余儀なくされたのであった。しばらくすると、この騒ぎは沈静化したが、一八八八年に、ソールズブリー〔第三代ソールズブリー侯爵ロバート・ガスコイン＝セシル〕（Robert Gascoyne-Cecil, 3rd Marquess of Salisbury）の保守党政権が、その努力を弱めると、騒ぎは、ふたたび盛り上がった。残念なことに、国際情勢は、かつての無関心への回帰が許される状況ではなかった。イギリス政府が一八八二年にエジプトを占領することを決定して以降、フランスは、全地球規模で、常に敵対的であり、アフリカにおいては、特にそうであった。そして、フランスの建艦計画は、大規模なままでありつづけた。同じ頃、一八八五年、アフガニスタンをめぐって、イギリスと戦争寸前のところまで行ったロシアは、今では、バルカン半島の政治情勢を乱す上での脅威になっており、艦隊を増強させている最中であり、フランスと協商を結びそうな状況にあった。仏露の海軍同盟が結ばれたならば、戦力が不十分な〔イギリス〕地中海艦隊は、挟まれることになり、戦時には、死活的に重要なコミュニケーション路が遮断されることになり、適当な言葉や手段でごまかすには、あまりにも重大な状況となっていたのである。一八八九年三月、政府は、海軍防衛法（The Naval Defence Act）を議会に諮り、二国標準主義を維持することを宣言した。この法の下で、一〇隻の戦艦を含めて、二一五〇万ポンドが新たな建艦に費やされることとなった。だが、こうした手段も、地中海のアキレス腱を除去するには不十分で、四年後、今では元の無関心に戻ることは完全に不可能となったマスメディアと国民は、騒ぎ立てることとなる。この騒々しい政治的議論の結果、翌春、七隻の戦艦と、多くの小型艦の起工が発表された。まさにこの問題によって退陣することになったグラッドストンが最終的に退陣した数日後に発表されたのである。海軍増強を拒みつづけた政治家の敗北は、ヴィクトリア期中期以降の政治情勢と政治環境の変化を象徴するものとして、これ以上のものはなかったであろう。[*1]

イギリスは、一九〇五年になるまで、フランスとロシアの海軍での挑戦に対して警戒を保つのだが、現在の視点から振り返えるならば、この方面からの脅威を過大に評価していたように思われる。これらライバルたちの弱点を見逃す一方で、自国の艦隊の弱点ばかりに目が行っていたのである。フランス海軍は、紙〔数〕の上では印象的なものであったが、常に、政治的な干渉と、戦略上の意見の相違に悩まされていたのである。フランス海軍の能力は、一八九八年のファショダ事件で完全に露わになった。この事件で、明らかに優勢にあったイギリス海軍は、ソールズブリーの最大の切り札の一つとなったのである。[*2] ロシア海軍は、さらに悪い状態にあった。ロシア海軍の艦隊は、船の速力や大きさにおいて統一に欠けており、水兵たちは、一年の大半を陸上で暮らすため、イギリス海軍を相手にするには、必要不可欠な砲撃訓練を欠いており、さらには、基本的な航海技術ですら、危うい状態であった。一九〇四―〇五年の日本を相手にした戦争で露わになったみじめな能力は、いかにロシア海軍が過大評価されてきたのかを示すものとなった。仏露が束になってイギリスと戦うようなことになっていたとしても、イギリスの置かれる状況は、ザ・ネービーリーグ（The Navy League）や他のアジテーターたちが国内で叫んでいたのよりも、はるかに見通しのあるものとなっていたことであろう。「敵」は、艦隊共同作戦の経験を実質的に持たなかったのである。言葉や信号旗の問題は、かなり大きなものであった。墺伊独の態度、特にドイツの態度は、仏露にとってやっかいなものとなっていたので、仏露両国とも、自国の資源を海軍だけに投入することはできなかったのである。イギリスの地中海における戦略的な弱さは、たしかに深刻なものであったが、この脅威は、最後の手段として、艦隊をジブラルタルまで撤退させ、最近獲得したアレクサンドリアを強化し、すべての商船をケープ回りとすることによって、無にすることも可能なのであった。分析の最後に述べられることは、仏露の挑戦は、イギリス海軍にとって、おそらく、良いものであった、ということである。イギリス海軍は、仏露の脅威によって、戦闘能力と効率を大幅に向上させることを余儀なくされたからである。また、イギリス海軍は、それまでの数十年間、多くの艦船や人員に相当に広範な任務を担わせていたが、仏露の脅威によって、それらを終了させることが、早められることとなるのだ。

クリミア戦争が終了して以降、イギリス海軍のエネルギーのかなりの部分は、こうした活動に向けられることとなる。イギリス海軍の任務の一覧は、古くからの役割がある一方、新たな役割が加わることで、ものすごいものとなっていた。アフリカでは奴隷貿易のパトロールが行われており、ラテン・アメリカへは、借金取り立ての遠征が行われており、紅海と東インド〔アジア〕の海では、対海賊作戦が行われており、マラヤ〔現在のマレーシア〕とビルマ〔現在のミャンマー〕では、イギリスの権利を押しつけていた。そして、全地球規模で、貿易商と宣教師たちの護衛を行い、海岸線を地図に記し、海図作成を行っていたのである。一八六一年、第二次アヘン戦争〔「アロー戦争」とも呼ばれる〕が終了していたにもかかわらず、中国ならびに東インド拠点には、六六隻の軍艦と八〇〇〇人あまりの人員が配備されていた。これに加えねばならないのは、地中海の四〇隻、北アメリカならびに西インド拠点の二三隻、太平洋拠点と西アフリカ拠点のそれぞれ一五隻、ケープの一一隻、南アメリカ南東岸の九隻、そしてオーストラリアの九隻である。[*3] 海軍本部は、商人たち、宣教師たち、植民地省、外務省からのプレッシャーに対して、叫ぶ理由があったことであろう。海軍大臣が、このように、不満を述べている。

> バンクーバー島から〔南アメリカの〕ラプラタ川にいたるまで、西インド諸島から中国にいたるまで、海軍本部は、国務大臣たちから、あちらこちらに、船を出せ、と催促されている……否定できない事実としては、われわれは、われわれのできる範囲を超えたことを行っている、あるいは、行おうと奮闘しているのである。幸いなことに、世界の大きさには限界があり、世界の大きさだけが、われわれの艦隊の活動を制限するものなのである。[*4]

ついでに述べるならば、この時代、イギリス陸軍でも、状況は同様であった。陸軍は、インドや他の主要な植民地を防衛するという恒常的な役割以外にも、ビスマルクが、かつて、皮肉をこめて「紳士の戦争」と呼んだものに、多くの場所で従事していた――アシャンティ人、ズールー人、ビルマ人、ボーア人、エジプト人、アフガン人、ダルヴィーシュ[*5]を相手にした戦いのことである。[*6]陸軍も、薄められ、小さな分遣隊に分割されて地球上のあらゆる場所へと派遣されていたので、個々の戦闘能力は、かなり低下したものとなっていた。グラッドストン首相に説かれて、一八六八年から七四年にかけて〔第一次グラッドストン内閣の下で〕、〔エドワード・〕カードウェル〔陸軍大臣〕（Edward Cardwell）と〔ヒュー・〕チルダース〔海軍大臣〕（Hugh Childers）は、世界に展開していた陸軍部隊と海軍部隊を、かなりの程度、撤退させたのであったが、それでも、基本的な構図そのものは、そのままであった――陸海軍とも、植民地の戦争では、主に、その専門集団としてとどまりつづけた。後にイギリス海軍を改革し、率いることになる海軍士官たちの多くが、これら植民地での小さな戦いにおいて、銃火の洗礼を受け、初期の経験を積んだのであった。〔ジョン・アーバスノット・〕フィッシャー（John Arbuthnot Fisher）は、一八五九年、第二次アヘン戦争において、〔チャールズ・〕ベレスフォード（Charles Beresford）は、一八八二年、アレクサンドリアへの砲撃において、〔ジョン・〕ジェリコ（John Jellicoe）は、アレクサンドリアと一九〇〇年〔義和団事件に際して〕の北京の公使館の解放において、〔デイヴィッド・〕ビィーティー（David Beatty）は、一八九六―九七年のナイルでの作戦と、その次は、義和団事件において、〔ダブトン・〕スターディー（Doveton Sturdee）は、一八九九年のサモアの内戦において、実戦で揉まれたのであった。重要なこととしては、これらの海軍士官たちは、実戦においては使い物にならなくなるような、海戦を模した人為的な環境や特殊な環境で自らの心身や行動を鍛えたのではなかった、ということである。

他の多くのものと同様に、クリミア戦争前のイギリス帝国の地位は、これ以降の時代も、そのまま変わらないかのように思われていた。ヨーロッパ諸国は、イタリアとドイツの統一に伴う外交と軍事闘争に完全に忙殺されていた。これらの諸国は、ホワイトホール〔ロンドンの官庁街、日本の霞が関に相当〕が大きく重きを置いていた世界の地域への関心を低下させていた。かつて同様に、熱帯地域において、イギリスの領事たちや貿易商たちをイライラさせるゲームをつづけていたのはフランスだけであった。だが、これも、一八八二年までには、最終的には、フランス外務省が抑えることとなった。フランス外務省は、ヨーロッパ情勢を、より大きく心配していたのである。[*7] さらに重要なことに、〔一八六五年に〕パーマストンが死去した後、歴代のイギリス政府は、ヨーロッパへの不干渉政策を、しだいに強めたのであった。この不干渉政策は、イギリス外交の伝統となり、この世紀の終わりまでには「光栄ある孤立（splendid isolation）」という、誇らしくはあるが、誤解を招きやすい名前で呼ばれることとなる。だが、一八六〇年代後半、この政策は、光栄ある、とは、とても呼びがたいものであった。こうした政策が採られるようになった主要な理由は、イギリスが〔ヨーロッパ〕大陸に干渉し、そこで何らかの成功を収めることに必要な陸軍力を持たない、という認識があったからなのである。一八六四年、シュレースヴィヒ＝ホルシュタインをめぐる問題で、パーマストンが、ビスマルクを前に惨めな敗北に帰したことは、ヨーロッパの国際政治において、シーパワーだけでは限定的な力しか持ちえないということを、ふたたび念押しした出来事なのであった。

この頃、イギリス帝国は、ありとあらゆる方向に向かって、確実に、際限なく、拡大をつづけていた。先に書いた一八五〇年代と一八六〇年代の併合は、後に獲得したものによって、すぐに、影の薄いものとなった。イギリスが、一九世紀の最後の三〇年間で、自己のものと主張したのは、以下の土地である。キプロス、エジプト、スーダン、ソマリランド、ケニア、ウガンダ、ローデシア、ニアサランド、ザンジバル、ベチュアナランド、トランスヴァール、オレンジ自由国、現在のガーナとナイジェリアの大部分、パプア、北ボルネオ、北ビルマ、マラヤのいくつかの国々〔現在のマレーシアの各州に相当〕、威海衛、ソロモン諸島南部、ギルバート諸島、エリス諸島、トンガ、フィジー、それに他の太平洋の多くの島々である。後に状況が変わり、他の諸国が、海外植民地の争奪戦に加わるようになった後も、イギリスは、すでに熱帯地方において確立していた地位に助けられ、もっとも有利な立場を得たようであった。「一八七一年から一九〇〇年までに、イギリスは、自己の帝国に、四二五万平方マイルの土地と、六六〇〇万人の人々を加えたのであった。」[8]さらには、経済活動の多くの側面において、イギリスの優越は、一八七五年から九五年にかけての〔イギリス経済史でいうところの〕「大不況（great depression）」にもかかわらず、不変のままであった。一八七五年に一〇億ポンドであった海外投資は、一九一三年には四〇億ポンドにまで上昇し、年率で二億ポンドの利息を生み、拡大しつつあった目に見える貿易上の格差をカバーしたのであった。海運においても、イギリスは、世紀の転換点の時点で、他のすべての国々の合計よりも多い数の商船を保有しており、未だに、世界の海運を担っており、ここでも、国際収支の有効な助けとなっていた。国際金融市場においても、保険業や銀行業は、ロンドンの手中にあった。[9]

　こうした状況は、安堵を与えてくれるものであったが、それだけではなかった。イギリス国内の海軍主義者たちも、一九世紀の末には、政治家たちと国民全般が、ようやく海軍に好感を持つようになり、海軍が、商業の拡大と世界帝国への上昇と密接な関係を持っている、と認めるようになった、と感じて、ホッとできたのであった。〔海軍史家のアーサー・〕マーダー教授が述べているように、一八八〇年以前、「海軍防衛という考え方は、イギリス人たちにとって、かなり、なじみの薄いものであった」[10]。この状況は、マスメディアが仏露の危険性を騒ぎ立てたことばかりでなく、多くの海軍戦略家や海軍史家の出版活動によって、急速に変わった。[11]もちろん、彼らの中で抜きん出て有名だったのは、アメリカ人の海軍大佐、アルフレッド・セイヤー・マハンである。一八九〇年に出版されたマハンの『海上権力史論（*The Influence of Sea Power upon History 1660—1783*）』は、国際的な評判を獲得し、「国際情勢における、海軍の役割についての不変の諸法則を明らかにしたように思われ、これらの諸法則を顧みないことは、国家的危機を招くことにしかならないように見えた」のであった。[*12] アメリカ人の大規模艦隊への興味を喚起するために書かれたこの本は、広く読まれ、頻繁に引用され、あらゆる場所において海軍主義者のバイブルとなり、イギリスにおいては、殊更にそうであった。イギリスにおいて、この本の著者は、祭り上げられ、崇《あが》められたのである。

シーパワーの歴史の中での役割に対するマハンの見解は、この本の中で、これまで十分述べてきたので、ここでさらに詳しく説明する必要はないであろう。[*13] 一六六〇年から一八一五年までの諸大国間のライバル争いは、主に海上の作戦によって決せられたというマハンの主張に合意できるかどうかという点は、ここでは、さほど重要ではない。それより重要なことは、マハンの記述から、未来に向けて導き出された、戦略上の含意、政治上の含意を理解することである。さらには、マハンの熱心な一方的な信者たちが、どのようにマハンの著作を読んだのかを、理解することが重要なのである。これらの著作から得られる印象は、次の諸点である。〔一〕海上を支配するのに必要なものは、大規模な戦闘艦隊であり、戦力の集中である。他方、通商破壊戦《ゲール・ド・コース》戦略は、常に効果が薄い。〔二〕海上封鎖は、非常に有効な武器であり、海上封鎖によって、敵は、早かれ遅かれ、いずれ屈することとなる。〔三〕選択した拠点を、島や大陸の周縁に設けることは、広い陸地を支配するよりも、戦略的価値が高い。〔四〕海外植民地は、国家の繁栄にとって不可欠なものであり、植民地貿易は、すべての商業活動の中でもっとも価値があるものだ。〔五〕「海上を使った移動と輸送は、陸上を使った移動や輸送に比べ、常に、より簡単であり、より費用がかからない。」〔六〕海軍力に安全を依存する島国は、陸上の勢力争いから無縁でいられ、必要とあらば、孤立政策を選択することもできる。〔七〕シーパワーを持たないような国が世界強国に成り上がることは、あり得そうにない。

これらは、ほとんどが、それが有効な時代を通り越していたものの、互いに組み合わさることで、一九一四年までの海軍主義者たちの哲学の基本的教養となったのであった。その中心にあった信念とは、シーパワーは、過去において、ランドパワーよりも、より影響力があり、この先もずっとそうである、ということであった。最後に述べることは、マハンは、たしかに強いアメリカ艦隊の必要性を訴えたのであったが、彼は、イギリスの海軍での優勢がその先もつづくことを強く願い、強く信じていた、という点である。

マハンの過去の分析について、どのような保留をつけようとも、マハンの解釈や考え方が、ヨーロッパ史に新たな光を当てるものであり、最大級の影響力を持つものであった、ということは、明らかである。マハン以降、シーパワーの役割を顧みずにイギリス帝国の興隆について書くことは、学者にとって、不可能となった。だが、過去に当てはまることが未来に当てはまる、とは、必ずしも限らないのである。しかも当時のマハンは、純粋な海軍史家というよりも、「シーパワーの伝道者」として認識されていたのである。ジャーナリストたち、提督たち、政治家たちが、マハンの予言に夢中になり、マハンの言葉は、権力政治の、ほぼ完璧な教義として受け入れられていたのであった。だが、マハン自身の心は、未来の予言者として成功するというよりも、過去を見つめること、にあったのだ。マハンの伝記作家の一人は、次のように書いている。

自らの活動と自身の気質において、マハンは、だいたいのところ、過去を向いていた。マハンは、過去を学ぶことによって、そこから教訓を引き出し、類似点を、過去に求めていたのである。マハンは、あまりにも過去に夢中になるあまり、海戦における未来の傾向について見逃すことが多かった、という点は疑いようがない。マハンは、歴史は繰りかえさないことも多くある、という事実、また、この先起こることは必ずしも過去のパターンをたどるものではない、という事実を、十分受け入れることができなかったのである。[*14]

何とも皮肉なことに、マハンは、歴史書を装った、自身の著書でもっともあからさまなアメリカ人への予言書『一八一二年の戦争とシーパワーとの関連（*Sea Power in Its Relation to the War of 1812*）』（一九〇五年）を著すのだが、その一年前、世界政治の未来の予言であることを、より明確に打ち出したものが、世に出てきたのであった。一九〇四年一月二五日、著名な地政学者ハルフォード・マッキンダーが、王立地理学協会で、「歴史の地理的転換（*The Geographical Pivot of History*）」と題する論文を発表したのである。[*15] この中でマッキンダーは、コロンブスの時代――ヨーロッパ諸国が海外を探索し、征服した四〇〇年に及ぶ時代――は終わりに近づいており、まったく新しい別の時代が始まろうとしている、と示唆したのであった。〔マッキンダーは、次のように述べたのである。〕今や、征服できる地は、ほとんどなくなったので、今後、「社会の力の激発のすべて」は、未知の場所へと広がってゆくのではなく、より閉じられた環境の中で起こるようになるだろう。効率や国内の発展が、近代国家の目標として、拡大にとって代わることになるだろう。そして、歴史上初めて、「地理的な大きさと歴史的な大きさの相関関係」が見られるようになるであろう。つまりは、大きさや数が、国際関係の領域においても、もっとはっきりものをいうようになるだろう、ということである。以上述べたような状況なので、戦略上の大きな意味を持つ、世界の「中軸地帯（pivot area）」がこの先どうなってゆくのかを考えることは、重要である、と、マッキンダーは、つづけた。ロシア中央部、のことである。ロシア中央部の広大な地域は、かって多くの侵略軍を生み出した源《みなもと》であり、この地域に端を発した軍が、幾世紀にもわたって、ヨーロッパや中東にも流れこんできたのであったが、コロンブスの時代の船乗りたちによって、包囲され、無力化され、重要性を大きく低下させられたのである。コロンブスの時代の船乗りたちが、西洋以外の世界のほとんどを、西洋の影響力の下に組み入れたのであった。過去四〇〇年にわたって、世界貿易は海上で発展し、世界の人々は、その大部分が、海に近い場所で活動し、シーパワーが、政治上の変化や軍事上の変化に影響を及ぼしてきたのである。それが今や、工業化、鉄道、投資、新しい農法、新しい採掘法によって、中央アジアは、かつての重要性を、ふたたび取り戻そうとしている、というのであった。

ロシア帝国とモンゴルの大地は、まったく広大である。そして、その人口、小麦、綿花、燃料、金属におけるロシア帝国とモンゴルの潜在力は、途方もないものがあるので、必然的に、広大な経済空間、もしくはそれに近いものが、この地域で発展することになろうが、そこには、海上交易は、アクセスできないのだ。*16

マッキンダーが「ハートランド（heartland）」〔マッキンダーが中軸地帯と呼んだユーラシア大陸中央部を指す用語〕の重要性を強調したことは、後に、ハウスホーファーやナチスの地政学者たちに、熱意とともに取り上げられ、その結果として、ある意味、信用を失うのだが、現在の目で見れば、まるごと受け入れるには、おそらく、単純すぎ、一方的すぎ、決定論的過ぎる、だろう。だが、マッキンダーの主張は、広く概要を見れば、先見の明があり、最高に注目すべきものなのであった。王立地理学協会の聴衆は、ほぼ確実に、この論文の並はずれたスケールの大きさに、印象づけられたことであろう。その一人、〔ジャーナリストで保守党の政治家〕レオ・アメリー（Leo Amery）は、さらに一歩、踏みこんだのであった。中央アジアを特別に強調したのではなかったものの、マッキンダーの主張の一側面を、権力政治上、さらに明確な言葉で表現したのである。

> シーパワーは、大きな工業力をその基盤とし、背後に大きな人口を抱えていない限り、それだけでは、世界の闘争の中において、自らを維持するには、攻撃に対してあまりにも脆弱である……海も、鉄道も、この先の未来には……移動の手段として、空によって補われることになるだろう。そして、その日がやってきたならば……最大級の工業基盤を持つ国が、大国として成功することになるであろう。その国が、大陸の真ん中に位置するのか、あるいは、島国であるのかは、関係なくなるはずだ。工業力を持ち、発明の才を持ち、科学の才を

持つ人々が、他の人々を、打ち負かすようになるであろう。*17

莫大な人口と工業力、技術的な力を備えた特定の超大国が興隆してくるとする予測は、それ自体、政治的思考としては、新奇なものではなかった。早くも一八三五年には、〔アレクシ・〕ドゥ・トクヴィルが、アメリカとロシアが必ず上昇してくることを予測していた。だが、それが、今や、より明確な言葉で、表明されるようになったのである。たとえば、マーキンダーの二〇年ほど前、〔歴史家の〕サー・ジョン・シーリーは、「蒸気と電気」が二つの大きな大陸国家にもたらすことになる、莫大な発展について言及していた。資源と人的資源が凝縮されたこの二つの大国に対して、大きく散らばったイギリス帝国は、自らの構造を劇的に変化させなければ、競い合うことができなくなるだろう、と述べたのである。「ロシアとアメリカは、大国と今日呼ばれている国々を、国力で凌ぐようになるであろう。一六世紀の諸大国が、フィレンツェを凌ぐようになったのと同様のことである」*18と述べていたのだ。だが、シーリーが、イギリス帝国はもっと有機的な構造に変化できる、とそれでも信じていたのに対して、マッキンダーは、そこまで楽天的にはなれないのであった。マッキンダーは、イギリスは、この先、ヨーロッパ諸国に対しては、戦略上の優位と、海上での優位を維持できるであろうが、この先興隆してくる超大国に対してはそうではない、と考えていたのである。マッキンダーは、一九〇二年に出版した著書『イギリスならびにイギリスの海（*Britain and British Seas*）』において、すでに、次のように主張していたのであった。

大陸の半分を資源として基盤にしているような広大な強国がある中にあって、イギリスは、ふたたび、海洋の女王とはなり得ないであろう。イギリスの今日は、かつて獲得した優位を維持できるかどうかにかかっている。その富がなくなり、海軍が基盤としている活力が失われたならば、イギリスの、帝国の保証は消えてしまう。

大昔のイギリス史の示すところによれば、島国というだけでは、海上での主権を維持することはできないのである。[*19]

だが、それまでの七〇年間の歴史が、マッキンダーの不吉な予言の正しさを証明するものであったにもかかわらず、このような意見は、一九世紀末と二〇世紀初頭のイギリスにおいて、限定的な支持しか得られなかった。植民地と工業の分野において、何もかもがうまくいっているわけではない、という認識はあったかもしれないが、ほとんどの政治家たちと新聞は、イギリスがこの先も海洋を支配しつづける、と信じており、それゆえに、国際システムにおける現在の地位を維持しつづける、と信じていたのである。そして、危機として表明されたものは、シーリーやマッキンダーが予測していたような長期的なものではなく、目前の危機について心配したものであった。この自己満足を間接的に支えたのは、「ブルーウォーター派」あるいは海軍主義の主唱者たちの、「レンガとモルタル派」もしくは陸軍のライバルたちに対する、紙の上での勝利であった。この勝利は、侵略の可能性に対して、民兵を育成し要塞を構築するという一九世紀なかばの政策からの転換につながったのみならず、シーパワーの有効性について、ほとんど絶対ともいえる信仰にもつながったのであった。[*20]

当時の人が、これまで書いてきたようなことを、新しく、個別の見解として、最大級の簡潔さで表現することができたならば、それは、世界におけるイギリスの相対的な地位の低下を、はっきりとした予言としてではなかったとしても、十分に示すものとなっていたであろう。それは、二つの、互いに関連し合う、進展が起こっていたからである。

一、イギリスの経済力に根ざしたイギリスの海軍力は、もはや、最上のものではなかった。なぜなら、より多くの資源と人口を持つ他の国々が、それまでのイギリスの工業におけるリードに、急速に追いつきつつあったからである。

二、シーパワーそのものが、ランドパワーに対して、徐々に弱まりつつあった。

この二つの進展の最初のものは、間違いなく、真実であった。そして、この中には、明らかに、イギリスの長期的な低下の源が存在していたのである。これまで見てきたように、イギリスは、たしかに、金融の世界や国際的なサービスの世界では、優勢を保っていた。だが、第一級の工業国としてのイギリスの地位――実際、別格のものであった――は、一九世紀の最後の三〇年間で、急速に失われつつあった。工業や技術の多くの基礎的分野――これらは、結局のところ、近代軍事力の基盤であった――において、他国がイギリスを追いこしたからである。一見したところ、「イギリスの工業力が低下する一方で、イギリスの金融が勝利をおさめ、海運、貿易、世界の支払いシステムの仲介人としてなど、イギリスのサービスの存在は、ますます必要とされており」[*21]、これは、奇妙な現象だと思われた。だが、そうではないのだ。これから見てゆく通り、この二つの現象は、イギリスが初めて真の競争に晒された際に起きた、一つの動きの別の側面なのであった。イギリスは、後者〔金融やサービス〕によって運命を免れた、というわけではないのだ。結果として、イギリスは、この時期のどこかの時点において、世界の工場としてのかつての絶対的な立場を失ったのである。

ある意味、そうなることは、常に、十分に起こり得ることであった。というのは、一八一五年以降のイギリスの経済的な支配は、イギリスにとってかなり有利な環境が、たまたま連続的に整ったことに、負うものであったからである。イギリスが、この先も、永遠に、唯一の工業国、もしくは、最大の工業国の座にとどまることは、期待しがたいことであった。より多くの人口をかかえ、より多くの資源を持った国々が、同様の道のりを歩むようになったら、イギリスの相対的な衰退は、避けがたいことであった。見方によっては、イギリスそのものが、イギリスの相対的な衰退に、決定的な貢献をしたともいえる。外国に鉄道を敷いたことと、外国の工業を生み出し、育てたことの両方で、貢献したのである。外国に鉄道を敷いたことによって、その国の産業、特にその国の農業が、イギリスの産業のライバルとなったのであった。そして、外国の工業に繰りかえし資金を投じ、自らのライバルを育成したのである。さらには、これらライバル国は、輸入品に対して、保護主義的な関税を課すことに、良心の痛みはまったく感じないのであった。特に、不況によって、一八七五年から九六年にかけて、世界貿易と工業生産に勢いがなくなった時には、そうであった。イギリス人の政治家たちは、自由党であろうが、トーリー〔保守党〕であろうが、自由貿易に対して、強い信念を持っていた。自由貿易は、彼らの政治哲学の、基本であった。だが、自由貿易を信奉していたのには、実務の上での根拠もあったのである。イギリスは、単純に、国際貿易に大きく依存していたので、この形態の商業を咎めることなど、できなかったのである。一方で、アメリカ、ロシア、フランス、ドイツなどは、いずれも、工業製品のかなりの部分を輸出しているわけでもなく、食料品の輸入に、大きく依存しているわけでもなかった。その結果どうなるかは、必然であった。イギリスからの輸出品は、アメリカに入る際、五七パーセントもの高率の関税（ディングリー関税）に直面することになったのに対し、安く栽培され、安く運ばれたアメリカ産の小麦によって、イギリスの農業は、壊滅に追いこまれたのである。さらに悪いことに、イギリスへと輸入される外国で製造された製品が、どんどん増えたのであった。

最後に言及したことから分かることは、この時期のイギリス工業の衰退は、避けようのないものでもなく、そうなる必然があったわけでもない、ということである。自己満足や、非効率も、衰退を引き起こす原因だったのである。[*22] そうでなかったならば、イギリス製品が、国内市場はおろか、中立国の市場においても、ドイツやアメリカといったライバル国の製品に太刀打ちできなかった理由がない。実際のところ、イギリス製品は、国内においても、中立国においても、ひどい打撃を受けた。そうなったのは、主に、イギリスの製造業者が、ライバルたちに対して、抜きん出ようという意欲を持たず、また、競い合おうという意欲すらも持たなかったからなのである。新しい機械にしても、新しい技術にしても、資源をより有効に利用するにしても、すべて、多大な時間とエネルギーと費用を必要とするものである。そして、従来からのやり方によって、そこそこの利益を得ている限りは、時間やエネルギーや費用をかけようとはしないものである。イギリスの資本が、イギリスの工業の近代化のために投じられることはほとんどなく、それと比較して、多額の資本が、外国の政府、鉄道、鉱山、産業への投資金として流出していたのである。レッセフェール〔自由放任主義〕が、いくつかの特例を除けば、体系性のないやり方を生み出したようである。ドイツやアメリカでは、従来バラバラに存在していた、たくさんの小さな企業を、大きな財団やカルテルにまとめ上げたのであったが、イギリスでは、このような動きは、ほとんど見られなかった。パブリックスクール〔イギリス独特の、上流階級の子弟向けの、全寮制の中等学校〕教育——ある批評家は、パブリックスクールでの教育とその成果を「活発な、反知性主義であり、反科学主義であり、ゲーム〔ラグビーやクリケットに代表される集団スポーツ〕を過度に重視したもの」と評している[*23]——やエリート主義で古典重視の大学は、科学者、科学技術者、技術者、ビジネスマネージャーを育成するよりも、植民地総督を育成するのに適したものであった。イギリスと比較して、ドイツやアメリカは、より多くの大学をかかえていたのみならず、科学教育を受けた卒業生を、はるかに多く送り出していたのであった。

イギリスに対するプレッシャーが本当に厳しいものであり、不況の打撃と、新しい挑戦者たちからの打撃が、もっと苦しいものであったならば、おそらく、これらすべては、変化していたことであろう。だが、残念なことに、そうではなかったのである。なんだかんだいったところで、未だ、イギリスは、二つの極めて好都合な資産を、衝撃を弱めるためと、安逸な生活をつづけるために用いることができたのである。二つの好都合な資産とは、「公式」と「非公式」の帝国、そして、莫大な貿易外収入〔金融業、輸送業、サービス業などの運賃、手数料などによる収入〕である。帝国は、他の場所で競争があまりにも激しくなった際や、イギリス製品が受け入れられなくなった際に、イギリス製品の受け入れ先となったのである。たとえば、オーストラリア、インド、ブラジル、アルゼンチンは、アメリカやヨーロッパの各市場で受け入れられなくなった〔イギリスの〕綿織物、鉄道、鉄、機械類の、受け入れ先となったのであった。同様に、イギリスから米欧に向けた資本輸出は、一八六〇年代の五二パーセントから、一九一四年の少し前までには、二五パーセントにまで低下したのであったが、その間、帝国向けは、三六パーセントから四六パーセントに上昇し、ラテン・アメリカ向けは、一〇・五パーセントから二二パーセントに上昇したのであった。イギリスが大不況から抜け出せたのは、「経済の近代化に成功したからではなく、イギリスの従来からの立場を目いっぱい利用したから」[*24]なのであった。現代ではおなじみとなった国際収支の経済に対する問題は、貿易外収入が大幅に増えたことによって、問題とはならなかったのである。実際の商品の交換という点についていえば、一九世紀のなかば以降、国際収支の差は、危険なほど拡大していた。工業製品が競争力を失っていたことと、輸入食品への依存が増えていたことの、両方の兆候が、表れていたのである。だが、国際収支の差は、常に、サービスと投資からの収入で、十分に埋められたのであった。短期的に見れば、このことは、取り付け騒ぎが起きるよりも良かったのかもしれないが、国際的な挑戦を受け、国際的な危機にも晒される世界大国でもあった国としては、満足できるような立場ではなかったのである。

良くも悪くも、新興工業国が成功した理由は、その国の生産設備の効率性にあった。工業化した世界において、国の生産設備の効率性が、ひどいことになったならば、それにつづくのは、その国の失敗である。海外投資からの収入というクッションにより、世界における不労〔金利〕所得生活者としての地位が高まることで、ある種の工業的な問題が覆い隠され、新しい輸出部門がないことが見えなくなるであろうが、海外投資からの収入で、不労所得によって暮らす傾向はますます促進されるのであろうか？　イギリスは、工業や貿易から金融へと軸足を移し、もう一つの一八世紀のオランダになるのであろうか？　問題は、金融収入という富の泉が、生産や貿易という、効率的なシステムを備え、それ自体が確固たる基盤を持つものと比べて、それほど確実なものではなく、それほど柔軟ではなく、海外での政治的混乱や戦争の衝撃を受けやすい、という点にあった。[*25]

「戦争の衝撃」という言葉の使用から引き出される最終的な見解は、次のようなものである。健全な工業は、勝利のための武器を供給してくれるだけにとどまらず、（まったく当然のことながら）生産した製品を販売できると想定するならば、新しい富が生まれつづけるのである。一方で投資は、清算して、国内に欠けている戦いに必要なものを海外で購入することに一旦あてたならば、そのお金は帰ってこないのである。そして、このことが、瞬く間に、その後の国際収支の危機につながるのである。

　全体的な流れは、そうなのであるが、もちろん、これには、多くの例外があった。行動力や想像力を備えた起業家たちや企業が存在するのだ。だが、ブーツ薬局〔ドラッグストアチェーン「ブーツ（Boots）」の前身〕、リントンズティー、ペアーズ石鹸の成功は、主に、国内の顧客を相手にしたものであった。また、これらの企業は、「二〇世紀の成長産業において、戦略的、だとされるような技術を開発した」[*26]わけではない、ということも確認しておく必要がある。さらに重要なことに、これらの企業の商売は、戦時の帝国の陸軍力や海軍力の増強に貢献するものでもなかったのである。このような、帝国にとって死活的な業種についていえば、全体の構図は、みこみの薄いものであった。この時期、石炭の採掘量と輸出量は大幅に拡大した。だが、新しい技術や機械が導入されたからではない。労働を大幅に増やしたからなのであった。どちらにせよ、ドイツの総生産は、二〇世紀の最初の一〇年の間には、イギリスに迫るものとなっており、アメリカの総生産は、両国を上回るようになっていた。石油は、産業としては未だ初期の段階にあったが、主に、ロシアとアメリカで産出されていた。イギリスの鉄生産量は確実に増加していた。だが、ここでも、単純に、労働量を増やしたことと、生産規模を増やしたことが、その理由であった。鉄鋼業は、さらに重要な産業であったが、鉄鋼業の話は、当時のイギリス産業の間違いを、象徴するものとなっている。「鉄鋼生産における重要な技術革新は、そのすべてが、イギリスに由来するものか、イギリスで開発されたものであった。[*27]」それにもかかわらず、イギリスの資本家たちは、新しい工場に資金を投じることに及び腰だったのである。一八九〇年代の初め頃までには、ドイツ、アメリカの両国が、イギリスを追いこし、引き離したのであった。「一九〇一年、アンドリュー・カーネギーが、自身の所有する株式をJ・P・モルガンに売却し、巨大な組織〔持株会社〕USスチール社が設立された時点で、カーネギーは、全イギリスを合わせたよりも多くの鉄鋼を生産していた。[*28]」一九世紀には、すべての中でイギリスの最大の輸出品であった布地は、熱帯の市場で売れるようになっていたにもかかわらず、すでに衰退が始まっていた。ここでも、古いミュール紡績機をあきらめて、近代化できなかったことが、失敗の主な原因であった。工作機械の分野は、イギリスが、かつて数十年にわたって優位にあったのだが、さらなる速さで崩壊しつつあった。また、二〇世紀の非常に重要な新しい産業、つまり、電気と化学では、どうだったのだろうか？　電気でも、化学でも、最初期の発展の多くは、イギリス人の先駆者たちによってなされたものであったにもかかわらず、ドイツとアメリカが、生産と販売においては、はるかに大きな成功を収めることになるのだった。自動車では、イギリス人は、先駆者ではなく、この分野は、主に、フランス人、アメリカ人、ドイツ人が担っていた。光学機器、小型武器、ガラス、靴、農業機械、その他多くの品々の生産も、主に、外国で行われていた。よくよく見てみると、競争で成功していたイギリス企業は、かなり多くの場合、外国の企業の子会社であっ

世界貿易において占める割合						
	1860	1870	1880	1889	1898	（1911－13）
イギリス	25.2	24.9	23.2	18.1	17.1	（14.1）
ドイツ	8.8	9.7	9.7	10.4	11.8	
フランス	11.2	10.4	11.2	9.3	8.4	
アメリカ	9.1	7.5	10.1	9.0	10.3	

たり、あるいは、そのオーナーや幹部たちが最近移民してきた者たちであった（たとえば、後にインペリアル・ケミカル・インダストリーズの核となったブラナー・モンド社）。

　ここまで述べてきたことを要約すると、以下のようになるだろう。イギリスは、重要で新しい産業を育成する機会を逸し、また、伝統的な産業をリニューアルすることも怠り、競争の乏しい市場向けに普通の製品（布地、石炭、鉄）の輸出が、一応は増加していたことに、安逸に依存し、また、こうした事実を隠すように大きく膨らんでいた貿易外収入に依存していた。工業生産は、一八二〇年から一八四〇年の間は、年率四パーセントで成長し、一八四〇年から一八七〇年までの間は、三パーセントで成長していたが、確実に、停滞気味となっていた。一八七四年から一八九四年までの成長率は、一・五パーセントをわずかに超える程度であり、イギリスの主要なライバル諸国からは、大きく遅れていた。「一八七〇年、イギリスは、世界の工業生産能力の三二・八パーセントをかかえ、これと比べると、ドイツは一三・二パーセント、アメリカは二三・三パーセントであった。一九〇六年から一〇年頃までには、イギリスの相対的なシェアは一四・七パーセントにまで低下し、一方で、その頃のドイツのシェアは一五・九パーセント、アメリカのシェアは三五・三パーセントであった。[*29]」イギリスの輸出は、一八四〇年から一八七〇年までの間は、年率五パーセントで拡大していたが、一八七〇年から一八九〇年までの間に、年率わずか二パーセントにまで低下し、その後、さらに年率一パーセントまで低下した。[*30]当然のことながら、その結果、絶対額においては、イギリスの海外商業は拡大していたものの、世界貿易においてイギリスの占める割合は縮小したのであった[*31]。

経済が、政治にとって、何らかの道しるべになるならば――マルクス以降、多くの人々がこのことを認めるようになった――パクス・ブリタニカが乗っかっている土台は、危ういものと成り始めていた、ということになる。前の章で言及したような「国家と世界強国としての強固な基盤」は、今や、いくらか、陥没していた。かつてイギリスは、工業と商業において、類例のないリードを築いていた。このリードがあったからこそ、ピット、カニング、パーマストンは、自らの外交政策や海軍政策への、究極の支持の源を見つけられたのであった。だが、それも、今となっては、過去の話となっていた。この話をつづけて、これ以上事実について述べたり、事実について後悔したりすることは、余計であろう。イギリス工業の失敗について並べ立てることは、崩壊の速度について説明することになり、それ自体、一定の意味はあるかもしれないが、イギリスが、一九一三年までには、どうあがいたところで、アメリカの四分の一しか鉄を造れなくなる、という、歴史の必然的な流れを考えると、必要なこととは思えなくなってくるのである。結局のところ、マサイアス教授が述べているように、「大陸の半分を占めているような国が発展を始めると、島国など、簡単に追いこせる」のであった。ここで必要なことは、イギリスの工業の衰退によって生じた、政治上の影響、戦略上の影響について調べてみることである。次の章と、さらに後の各章で、このことを行うのだが、ここでは、とりあえず、かなり大きな視点で概観しておくことが、適切であろう。

だが、これを行う前に、その解決策を用いれば相対的な衰退は食い止められるだろうと、一八八〇年から一九一四年にかけて多くのイギリス人政治家たちが信じた解決策について、ここで簡単に言及しておくことは意味があるだろう。帝国連邦（Imperial Federation）のことだ。つまり、バラバラであったイギリス帝国の各地をつなぎ合わせて、関税ならびに軍事上一つの有機的な組織にする、という考え方であった。シーリーは、その著書『英国膨張史』の中で、白人自治領と本国を融合させて「グレイター・ブリテン

（Greater Britain）」のようなものを創れば、ロシアやアメリカと競合できるような一等国となるだろう、という考え方を主張していた。[32] 戦略的な観点で見れば、これは、最初から、かなり疑わしい前提であった。イギリス帝国の白人人口は、一九〇〇年の時点で、全部合計しても、わずか五二〇〇万人であり、ロシアやアメリカはおろか、ドイツよりも少ない数なのであった。そして、一つの単位に統合するとはいうものの、それは、地球各地に散らばるものであった。いずれにせよ、カナダやオーストラリアといった国々の長期的な見通しがどのようなものであったにせよ、これらの国の人口や産業は、大国との争いに際して、ささいな助力以上のものとなるには、小さ過ぎるのであった。それにもかかわらず、ジョセフ・チェンバレン（Joseph Chamberlain）やアルフレッド・ミルナー（Alfred Milner）のような有力な政治家たちが、帝国連邦の大義を大きな声で叫び、それに対して、イギリス国内の多くの戦略家たちや政治家たちが共鳴したのである。幾人かの者たちは、自治領からの支援や精神的援助を期待して、これに応えたのであった。別の者たちは、帝国連邦によって、大きな変化が生まれると、真に信じていたのである。〔イギリスの作家、エドワード・フィリップス・〕オッペンハイム（Edward Phillips Oppenheim）は、一九〇二年、「イギリスの滅亡は、歴史上、決まったようなものかもしれない。だが、強力で愛国的な植民地という存在を組み入れることで、変えられるであろう……」[33]と述べていた。著名な軍艦設計技師であったサー・ウィリアム・ホワイト（Sir William White）は、アメリカを一九〇四年に訪れた際、深い印象を抱いた。アメリカの造船所で、一四隻の戦艦、一三隻の装甲巡洋艦が同時に建造されているのを見たのである。ホワイトは、「われわれの植民地からの援助なしには、アメリカの競争力を前にして、われわれは、海の支配権を維持できないであろう」[34]と宣言した。だが、最初の植民地会議が一八八七年に開催されて以降、連邦という目標を実現するために、半世紀に渡って努力がなされてきたにもかかわらず、この運動は、植民地からの強い反対を引き起こしたのであった。特に、カナダと南アフリカ（さらには、後にエール〔アイルランド〕）からの反対である。これら植民地は、ウェストミンスターから、憲法上、財政上の独立を果たしたばかりであった。ふたたびウェストミンスターの下に戻ることとは、望まなかった。陸軍や海軍の分野での部分的な協力のための手段が実施されることになるのであった。グレイター・ブリテンは、生まれなかったのである。また、イギリスのほとんどの人々にとって、帝国のさらなる統一のために自由貿易政策を放棄するということは、できない相談なのであった。この抵抗が、グレイター・ブリテンにとって、さらに大きな障害となったのである。

このように、イギリスの相対的な経済力は、確実に衰退しつつあった。また、これと同時期、帝国連邦という考え方を、何らかの効力を生むものとして、実現させることは、失敗に終わった。だが、これらは、世界大であったイギリスの海軍力に、深刻な影響は、すぐには引き起こさなかったのである。専門家たちの多くや国民は、一九一四年、イギリス海軍は、前世紀のいかなる時期と比べても勝《まさ》っている、と信じていたのであるが、この事実に驚いてはならないのだ。われわれがここで分析しようとしているのは長期の傾向である。海軍衰退の最初の兆候は、一九世紀末までには、すでに現れていたのであるが、全体的な傾向が完全に認識されるまでには、あと一〇年待たねばならないのであった。それゆえ、この先の海軍の衰退が見通せたのは、先見の明を持つほんのわずかな人々だけだったのである。これまで見てきたように、第一に、経済危機は覆い隠されており、貿易外収入というクッションにより、貿易収支は、黒字であった。第二に、イギリスの造船業それ自体は、外国からの挑戦に対して、打撃を受けなかった。そうなった理由は、おそらく、船舶が、当時、個別に建造されていたからであろう。ホブズボームが述べているように、船の建造は、「宮殿の建築よりも、機械化されたもの」であった。[*35] この頃、造船業は、最盛期を迎えていた。民間からの注文と、イギリス政府や他国の政府からの軍艦の注文の増加に伴って、盛り上がっていたのである。第三に、イギリス海軍は、未だ、多くの海外拠点を支配していることから利益を受けており、最上の電信網の利益を受けており、蒸気船に向いた良質の石炭をほとんど独占していたことから利益を受けており、イギリス海軍と、巨大なイギリス商船団との相互依存関係という究極の支援から、利益を受けていた。戦略的に、これらは、ライバル国の諸海軍が完全に認識していたように、莫大な価値を有していた。第四に、イギリスは、ライバル諸国とは異なり、大規模で費用のかかる常備陸軍を必要としておらず、あるいは、少なくとも、必要でないと装っており、海軍予算が陸軍予算によって侵食されることがないのであった。最後に、次の章で見るように、外務省が、一九〇〇年以降、避けようのない出来事と自ら判断したものに対して、鋭敏に、素早く対処したのであった。かつてのライバル国と、同盟もしくは協商を結ぶことによって、問題が脇へと追いやられ、海軍が、もっとも重要な海域に集中することがふたたび可能になり、主要な危険に集中できるようになったのである。以上述べてきた理由すべてによって、イギリス海軍の立場の低下は、認識しがたいものとなっていった。軍艦の数だけを見てみた場合、一九〇〇年や一九一四年のブリタニアは、一八二〇年や一八七〇年のブリタニアと同様に、海を、しっかりと支配しているように見えていた。

　そうなのであるが、パーマストンが、世紀転換期に、世界の情勢をきちんと見ていたならば、その違いにすぐに気がついていたことであろう。大きな変化は、工業化の拡散である。工業化の拡散によって、この分野でのイギリスの優位が打撃を受けただけでなく、他のすべての近代国家が、自前の海軍を建設することが可能となったのであった。フランスだけにとどまらず、ロシアとオーストリア＝ハンガリー〔帝国〕、さらに重要なことに、アメリカ、ドイツ、日本までもが、今では、海軍を建設する能力を備えていたのであった。もっといえば、これらの国々は、海軍を建設できるだけではなかった。これらの国々すべてが、積極的に、海軍を、建設したのである。一九世紀の最後の一〇年、イギリスだけにとどまらず、すべての海に面した国々が、シーパワーの影響力と重要性についてのマハンの教えを、胸に刻みこんでいたのであった。強国が、マハンの教義に魅了され、自らの目的のために、応用したのであった。ランガー教授が

戦艦の種類	建艦予算可決年もしくは建艦開始年	平均建艦費
マジェスティック級	1893-5	100万ポンド
ダンカン級	1899	100万ポンド
ネルソン級	1904-5	150万ポンド
ドレッドノート級	1905-6	179万ポンド
キングジョージ級	1910-11	195万ポンド
クイーンエリザベス級	1912-13	250万ポンド

「新海軍主義」と呼ぶ時代が到来したのである。たとえ、これらの国々が、単独では、イギリス海軍に匹敵する海軍を建設しようとは思わず、建設できなかったとしても、軍艦建造のお祭り騒ぎが合わさった効果は、同様のものであった。ブリタニアが、これら海軍全部を相手にすることは、不可能であった。これにつづくことになるのは、特定の地域における、その海域の海上覇権の明け渡しであった。

第二に、この時期、軍艦の装甲、武器、動力に、技術上の急速な変化が起こっていたことを考えると、財政上の長期的な傾向も、また、深刻なものであった。軍事上、技術上の理由によって、軍艦のサイズが確実に拡大していたのに伴って、建艦費用も同様に拡大していたのである。その速度は、加速度的なものであった。現代のわれわれは、この現象について理解できるのであるが、これは、ヴィクトリア期の人々にとっては、理解しがたいことであった。一九世紀なかば、九〇門艦は、スクリュープロペラを装備することによって、建造費が一・五倍になった（一〇万八〇〇〇ポンドが一五万一〇〇〇ポンド）。だが、世紀末までに、この傾向は、さらにすごいこととなったのである。特に、タービン機関と大径砲が導入されるようになってからは、そうであった。上の表が、このことを示している。[*36]

この調査では、一九世紀に起こった軍艦建造上の変化については、ほとんど触れられていない。半世紀も経ない内に、ネルソンやブレイクもなじんだであろう戦列艦が、近代の装甲艦に似たものへと変化したのである。この変化がほ

年	海軍予算（100万ポンド）
1883	11
1896	18.7
1903	34.5
1910	40.4

とんど言及されていない理由は、この変化の戦術上の影響はたくさんあったが、戦略上の影響は、はるかに少ないからなのであった。大きな視点で見た場合、最大の変化は、イギリスがその利益を享受できるものであった。より先へと進歩していたイギリスの工業により、より短い時間で建艦できたので、設計上の新機軸に、よりすばやく対処できたのである。だが、世紀末までには、軍艦の建艦費の加速度的な増加によって、事態は、より深刻なものとなったのである。財政上、危機的な状況に近づいた一八四七年の海軍予算は、合計で、八〇〇万ポンドであったものの、ヴィクトリア期〔一八三七—一九〇一年〕の初期と中期の年間予算は、通常、これより低い額であった。だが、半世紀後、予算見積もりは、平時のものとしては、前例のない額へと高騰したのである。

これによって、イギリス海軍へのプレッシャーは、大きく高まったのであった。より豊かでない他の国々は、海軍費の高騰に悩まされていたのであったが、イギリス人は、この問題に関して妥協の余地はない、と感じていたのである。どんなに費用がかかろうとも、イギリス海軍は、最上のものでなければならない、と考えていたのである。しかしながら、当時のイギリスの政治家たちと提督たちは、この大胆な主張を、当然のことと思ってはいたものの、二つの大きな障害にぶつかったのであった。そして、その後、この二つの障害により、イギリス海軍は最上のものでなければならない、という考え方に、政治的な絶対性はなくなるのであった。第一に、政府は、レッセフェールの原則をゆっくりと放棄し、国内全般の社会状況改善と経済状況改善を求める大衆民主主義の要望に応えなければならないのであった。海軍以外の他省庁の予算拡大の声を認識しなければならなかったのである。すべての予算は拡大していたものの、どこかにおいて、妥協しなければならないのであった。結局のところ、一八九四年のグラッドストン内閣の退陣によって長年にわたる予算をめぐる戦いに終止符が打たれたというわけではないのだ。グラッドストン内閣の退陣は、単に、自由帝国主義者たちの一時的な勝利にしか過ぎなかったのである。その後のユニオニスト〔統一党〕内閣においては、ふたたび、防衛費が優先されたのであった。だが、改革派という支持基盤によって生まれ、社会の期待と社会の緊張が高まっていたことを認識していた一九〇五年から一九一四年にかけての自由党政権は、社会保障と防衛費の間にあるジレンマを、より鋭く認識させられたのである。戦時の軍事的即応性を求める人々の声に、平時の民主主義が応えられるかどうかという問題が議論され始め、この問題への取り組みが始まったのであった。上記した、絶対的な海軍力を求める声に対する二番目の障害は、無尽蔵の資源を持つ国などない、という単純な事実の上に存在していた。軍備品の価格が高騰すれば高騰するほど、軍備競争に参加することをあきらめざるを得なくなる国の数は増えるのである。少なくとも、大国として参加することは、あきらめざるを得なくなるのであった。問題は、イギリスはこの競争の中に残ることができるのか、それとも、マッキンダーが書いたように、莫大な資源を持つ大陸国家だけしか、この競争を戦うことができないのだろうか？　ということであった。

この問題に対する答えがはっきりするまでには、その後、かなりの時間がかかることになる。だが、世紀転換点の時点で、すでに、工業化の拡散が、世界の国家間のバランスを、多くの面において変化させつつあった、ということは明らかであった。人口と資源に恵まれ、高い潜在性を持ってはいたものの、長い間休眠状態にあった国々が、無制限のプロメテウス——技術と組織という衝撃——に呼び覚まされたのであった。このような革命は、戦略上重要な影響を、すでに生み出していた。西半球では、アメリカが、ますます支配的な位置を得、アメリカの経済活動と政治的影響力は、カリブ海とラテン・アメリカに浸透しつつあった。同様に、日本が東アジアの隣国から抜け出し、東アジアでの影響力を拡大させつつあった。

統一を果たしたばかりのドイツは、びっくりする速さの工業の拡大と商業の拡大によって勢いづき、ヨーロッパの古くからのバランス・オブ・パワーを、確実に変えつつあった。最後はロシアである。ロシアは、工業化によって、莫大な資源を開発するための一歩を歩み始めただけにとどまらなかった。ロシアは、戦略的な鉄道建設によって、中国とインドに直接の軍事的プレッシャーをかける手段を手に入れたのであった。これらの変化すべてが意味することとは、少なくとも、該当する地域においては、これらの変化の結果、イギリスの影響力が低下する、ということであった。そして、イギリスの、これまでの並ぶもののない優勢や行動の自由に、明確な制限が加えられる、ということなのであった。これは、一九世紀後半の大きな政治的展開についても、同様にいえることである。大国の植民地の拡大について、である。新たな市場や原料の供給地が求められていた。ナショナリズムが盛り上がり、バランス・オブ・パワーが変化していた。イエロー・ジャーナリズムが、読者である大衆の要請に、初めて応えるようになっていた。政治体制に、内部的な変化が生じていた。ダーウィニズム的な国家〔強者生存を唱える社会進化論的国家〕が増えていた。これらはすべて、おそらくは、産業革命の結果、あるいは、産業革命に関連して、生じたのであろうが、それによって、これらの国々は、海外植民地を、狂ったように求めるようになったのである。それまでは、イギリスは、フランスの散発的な挑戦と戦うことができれば、通常は、それで十分であった。それが、今や、多くの国々が、このケンカに、参加するようになったのである。その結果、イギリスのアジアやアフリカにあった、ゆるく、広大な「非公式な帝国」は、実質上、消滅してしまった。イギリスの「公式の」植民地になるか、他国が併合してしまったのである。こうした経験は、イギリスの政治家たちにとって、最高に不愉快なことであった。たしかに、イギリスは、この競争において、他国よりも多くの植民地という不動産を確保したのであった。先にスタートしていたのであるから、このこと自体は、驚きではない。だが、相対的に見た場合は、イギリスの地位は、低下したのであった。熱帯地方のほとんどを非公式に支配していたのが、熱帯地方の四分の一を公式に支配することに変わったのである。戦略上の優位も、また、世界の海運航路に沿った重要な拠点を他国が獲得したことにより、影響を受けたのであった。たとえば、〔チュニジアの〕ビゼルト、ダカール、〔マダガスカルの〕ディエゴ・スアレス[*37]、マニラ、ハワイである。

このような変化は、多くのイギリス人を当惑させるものであった。とはいっても、彼らの感情は、国家のプライドや虚勢の発露によって、多くの場合、覆い隠すことができた。〔イギリス帝国の全盛期、一時代前の〕ヴィクトリア中期の人々であったならば、パーマストンは例外だが、このようなプライドや虚勢の発露を、下品で余計なもの、とみなしたことであろう。一八八〇年代と一八九〇年代のイギリスの大衆は、マッキンダーの論文の二番目の側面を知っていたならば、さらに興奮していたことであろう。二番目の側面とは、シーパワーは、ランドパワーに対して、それ自体が衰えつつある、というものである。これも、それ自体が、数十年単位で見た場合に初めて明らかになるような、非常に長期的な傾向であった。このことが完全に認識されるのは、次の世紀に入ってからようやく、なのであった。だが、ここでふたたび、全般的な傾向について、短くまとめておくことは、意味があるだろう。

問題の真の元凶は、おそらく、鉄道であろう。皮肉なことに、鉄道は、イギリスの発明品であり、その前の時代には、イギリスの経済と人々に、大きな利益をもたらしたものであった。だが、鉄道が、中央ヨーロッパ、ロシアの「ハートランド」、アメリカの中西部などの地域にもたらした変化は、はるかに決定的なものであった。近年の経済学者の幾人かの主張ではこれを認めないのだが、鉄道なしには、これらの地域の工業化は、とても起こり得なかったはずだ。貨物の輸送は、幾世紀もの間、水の上を通した方が、安く、早かったのだが、今や、陸上を通すことが、より容易になったのである。この傾向は、二〇世紀に入って自動車輸送が導入されると、さらに加速することになる。刺激を受けたのは、工業だけではなかった。商業も刺激を受けたのである。長年にわたって難しかった商業が、今や、新たな環境の下で、繁栄するようになったのだ。例を上げれば、〔ヨーロッパアルプスの峠を貫く〕「モン・スニ・トンネル」（一八七一年）と「サン・ゴタール・トンネル」〔「ザンクト・ゴットハルト・トンネル」あるいは「サン・ゴッタルド・トンネル」とも呼ぶ〕（一八八二年）が開通したことにより、地中海産の果物や野菜の北向きの流れが、大幅に増加したのである。マッキンダー呼ぶところのコロンブスの時代には、ほとんどの貿易が海に近い場所で行われ、ほとんどの人々が海の近くに暮らしていたのであったが、この時代は、大陸諸国がこの物理的制約から解放されるに伴って、ゆっくりと終わりに向かいつつあった。陸上のコミュニケーションが改善されるに伴って、大きな人口と広大な領土を持ちながら海岸線をそれほど持たない国も、今では、自国の資源を活用することができるようになったのだ。オランダやイギリスのような、主に海軍国であり商業国であった小さな国々に特有の優位性が、しだいに、失われつつあった。

人々も、陸伝いに、より早く運べるようになった。この事実は、海運会社（特に〔南アメリカ最南端の〕ホーン岬周りの航路を運航していた会社）に影響を与えただけにはとどまらなかった。直接の軍事的影響もあったのである。このことをもっとも最初に認識したように見えるのは、プロイセン参謀本部である。プロイセン参謀本部の効率を重んじる立案者たちは、鉄道時刻表を、芸術的なものへと変えたのであった。一八六六年、オーストリアとの戦いに際して、プロイセン参謀本部は、四万の兵力を、あっという間に、戦場へと送りこむことができた。そして「プロイセン参謀本部は、大規模な組織と大規模な移動につきものの諸問題を見事に扱い、一八七〇年、わずか一八日間で一一八万三〇〇〇の兵力を動員し、同時に、四六万二〇〇〇の兵力をフランスの前線へと送りこんだのであった。[*38]」ヨーロッパの一国、もしくはヨーロッパを支配する同盟に対するイギリスの伝統的な戦略は、それが低地諸国であろうが、ポルトガルであろうが、イタリア沿岸であろうが、周縁部に遠征部隊を送りこむ、というものであったが、それが、今や、はるかに大きなリスクを伴うことになったのである。敵が、〔貧弱な〕道路コミュニケーション網と強行軍に依存する代わりに、はるかに大きな兵力を、鉄道で、すばやく、危険な場所に送りこめるようになったからなのであった。反対に、ランドパワー国は、特定の状況下において、海に依存することから解放されたのである。その、もっとも顕著な実例は、シベリア横断鉄道を建設することでロシアが得た優位であった。ロシアの大蔵大臣〔セルゲイ・〕ヴィッテは、シベリア横断鉄道の建設について、一八九二年、ロシア皇帝に対して、メモランダムにおいて、次のように主張していた。シベリア横断鉄道は「シベリアを切り開くだけにとどまりません。中国への主要な航路であるスエズ運河にとって代わり、世界貿易に革命を起こすのです。これによってロシアは、中国市場を布地や金属製品で満たすことが可能となり、中国北部を政治的に支配することが可能となるのです。[*39]」このような希望は、まもなく、日本との戦争によって、弱められることとなる。この戦争の結果は、世界中の海軍主義者たちを安堵させるものであった。だが、現在の視点から見れば、ロシアの敗北は、シーパワーの機能というよりは、ロシアの準備不足と非効率に帰させることも可能である。少なくとも、一九四五年までには、形成は逆転することになる。そして、日本海軍は、満洲を確保するに際しては、大した働きはできなかったのである。たとえこの先そういうことになるのであったとしても、世紀転換点までのロシアの陸上での拡張は、相当に印象深いものであった。マッキンダーは、後に、鋭い比較をして、このように書いている。

> 一九〇〇年のイギリス人にとって、六〇〇〇〇マイルの海を隔てた場所でのボーア人との戦争に際して、二五万の兵力を維持することは、前例のない出来事であった。だが、一九〇四年、満洲での日本との戦争に際して、二五万の陸軍を、四〇〇〇マイル離れた場所へ鉄道で送ったことは、ロシア人にとって、偉業といってよいほどの業績である。[*40]

イギリス人にとってさらに悩ましかったことは、ロシアの鉄道建設が、イギリスのインド支配に及ぼす脅威であった。幾世紀にもわたって、この重要な領土に到達するには、他国は、海を渡らねばならなかった。だが、一九〇〇年までには、もうじきオレンブルク・タシュケント間の鉄道を使ってアプローチが可能になり、これは致命的な脅威である、と思えるようになったのであった。これに対してイギリス人は、単純に、解決策を持たなかった。北西からの脅威に対してインドを守ることができるのは、大規模な陸軍だけであって、イギリス海軍ではない。実際問題、帝国の防衛が、陸上からの脅威に対して、かなり多くの場所で危うくなっているということは、基本的にはシーパワーである国家にとって、相当深刻な問題であった。『ネーバル・アンド・ミリタリー・レコード（*The Naval and Military Record*）』紙が、一九〇一年、論説記事において、次のような指摘を行っている。ちょっと長くなるが、引用してみよう。

海軍国の拡大は、ある種の制限によって阻まれている、このことは、疑問を挟む余地がないことである。この、あたりまえの真実は、マハン大佐の著作によって、いくぶん覆い隠されたものとなった。イギリスの人々は、当然ながら、イギリス海軍に誇りを感じており、イギリス帝国の拡大に誇りを感じているので、マハンの著作を、読み誤りやすい傾向があるのだ。しかしながら、はたしてマハン大佐が、地球各地にバラバラに広がっている広大な帝国が、幾世紀にもわたってシーパワーのみによって保持されてきた、と主張しようとしていたのかどうかは、疑わしいものである。本紙が最近指摘した通り、インドの防衛は、シーパワーに依存している状態である。だが、インドの防衛には、三〇万の兵隊も関わっており、志願兵制度によって集めている限られた数の新兵の、かなりの割合を投入している状況である。カナダの国境もまた、アメリカとの戦争に際しては、保持することが、かなり難しいであろう。現在行われている南アフリカの征服は、五万の兵力の常駐を要するものとなるかもしれない。そして、これほどの数の兵を、陸軍が、現在の志願兵制度の下で集められるかどうかは、まったく不明なのだ……たとえば、シンガポールは、重要な海軍拠点である。だが、シンガポールは、海軍力のみでは、維持できないのである。この港町は、大規模な守備隊を必要としているのである。このように、少数の守備隊に支援された艦隊の砲力だけで、拡大した領土を守ることができるという前提が成り立たなくなる時、シーパワーの限界が、感じられ始めるのである。[*41]

一九世紀、すでに起こっていた変化、あるいは、当時進行中であった変化は、他にもいくつかあった。これらの変化によって、マハンのイギリスの過去の海戦についての分析が、この先も有効なのか、まだ分からなかった。この点、顕著な変化が見られたのは、海上封鎖の有効性についてであった。海上封鎖の有効性は、海軍主義者である歴史家たちによって、誇張され過ぎているとはいうものの、それでも、たいてい、かなりのものであった。新しい世界強国のアメリカとドイツ、そして古くからの敵国ロシアは、自国の豊かさを、それほど海外貿易には依存しておらず、かつてのスペイン、オランダ、さらにはフランスのように、海軍力によるプレッシャーだけで屈させることは、そう簡単ではなかった。かつては、スペイン艦隊を拿捕したり、オランダの、西インド諸島との貿易を妨害したりすることによって、敵国の経済に、相当に深刻な打撃を与えることが可能であった。ところが、今は、状況が変わってしまったのである。イナー・テンプルの法廷弁護士の、ダグラス・オーウェン（Douglas Owen）という人物が、一九〇五年に英国王立防衛安全保障研究所で行った非常に興味深い講演で、このことを強調している。[*42]オーウェンが説明したように、一七世紀と一八世紀にイギリスのプライヴェティーアたちが襲撃したのは、ライバル国に属する港間の貿易であった。セイロン、モーリシャス、ケープ植民地、ギニア、ドミニカ、トリニダード、セントビンセント、セントルシア、デメララ〔現在のガイアナの一部で当時はオランダの植民地〕、グレナダ、フランス領カナダなどの間で行われていた貿易である。その後、これらの地は、すべてイギリスに属することとなった。第二に、植民地貿易そのものが、重要性を低下させていた。ラテン・アメリカからの金や銀、東インドからの香辛料、西インド諸島からのラムとたばこと砂糖などに匹敵する近代のものは存在しない。もしかしたら、イギリス本土への原材料と食糧は、その例外、といっていいかもしれない。いいかえるならば、今や、標的は、ほとんどすべて、イギリスのものとなっていたのだ。第三に、鉄道の到来によって、海上封鎖の効果は低くなり、敵国の貿易を麻痺させる可能性は低くなったのであった。

当時から現在の間までに、鉄道が導入されて、都市や町、港の間を結ぶまでに発展しています。大陸では、内陸の水路が建設されて、内陸の水路網は、ほとんどのイギリス人には想像もつかないほどに拡大しているのです。そのため、わが国が、たとえ敵国の港を完全に封鎖することができたとしても、その国の貿易は、ほとんど影響を受けないでありましょう……現在では、フランスは、ベルギーを通して自給できるようになっています。ドイツは、オランダとベルギーを通して、オランダは、ベルギーとドイツを通して、ロシアは、ドイツと低地諸国を通して、それぞれ自給できるのです……ヨーロッパの国々についていえば、海岸線を海上封鎖できたような時代は、もはや、過去のものとなったのです。海上封鎖によって敵を飢餓に追いこんだり、敵国の沿岸交通から物資を獲得できると想定できたような時代は、過ぎ去ってしまったのです。[*43]

最後の行が示しているように、この論文は、中立国の船舶の不可侵に関する一八五六年のパリ宣言の条文が、この先の戦争において守られることを前提として書かれたものであった。つまり、〔戦時に〕敵国は、自国の船をすべてしまいこみ、中立国の海運に依存するだろう、という前提で書かれていたのである。ほとんどの人々は、そうなることを受け入れていた。そして、そうなることを見越していたからこそ、ソールズブリーは一八七一年に、この条約によって、艦隊は、侵略を防ぐこと以外「ほとんど無価値」のものとなった、として抗議したのであった。しかしながら、この先イギリスが、この条約を破棄することになったとしても、それでも、オーウェンの分析は、一定の有効性を持つのであった。近代的な輸送手段によって、ヨーロッパ列強は、中立国から、昔よりも容易に補給を得ることができるのであった。そして、ロシアやアメリカのような国を兵糧攻めにしようなどという考えは、笑い話にしかならないのだ。

さらには、そして、このことは、二〇世紀に入ってから一層そうなるのであったが、魚雷、潜水艦、長射程の沿岸砲などの新しい発明によって、海上封鎖を実施する上での問題は、昔にくらべて、はるかに難しいものとなりつつあった。石炭を燃料とする近代の軍艦が、敵国の港湾を数日間以上監視しつづけることは不可能である、などということは、いわずもがな、であろう。早くも一八九三年には、海軍大臣のスペンサー〔第五代スペンサー伯爵ジョン・スペンサー〕（John Spencer, 5th Earl Spencer）が、「蒸気船による効果的な海上封鎖は、たとえ完全に不可能ではないにしても、極めて難しいものになるだろう」と、考えており、一八九五年には、『ザ・タイムズ（The Times）』紙が、このことを公に書いたのであった。そして、中でももっとも興味深いことに、マハンまでもが、この点についての疑問を、一八九六年に出版した有名な論文において表明していたのである。[*44] こうした展開によって、イギリスの伝統的政策であった接近した距離での海上封鎖（close blockade）が、公式に変化するまでには年月を要することになるのだが、それでも、世紀末までには、ある方面においては、このことが懸念され、不安視されるようになっていた、という証拠があるのである。さらには、最初のうち、新しい諸発明は、敵国の沿岸近くでの戦艦の行動の自由を制限するだけに見えたが、後になると、機雷や魚雷を外洋で用いることを控える理由はない、とみなされるようになった。戦闘艦隊に護衛をつけることが、対抗策として、打ち出された。だが、途方もなく高価な主力艦（その分厚い装甲にもかかわらず、同種の艦船からの一撃でやられてしまうほど脆弱なものであった）の安全を、小型の軍艦により一層強く依存するのに伴って、戦艦そのものの存在が、より疑問視されるようになったのである。先見の明を持つ幾人かの戦略家たちは、すばやく、結論を見出したのであった。イギリス海軍の砲術の規準を変えたサー・パーシー・スコット提督（Admiral Sir Percy Scott）は、一九一四年六月、『ザ・タイムズ』紙に寄せた意見によって、ちょっとした騒動を引き起こした。この中で、スコットは、潜水艦と航空機によって戦艦が時代遅れとなることを予言し、代替案として、大規模な航空戦力、潜水艦と（貿易護衛のための）多くの巡洋艦から成る大規模艦隊を基にした海軍政策を唱えたのである。[*45] スコットを批判する者たちは、彼の主張は証明されておらず、マハンの諸原則は今後も有効でありつづける、と反論した。当時の強国、そしてイギリスの戦闘艦隊の有効性について、このような異論は、飲みこむには苦すぎる薬であっただろう。だが、このような予測の裏に、海戦場における潜水艦、魚雷艇、航空機の優越が、イギリス自身の海上覇権を失うことの前兆であるとする、より深い恐れを感じとることはできたであろうか？結局のところ、戦闘艦隊を建設できるのは、かなり限られた数の国だけであり、その建設には、長い年月がかかるのであった。この年月は、イギリスに、対抗策を考える時間的猶予を与えるものであった。だが、多少の野心を持つ国であれば、航空機や潜水艦を保有することは、そう難しくはないのだ。それらの武器を手にすれば、少なくとも、地域的な海上支配は確保できるのであった。

移動の形態を変えて、技術革新をもたらした工業化によって、イギリスの伝統的武器であった海上封鎖の有効性が、大きく低下したとするならば、イギリス自身の外部世界とのコミュニケーション路も、同様に、敵国の海軍力によるプレッシャーに対して、はるかに脆弱となったのであった。産業革命と相まって、一七五〇年から一九一三年までに、イギリスの人口は六倍と大きく増え、このことによって、食糧と原材料への需要は大きく増えていた。この間、豊かに成りつつあったことが、この傾向をさらに加速させていた。自由貿易制度も、また、そうであった。自由貿易制度によって、イギリスは、世界貿易の中心となり、他の国では考えられないほどに、自国の繁栄を、商品の輸入と輸出に依存するようになっていたのである。蒸気船と冷蔵庫の登場によって、外国の農夫たちは、関税がないことを利用して、自分たちの産品を、イギリス市場へと大量に送りこむことが可能になっていた。その変化は、劇的なものだった。一八三〇年代になっても、イギリス国内で消費される食糧の九〇パーセント以上は、国内産であった。だが、一九一三年までには、国内で消費される穀物の五五パーセントと、食肉の四〇パーセントが、輸入品で賄われるようになっていたのである。原材料についていえば、輸入品への依存は、さらに著しいものであった。一九一三年までには、原材料の八分の七が、海外から供給されるものになっていた。ここには、すべての綿花、羊毛の五分の四、非リン酸鉄のほとんど、非鉄金属のほとんど全部、が含まれる。[*46] このような変化が進行する中、一八六九年、〔外相などを務めた貴族で政治家の〕マームスベリー〔第三代マームスベリー伯爵ジェームズ・ハリス〕（James Harris, 3rd Earl of Malmesbury）は、「人口が増加している中にあって、わが国は、われわれが必要とする食糧の半分すらも、栽培し、供給することができないのである」[*47]、と心配そうに述べていた。このような莫大な規模の商業を担っていた数千隻もの商船を護衛することが、将来の戦争において、過去をはるかに超えて、イギリス海軍の重要任務とみなされるようになるのであった。フィッシャー提督は、彼らしく、「わが国の海軍が敗れた場合、われわれが心配しなければならないのは、侵略ではない、飢えだ」と、ぶっきらぼうに、述べていた。経済的観点から見た場合、イギリスは、他国以上に、海上封鎖に対して、脆弱になっていたのである。

西洋世界の工業化の結果、イギリスの強国としての相対的な地位を低下させたものが、さらにもう一つあった。プロイセンをモデルとした、大規模な陸軍の組織化と配備である。たしかに、一九世紀のはるか前においても、戦闘のために、かなり大きな数の兵が集められることは、時折あった。だが、たいていの場合、これらの兵がその能力を発揮できるのは、その国の国内だけであり、あるいは、短期間だけであった。彼らを集め、展開させるには、時間がかかり、彼らの軍服は、雑多なものであり、彼らの武器は、様々であり、兵站は、原始的なものであった。だが、産業革命と、それに伴う人口増加によって、大規模な陸軍へと、募兵できるようになっただけにとどまらず、集めた兵に服を着せ、武器を渡し、長期にわたって彼らを養えるだけの、財政力と物質力を国家は与えられたのであった。いいかえれば、〔ポーランド出身のユダヤ系銀行家で著作家の〕イヴァン・S・ブロッホ（Ivan S. Bloch）が、その著作『現代の武器と現代の戦争（*Modern Weapons and Modern War*）』において直観的に示していた通り、この先、大国同士の戦いは、防衛側が主導権を握るような持久戦の様相を呈するものになってゆくのであった。

> いくつかの天下分け目の戦いで決戦を行うような戦争の代わりに、われわれは、交戦国の資源に負担を強いつづけるような長期戦を戦うことになるのである。戦争は、交戦国の軍事力と道徳上の優位を測るための、つかみ合いの戦いではなく、膠着状態のようなものになるのである。この戦いでは、両者とも、相手に手がとどかず、両者とも、相手と対峙した姿勢をとりつづけ、互いに脅迫し合うのである。だが、どちらも、最終攻撃に着手することはできず、決定打を打つこともできないのである。*48

新しい鉄道によって、今では、将軍たちが、部隊を、国の反対側へ非常な速さで送ることができるようになったという事実があったにもかかわらず、工業化によって、逆説的に、これ以降の戦争は、大規模陸軍間の延々と長引く戦いになりそうなのであった。このことによって、イギリスが保有しているような職業軍人からなる規模の小さな陸軍は、影が薄くなるのであった。以前であれば、三万人前後の部隊を、ヨーロッパの特定の場所に上陸させることは、それ自体が軍事的に非常に有効であるか、少なくとも、同盟国への支援として、かなりのものであった。今や、おおむねは海外で孤立することになる、スイス軍よりも規模の小さい陸軍しか持たないイギリスが、その陸軍力によって与えられる大陸における影響力など、なきに等しいものとなっていた。ビスマルクがこのようなジョークを飛ばしたといわれている。イギリスが陸軍をドイツの海岸に上陸させたならば、地元の警察力を動員して、逮捕してやろう！

このように、イギリスの陸軍的な影響力が極端に低下していたことについては、イギリス国内の観察者たちも、気がついていた。一八六九年、ベルリン駐在陸軍武官という適切な地位にあったウォルカー大佐(Colonel Walker)は、次のように、鋭く観察していた。

かつてわが国が、ヨーロッパ大陸での戦争で演じていたような役割は、二度と演じられないであろう。徴兵制度によって兵数を整え、訓練されて、費用がかけられた他国の陸軍の規模の大きさにより……わが国は、覇権争いの無数の競争に参加することから、追い出されるのである。[*49]

世紀転換点までには、モーリス将軍〔ジョン・フレデリック・モーリス〕(John Frederick Maurice)までもが、このような悲しい報告をするようになる。「イギリス陸軍の〔ヨーロッパ〕大陸における歴史にもかかわらず、外国の将校たちは、わが国〔イギリス〕は陸軍を保有していない、という全般的な印象を持っているようなのである。」

しかしながら、このような衰退を食い止めるには、大陸国家で行われている徴兵制度のようなものを導入することが必要となるのであった。だが、このような制度は、政治家たちにとっても、国民にとっても、費用がかかり、不人気なだけではなく、〔イギリスの〕基本的政治原則に反し、伝統に反するものだったのである。そのため、心からの信念、政治的戦術、経済の重視が組み合わさった結果として、ヨーロッパの敵に対する将来の戦争における戦略として、〔イギリスの軍事史家、戦略思想家バジル・ヘンリー・〕リデルハート(Sir Basil Henry Liddell-Hart)が後に「イギリス流の戦争方法」と名づけることになる、すでに存在していた考え方――海軍の活動と海上封鎖、植民地の獲得、大陸の周縁部への攻撃――が再確認されることとなった。[*50] この時期は、ヨーロッパ大陸においてバランス・オブ・パワーが存在していた時期とだいたいにおいて重なる(一八七九年から一九〇五年くらいの間)のである。そのため、この伝統的政策の見直しの必要性は、低かったのである。

だが、どこか一つの国、あるいは一つの同盟が台頭し、このバランスが崩された場合には、どうなるのであろうか？　この国、あるいは同盟が、イギリスに対して非友好的なだけにとどまらず、ヨーロッパを支配する脅威があり、対抗する陣営が軍事的に弱過ぎる場合はどうなるのであろうか？　そうなったならば、植民地での行動、海上封鎖、小規模な攻撃では、どうすることもできないのだ。だからといって傍観したならば、おそらくは、大陸全体が、非友好的勢力の下に落ちることになるのである。このことは、イギリスの歴史と伝統を鑑みるすべてのイギリスの政治家にとって、この世で起こり得るもっとも危険な事態であった。このような事態は、世紀転換の時点においては、未だに起こりそうにないことであったが、幾人かのイギリス人の著作家たちは、この方面への発展について書き、こうしたことが、起こり得なくはないことを、すでに示していたのであった。ヨーロッパへの陸軍的な関与をめぐる大きな議論の必要性――関与の規模をどうするのか、また、その結果、イギリスの全体的な防衛政策、外交政策はどうするのか――は、すぐそこまで来ていた。そして、この議論の結果に、イギリス海軍そのものの将来も、大きくかかわってくることになるのだ。

第三部　凋落

……わが国の「伝統的な」戦略が、はたして今も有効なのか、これは、かなり疑わしい。これまでの過去において、わが国の戦略は、バランス・オブ・パワーと地理上の優位に依存するものであったが、バランス・オブ・パワーは、一八七〇年以降、より、おぼつかないものとなり、また、地理上の優位は、近年の技術発展により、優位性が低下した。一八九〇年以降のイギリスは、もはや、唯一の海軍国ではない。さらには、〔軍事全般において〕海上戦の果たす役割も低下した。帆船の海軍の時代が終わるとともに、行動の自由は減少し、機雷が発明されて以降、内海はアクセスできないものとなった。海上封鎖は、代用品を創る技術が生み出され、農業が機械化されたことで、有効性の一部を失った。近代ドイツが勃興してきて以降、ヨーロッパの同盟国なしでやっていくことは、わが国にとって、困難なこととなっている。そして、同盟で求められることの一つは、戦いにおいて、応分の働きをすることなのだ。戦争が、すべての交戦国のあらゆる努力を要するものとなった以上、金銭的な支援だけでは、意味をなさないのである。

ジョージ・オーウェル

The Collected Essays, Journalism, and Letter of George Orwell, 4 vols. (Harmondsworth, Middlesex, 1970), ii, p. 284. from a review of Liddell Hart's *The British Way in Warfare*.

第八章　パクス・ブリタニカの終焉（一八九七―一九一四年）

あの、北海のあちら側にいる、わが国を脅かしている恐るべき大艦隊《アルマーダ》に対処するため、わが国は、遠方の大洋の海域を、ほぼ、あきらめている。わが国は、現在、蛮族が国境で大暴れしていた頃のローマ帝国と同様の状況に直面しているのではないのだろうか。縁起でもない言葉が世に広まっている。わが国は、わが軍団《レギオー》を呼び戻した……

『ザ・スタンダード（The Standard）』紙　一九一二年五月二九日

一八九七年六月二六日、世界がこれまで見てきた中で最強の海軍力が、ヴィクトリア女王のダイヤモンド・ジュビリー〔即位六〇周年〕をお祝いするために、スピットヘッドに集結していた。二一隻の一等戦艦、五四隻の巡洋艦を含む一六五隻を超えるイギリスの艦船が、イギリス海軍の規模の大きさと戦闘力を見せつけていた。外国からの参会者たちは、目の前の艦隊に、ただただ圧倒されるばかりであった。『ザ・タイムズ』紙の誇らしげな記事にケチをつけようなどという者は、ほとんどいなかったであろう。

この艦隊は……これまで集結したものの中で、確実に、その構成と質において最上なものであり、他国は、どう組んだところで、これに匹敵することはできないであろう。この艦隊は、世界がこれまで見てきた艦隊の中で、最強であるとともに、もっとも広範囲に力を照射できる戦力でもある。[*1]

この記事の読者たちが同時に知っていたことは、この武器は、世界最大の商船団によって補われており、同時に、この武器が、この世界最大の商船団を護衛していた、ということである。イギリスは、未だに、世界第一の貿易国であり、イギリス海軍の建艦計画に必要な原資となる国富は、そのほとんどが、海外貿易と海外投資によって稼いだものであった。それに加えて、広大な植民地帝国を保有していたことにより、イギリスは、世界のもっとも重要な海軍拠点を押さえているという戦略上の利益も享受していたのである。フィッシャー提督が、勝ち誇るように、次のように述べていた。「地球の戸締りに必要な戦略上の五つの鍵！」、これらすべて〔ドーバー、ジブラルタル、ケープ〔ケープタウン〕、アレクサンドリア、シンガポール〕は、イギリスの手中にある、と。[*2] さらには、この帝国と、これらの拠点は、複雑な、帝国ケーブル・コミュニケーション・ネットワーク〔電信網〕によって、急速な速さで、互いに結ばれようとしていた。このネットワークによって、世界の航路に対するイギリスの戦略的な支配は、ますます強くなったのであった。一九〇〇年、フランス政府が、うらやむように、次のような記述を行っていた。「イングランドの世界に対する影響力は、おそらくは、イギリス海軍のおかげ、というよりも、イギリスのケーブル・コミュニケーションのおかげであろう。イギリスは、ニュースを支配することによって、洗練されたやり方で、ニュースを、自国の政策や商売に役立つものとしているのである。[*3]」

他の側面においてもまた、平均的なイギリス人は、自国の艦隊に信頼を置いていた。ゴッシェン〔初代ゴッシェン子爵ジョージ・ゴッシェン〕(George Goschen, 1st Viscount Goschen)を海軍大臣に置いたユニオニスト政府[*4]は、海軍の年度予算に対して、常に寛大であった。その結果、海軍は、一八九七年には、一八一五年以降の平時の海軍としては、最高に近代化され、最高に装備が整った状態となった。さらには、海軍は、世界中のイギリス権益への様々な脅威に対抗するため、抜け目なく展開されているように、人々には見えていた。もっとも重視されていたのは地中海艦隊である。マルタ島を拠点にした一〇隻〔後には一二隻もしくは一四隻〕の一等戦艦が、フランスとロシアの小艦隊に対して、しっかりとにらみを利かせていた。さらに、危機の際には、これに、イギリス海峡艦隊の八隻の一等戦艦が加勢することもできた。この八隻は、ジブラルタルからイギリス南岸までの海域の哨戒にあたっていた八隻である。この第二部隊は、一一隻の二等戦艦で編成されていた予備艦隊（The Reserve Fleet）を支援することもできた。予備艦隊は、北海に面したイギリスの海岸線を守るための艦隊であった。極東地域においても、ロンドンの声に敬意を払ってもらうためには、三隻の戦艦と他の艦種の艦船を配備することが、必要であると考えられていた。他のいくつかの拠点（ケープ、アメリカン〔カナダなど〕）も、小艦隊に戦艦を含めることが正当化されるほどに重視されており、その他《ほか》に、多くの小型艦艇が、世界中に分散されて配備されていた。イギリスの海軍力の世界への展開は、その先の未来においても、つづいてゆきそうに思われていた。〔スピットヘッドの観艦式の少し前に公にされた〕一八九八／九九年度予算案[*5]は、総額二二〇〇万ポンド近くに達するものであり、四隻の戦艦への引き当て費を含むものだったからである。

　これは、一九四〇年のフランス陸軍のように、真に力が試された最初の段階で、トランプの塔が崩れるようにすぐに崩れてしまうような、見せかけだけのハッタリではなかった。イギリス海軍の数の上での優位、装備の上での優位、戦略上の優位は、感情抜きの、しっかりとした現実なのであった。イギリスの力は、一八九八年末、上ナイルをめぐってイギリスが戦争に訴える用意があることを知ると、フランスが狼狽して引き下がるほどであった〔「ファショダ」事件のこと〕。フランスのなさけない外交的譲歩を見た際、多くの人々は、これを、イギリス海軍の優勢によるものとみなした。ヴィルヘルム皇帝が、この時、「あわれなフランス人たち……彼らは、自分たちのマハンを読んでいないようだ」という鋭いコメントを発したが、多くの人々は、彼の言葉に同意したことであろう。[*6]一年後、イギリス海軍は、ボーア人との戦いの間、南アフリカへの安全なコミュニケーション路を保証し、これに干渉しようというヨーロッパ諸国のあらゆる試みを阻止したのであった。〔歴史家のA・J・P・〕テイラー氏が記述しているように、「ファショダ以上に、ボーア戦争は、

『光栄ある孤立』を高らかに宣言するものであった。[*7]」

これらは、当時の人々にとっては、印象的であった。だが、地球上のほぼすべての独立国が建艦に尽力していたことを考えると、長期の将来的見通しは、決して、明るいとはいえなかった。たしかに、イギリス海軍は、非常に強力であった。だが、イギリス海軍が、多くの潜在的なライバルに対して、すべての海域で優勢を維持する、そんなことは可能だったのだろうか？　この疑問に対する答えは、明らかだった。しばらくすると、海軍情報部の部長（The Director of Naval Intelligence）が、一八八九年以降、イギリス海軍の海外拠点の状況が悪化していたことを、次のように概観するまでの状況となった。

> アメリカ、アルゼンチン、チリの各海軍が勃興してきた結果、イギリスの各小艦隊が、これまで、北アメリカから西インド拠点にかけて享受していた優勢が、消滅してしまった。北アメリカにおいては、今や、アメリカ艦隊に「完全に追いこされた」状態であり、西インドにおいては、これら三国の海軍に対して、劣勢に立たされている。アメリカ大陸南東岸においては、イギリス小艦隊は、今や、ブラジル海軍に対してのみならず、アルゼンチン海軍に対しても劣勢となっている。かつて〔イギリスの〕中国拠点が享受していた優勢は、今では日本のものとなっている。そして、イギリスの〔中国〕小艦隊は、一八八九年の時点においては、フランスとロシアのものを合わせたよりも強力であるが、あと一〇年もすれば、これらに、「ほとんど太刀打ちできない」ものとなろう。[*8]

ライバルであるシーパワー諸国をヨーロッパの中に閉じこめておくというのは、イギリスが一八世紀に完成させた戦略であり、一九世紀のほとんどの期間も安泰であったのだが、ここにきて、ヨーロッパ以外の国々までもが、海軍を建設できるようになると、このことを可能にしていたイギリスの力が崩壊し始め

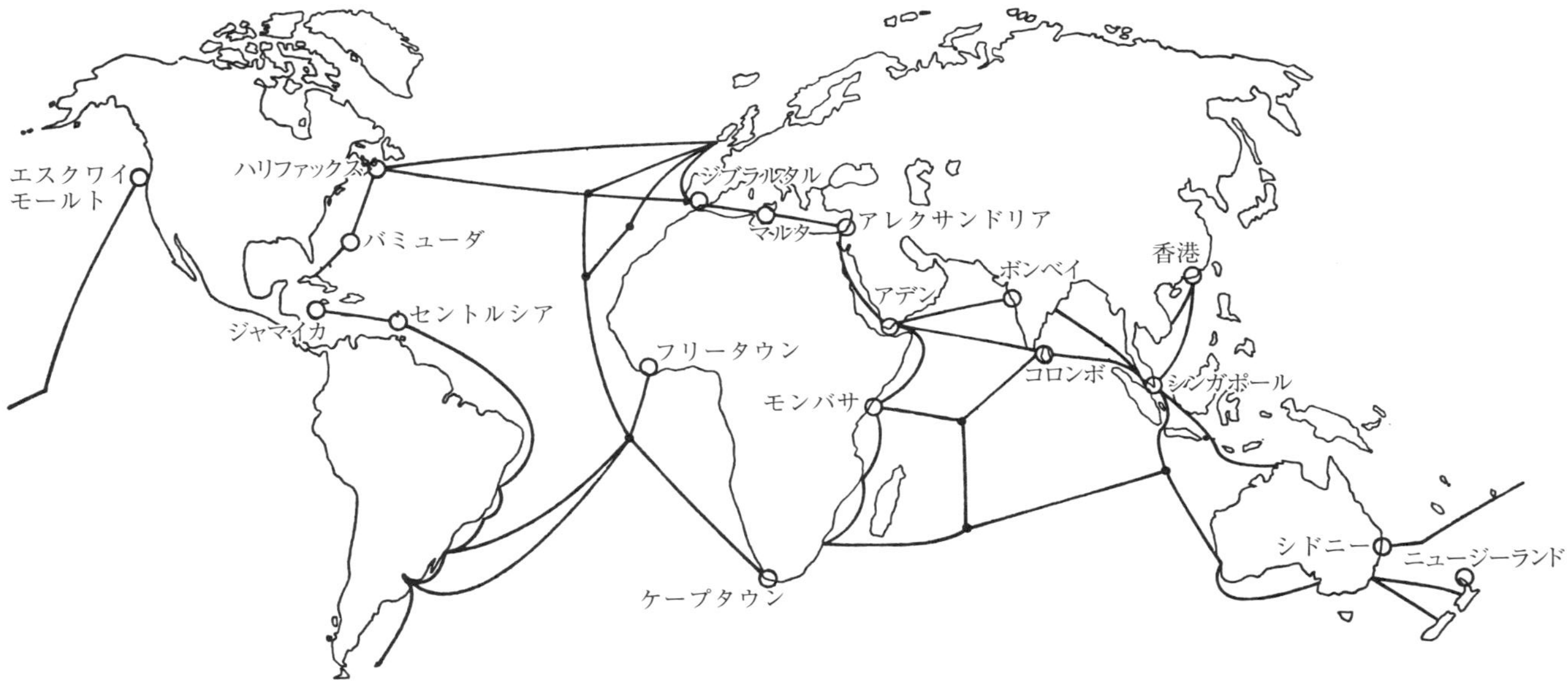

イギリス海底ケーブル ——
重要拠点と給炭拠点の名称　例○ジブラルタル

地図７　帝国の海軍拠点と海底ケーブル、1900年頃

	1883年の戦艦数	1897年の戦艦数（建艦中のものを含む）
国名		
イギリス	38	62
フランス	19	36
ドイツ	11	12
ロシア	3	18
イタリア	7	12
アメリカ	0	11
日本	0	7

る、最初の兆候が見られたのである。一八九〇年代なかばに「新しい海軍主義」が生まれてから、わずか数年で、このような状況となってしまったのだ。この状況は、アメリカ、日本、ドイツといった、急速に力を伸ばしつつあった国々が、国富を自国の艦隊へと注ぎこむに伴って、ますます深刻なものとなった。イギリス海軍が、スピットヘッドで、その力のほどを誇示したことによって、外国の野心は、抑えられるどころか、一層燃えさかったのである。翌月（一八九七年七月）の終わりまでには、フランス海軍が、新たな建艦のための、追加予算を手にしていた。さらに不吉なことに、ちょうど同じ頃、新しく海軍大臣に任命されたティルピッツ海軍少将が、聞く耳を持っていた皇帝ヴィルヘルム二世に、「イングランドに対する軍事情勢は、可能な限り多くの戦艦を必要としております」と語り、対抗できる強力なドイツ艦隊を建設するという、自らの方針の概略を示したのであった。[*9]

優勢にあったイギリス海軍の地位が、相対的に低下していたことについては、次のように、数字によっても示すことができるであろう。

言葉で表現するならば、一八八三年、イギリスの戦艦の数は、他のすべての国々の戦艦の数を合計させたものと、ほぼ同数であった（四〇隻に対して三八隻）。だが、一八九七年までには、この、イギリスにとって快適な比率は、消滅してしまっていた（九六隻に対して六二隻）。さらにいえば、実際の合計は、ここに示したよりもさらに小さなものであったという根拠も存在するのであった[*10]〔この数字は、旧式戦艦も含めたものであったため、新鋭戦艦だけで比べると、イギリスの数字はさらに小さなものとなる、ということ〕。光栄ある孤立の時代にあって、このような構図は、望ましいものではなかった。

現在から振り返って、歴史家の視点で見てみると、一八九七年のダイヤモンド・ジュビリーのお祝いは、イギリスの力の頂点を示すものではなく、世界に広がるイギリスの利益がしだいに脅かされ、自己満足に浸っていることが難しくなりつつあった中、精一杯演じた最後の晴れ舞台であった、ということが理解できよう。イギリスが真に力の頂点に達した時期は、一九世紀なかばのどこかなのだ。多くの政治家たちと、幾人かの知覚力に富む人物たちが認識していたように、来るべき世紀の諸課題に対処するには、イギリスは、すぐに、多大な努力を投入し、果敢な行動に出なければならないのであった。イギリスの優位は、パーマストンの時代であれば、当然のことであったかもしれないが、もはや、そのような優位は、存在しなくなっていた。多大な努力と果敢な行動なしに済まそうとするならば、ありとあらゆる種類の困難と危険がイギリスの前に立ちはだかることになる、そのような状況となるまで追いこまれていたのである。帝国主義の熱心な主唱者たちが叫んでいた帝国連邦は、自治領からの反対を引き起こしただけでなく、軍事的に見ても、明らかに実現不能だった。イギリスが抱えている諸課題すべてに対処できるほどにイギリス海軍とイギリス陸軍の予算を増額するという単純な解決策は、財政上、不可能であった。そして、ボーア戦争がやってきて、陸軍に備えができておらず、陸軍将官の力が足りていないことが明らかとなった結果、予算の上で、海軍が、ふたたび陸軍の後《うしろ》に座ることになるかもしれないこととなった。イギリスを、ヨーロッパの同盟ブロックの一つに組み入れるという政策は、ジョセフ・チェンバレンには魅力的なものであったが、大きな不利を抱えこむことになるものであり、首相であったソールズブリーを含め、多くの者が反対するものであった。

これらの極端な解決策は、障害を伴うものであったため、残された解決策は、すべての防衛政策と外交政策の調整を図り、省庁間の連絡を良くし、地球上の、重要度がそれほどでもない地域への関与を少しずつ減らしてゆく、というそれほど劇的でないものであった。各自治領からさらなる財政的支援を引き出そうという試みが行われ、本国では、新たなる財源探しが行われようとしていた。また、陸海軍の改善が行われようとしていた。軍事力を引き上げるには、単純に税金を引き上げる、という以外の方法もあったからである。さらに、それが必要とあらば、外国との地域的な協商も、考慮の対象となるのであった。協商が考慮の対象となった理由は、イギリスが、他の場所に集中できるようにするためである。そして、他国との間のやっかいな問題に対して、外交官たちは、円満な解決を得られるように努力した。円満に解決することによって、潜在的な敵の数を少しでも減らそう、ということであった。戦略上の拡張のし過ぎと、散らばり過ぎて薄くなっていた海軍力は、クリミア戦争前からの名残であった。だが、今や、脅威の数が増えて、それが永続的なものになっていたため、そのリスクが一層高いものとなっていた。この状況は、〔ドイツに対抗する〕露仏同盟が〔一八九一年から一八九四年にかけて〕生まれてきたことによって、いくぶん変わり、イギリスは、重点地域への集中を、さらなるペースで進めようとしていた。だが、イギリス人たちの間で、イギリスは単独で生きてゆける国であり、世界のどこにおいても、自分のめんどうは自分で始末できる国だ、という考え方が強く残っていたため、一八九七年から一九一四年までの間、イギリスの貿易政策と外交政策が大きく変わってゆく中、新しい考え方を受け入れることは、多くのイギリス人たちにとって、容易なことではなかった。そうこうしている間にも、パクス・ブリタニカと、それに伴っていた「光栄ある孤立」という外交政策が、ともに、ものすごい速さで終焉を迎えつつあった、と述べることは、決して誇張ではないであろう。

　イギリスの世界における役割がこのように変化するにあたって、当然ながら、海軍的な要素と戦略上の要素が決定的な役割を果たした。なかんずく、ボーア戦争という大きな衝撃を受けたことにより、

〔アーサー・〕バルフォア〔首相〕、セルボーン〔海相、第二代セルボーン伯爵ウィリアム・パーマー〕（William Palmer, 2nd Earl of Selborne）、ランズダウン〔外相、第五代ランズダウン侯爵ヘンリー・ペティ＝フィッツモーリス〕（Henry Petty-FitzMaurice, 5th Marquess of Lansdowne）らの閣僚たちは、自分たちの政策をさらに推し進めるための大義を得たのであった。すでに一九〇一年の初めには、海軍大臣であったセルボーンは、「二国標準」という伝統的な政策に対して挑戦を行っていた。「二国標準」は、数字の上での計算であり、すべての新興国に〔つまり、いかなる国にも〕対抗するためのものであったが、セルボーンの見方によれば、特定の友好国の存在は、この先、当たりまえのものとみなさねばならなくなるのであった。

　そのため、わたしは、われわれの位置を、もっぱら、フランスとロシアを組み合わせたものとの相対的な力関係のみによって考察することを提案する。このような観点において、われわれは、数の均等を目標に置くのではなく、数からも引き出され（また、組織能力からも引き出され）る〔戦闘〕力の均等を目標にするべきである、とわたしには思われる。

〔歴史家のジョージ・W・〕モンガー（George W. Monger）が述べているように、この原則は、「孤立からの明らかな離脱」であり「この国〔イギリス〕は、自力だけに頼るのではなく、他国の寛容さにも依存することになるのであった。」[*11] 海軍というコートの長さを、財政という生地の長さに収まるように短くすることは、今や、避けられないこととなっていた。地域や利益によっては、もはや、最大の注意や、制限のない犠牲を払うことはできなくなっていたのであるが、どの地域やどの利益がそれに該当するかについては、多くの痛みのある決断をしなければならないのであった。

たしかに、地域によっては、そこからの撤退は避けられず、また、そこからの撤退は望ましい、という場所も存在した。たとえば、世紀転換点までにアメリカの力が伸長したことによって、イギリスの西半球における地位は、しだいに維持することが難しいものとなっていた。カナダの防衛は、ホワイトホールの戦略の専門家たちがほぼ一世紀にわたって粘り強く注意を向けていたにもかかわらず、常に解決しがたい問題でありつづけていた。[12] インド省の事務次官〔アーサー・〕ゴドレイ（Arthur Godley）が、インド・ヴァイソロイ[13]兼総督の〔ジョージ・ナサニエル・〕カーゾンに一八九九年に個人的に認めていたように、ここに大規模な海軍を置くことは、意味に乏しいことなのであった。

閣下に申し上げたいことは、二つの国についてです。本官から申し上げることはまことに恐縮ではございますが、つまりは、アメリカとロシアという、ただ二つの国についてでございます。その理由は、この二つの国が、わが国の自治領の重要な地域に、陸軍力によって、わが国よりも簡単にアクセスできる、あるいは（ロシアの場合）近い将来、アクセスできるようになるからです。残念ながら、カナダもインドも島ではありません。われわれは、この事実をきちんと認めて、この事実に沿うように、外交を調整しなければならないのです。[14]

撤退には、この、陸軍上の問題に加えて、いくつか、他の理由もあった。英米間の戦いは、それがいかなるものであっても、両国にとって、財政上の破滅となるのであった。政治的な面と感情的な面に目を移せば、相手に対する相互の猜疑と敵意は、アングロサクソン国として、民族的同質性、文化的同質性を共有しているというプライドに、ゆっくりと、とって代わられつつあった。多くのイギリス人が、アメリカを、この先待ち受けているであろう困難な時代に対処するための、未来の同盟国とみなすようになっていたのである。他方、多くのアメリカ人は、かつて反イギリス感情を持っていたが、これは、イギリスの帝国問題への同情に（たしかに、これは、一時的に、ではあったものの）とって代わられていた。[15] 最後に、海軍的な側面である。一八九八年の時点で、アメリカは、近代的な戦艦を、わずか六隻しか保有していなかった。だが、スペインとの戦争〔一八九八年の米西戦争〕によって、海軍拡張を求める幅広い情熱に、火がついたのである。一九〇五年までに、アメリカは、一二隻の戦艦を保有するようになっており、さらに一二隻が建造中であった。もしカナダがアメリカに侵略されるような事態でも起こったならば、これを相殺するための海戦での勝利をイギリスが確保するためには、大西洋の向こう側へ、海軍の大部分を派遣する必要があった。だがその時に、〔アメリカ以外の他国との〕外交関係が緊張していたならば、イギリス海軍の大半を派遣するという前提条件を満たすことは、難しくなるのである。アメリカがわずか三隻の一等戦艦しか保有していなかった一八九五年の〔イギリスと〕ベネズエラとの争いの間でさえ、アメリカ海域のイギリス小艦隊を増強することが不可能であることが分かったのだ――単純に、ヨーロッパの状況があまりに深刻であったため、できなかったのである。世紀転換点になっても、状況は改善されていなかった。この頃、海軍本部は、憂鬱気に、このように記述していた。

ヨーロッパのライバル国との幾世紀にもわたる戦いでの勝利は、イギリスに、世界にまたがる帝国と、他国の妬み（これについては、南アフリカ戦争の最中も、悲しげに垣間見えた）という、二つの遺産を残した。この妬みがあるからこそ、本国近海において、われわれと他国の侵略の間に立ちふさがってくれる戦闘小艦隊を薄めることは、本当に危険なのである。[*16]

イギリスにとっての論理的な代替策は、優雅なる撤退、であった。勝てるみこみのない戦争を避け、それと引き換えに〔願わくば〕、強力な国家との永続的な友好を得よう、ということである。これが、まさしく、新任の外相ランズダウンの政策であった。〔イギリスとアメリカには、中央アメリカの地峡地帯に運河が開削された場合には両国が共同して管理にあたることを約したクレイトン・ブルワー条約が存在したのであったが〕ランズダウンは、一八五〇年のクレイトン・ブルワー条約に反して、地峡地帯にアメリカが単独で運河を開削し、要塞化するという微妙な問題に関して、アメリカがこれを行うことを、認めたのであった。海軍本部が、ここで譲歩することは、イギリスの海軍利益の縮小につながる、と指摘すると、ランズダウンは、この議論の上下を巧みにひっくり返し、海上において優勢な側が結局は運河の支配権を握るのではないか、という主張を展開させたのであった。この主張によって、運河の所有をめぐる議論は、どうでもよいこととなった。イギリスは、カリブ海において、戦艦の数を競い合うことはできなかったので、イギリスにとって、アメリカの敵意を刺激しないことは、賢明なことだったのだ。実際のところ、海軍本部は、外務省の見方に反対ではなかった。海軍本部は、基本的には、親米的であり、〔カリブ海で英米が対立するという〕戦略上の過去の遺産から、抜け出す必要性を感じていたのである。ボーン博士（Kenneth Bourne）が指摘しているように、「一九世紀末の、アメリカに対する融和政策は、遅過ぎ、ではあったかもしれないが、政策上、自然な帰結なのであった。これ以降、イギリスは、自国の利益にかなうものとして、この政策を維持している」[*17]のである。だが、このタイミングでこれを行ったことは、ロンドンが、新しい世紀の初めまでに、どれほど防御的になっていたのかを物語っているのである。

　アメリカの拡大に直面して、運河の問題、アラスカの国境、その他の場所において譲歩したことに対して、イギリス国内に、憤慨の声はなかった。少なくとも、〔一九〇二年七月一一日の〕ソールズブリーの退任以降は、そうであった。実際問題、セルボーン、フィッシャー、〔海軍本部の文官委員（The Civil Lord of the Admiralty）のアーサー・〕リー（Arthur Lee）らの海軍首脳は、アメリカとの戦争に向けて全力での戦争準備を行うという仕事に、しりごみしていたのである。彼らにとって、アメリカを相手にした戦争などというものは、考えるだに恐ろしく、現実に戦えるような戦争とは、とうてい思えないものだった。だが、極東に関していえば、状況は、また異なるものであった。イギリス政府は、極東について、フランス、ドイツ、さらにはロシアからの脅威が迫る中、イギリスの商業上の権益と政治上の権益を擁護せよ、との強いプレッシャーを受けていたのである。この頃、それまで数十年にわたって維持していたイギリスの経済上の優位と「非公式な」政治上の優位が、急速な速さで崩壊しつつあったが、中国は、その典型ともいえる場所であった。ロンドンは、中国において、主要な同盟国の支援なしに、のし上がって来つつある他国に対抗するには難しい、と感じていたのである。ロシアは、シベリアから陸伝いに前進しつつあった。フランスは、インドシナ半島から北上しつつあった。そんな中、中国の主権を維持することはイギリスにとって困難であったのみならず、この地域の海上のバランス・オブ・パワーも危ういものとなりつつあったのだ。一九〇一年の末までに、〔海軍大臣の〕セルボーンは、中国の海域において、フランスとロシアの勢力は、合計で、七隻の一等戦艦、二隻の二等戦艦、それに二〇隻の巡洋艦を保有しているのに対して、イギリスは、四隻の一等戦艦と一六隻の巡洋艦を保有することになっているのみだ、と閣議で報告するまでの事態となっていた。たとえ本国周辺海域への戦力の集中を望む者であったとしても、仏露二国との戦争になった場合、イギリスの東洋における権益がどうなるかは、明らかであった。この理由があったからこそ、海軍本部は、日本との海軍同盟を主張したのである。海軍本部の主張は、少し長くなるとしても、引用する価値があろう。他国の支援に、ある種の依存をするために「光栄ある孤立」を捨てることになるのだが、その背後にあった海軍本部の戦略上の考えは、次の引用文に、明瞭にまとめられている。

極東においてひどいことになったとしても、ヨーロッパ海域での勝利が曇ることはない、これは、たしかにその通りだろう。だが、極東におけるイギリスの海軍力が完全に撃破されてしまうような事態にでもなったら、イギリス海軍の価値は、消滅する、とまではいわないまでも、危険なまでに低下することとなろう。わが国は、ある程度の商船を失っても、あるいは、香港の脆弱な戦艦小艦隊が、しばらくの間、海上封鎖を受けることになったとしても、持ちこたえられるはずだ。だが、わが国の中国貿易が消滅してしまったり、香港やシンガポールが陥落してしまったりしたら、持ちこたえられなくなろう。特にインドの辺境地帯においての、ロシアとの陸軍的ないさかいがうまく行っていない場合には、そのことが当てはまる……

われわれにとって、九対四という戦艦比率での不利は、あまりに大きいものだ。いずれ、中国拠点の戦艦を増やさねばならない状況となろう。その場合、二つの影響がでてくる。これを行うと、イギリス海峡と地中海の戦力は、他国と均等、あるいは均等をかろうじて上回る程度にまで低下する。帝国の心臓部において、かろうじての均等というのは、非常に危険なリスクを伴うものである。われわれの海軍がさらなる緊張を強いられ、人員の配置にさらに多くの予算を割かねばならないこととなるのだ……日本との同盟が得られる場合、状況はかなり異なるものとなる。

日英の戦艦を合計すれば、その数は、来年には、仏露の九隻に対して、一一隻となる。加えていえば、巡洋艦での優位もあるのだ。

日英同盟があれば、イギリスは、中国拠点の戦艦の数を増やす必要はなくなる。そして、まもなく、本国の予備戦力を増強させて、少しの優位を築くことを、ついに考慮できる立場に立てるのである。本国の巡洋艦の数を減らし、本当に非常に必要とされている場所で増やすことができるようになるのである。これで、わが国の極東貿易と極東での権益は、安泰となろう。[*18]

日本人は、フランスとロシアが極東を支配するようになることを、イギリス人同様に恐れていたので、このような同盟を結ぶことを、強く望んでいたのであった。一九〇二年一月三〇日に日英同盟が締結されると、イギリス人は、これで、東洋においてこれまでよりも落ち着いて息ができる、と感じることができた。この思い切った一歩は、この先、日本人に大きな利益を与えることになるのであったが、それが分かることになるのは、この時点では、まだまだ先のことであった。

日英同盟は、一般的に、「光栄ある孤立」終焉を意味する出来事として記憶されているが、重要なこととして明記しておかねばならないことは、日英同盟の適用範囲は極東に限られたものであった、という点である。日英同盟締結によって、中国での出来事に関してベルリンの支援を得る必要性が低下したことにより、ヨーロッパにおける孤立は、実際のところ、さらに深まったのであった。後に、イギリスは、ヨーロッパへの関与を深め、フランスに大規模な支援を申し出、ドイツの挑戦にのみ集中することになるのだが、この慎重で長期的な政策の出発点を日英同盟と捉えることは、それゆえに、誤りなのである。イギリスがこのような政策をとるようになるのは、まだまだ先のことなのだ。イギリスが西半球から撤退したことも、極東への海軍的な関与を低下させたのも、地域の事情に大きく影響された決断なのであった。また、全世界を相手にした建艦競争をつづけていくことは不可能である、という全般的な認識があったからなのであった。ヨーロッパへの集中について、当時、特に大きな言及があったわけではない。後にそうなるのとは、対照的である。新しく設立された帝国防衛委員会（The Committee of Imperial Defence）の書記を務めていたクラーク（George Clarke）は、バルフォアに、こう説明していた。

われわれは、カリブ海や北大西洋など、アメリカの基地がある近海では、アメリカ海軍への対抗を放棄しなければならない、と、考えているわけですが、このことは、公言せずに行うのが最善です。このことによって、当然ながら、この地域の戦略的な状況は変化してきています。また、そう遠くない将来、わが国は、日本近海において日本海軍に対抗することは完全に不可能となります。この事実をしっかりと認識しておくことは、重要なことです。だからといって、屋根の上に昇って、このことをわざわざ叫ぶ必要はないのであります。[*19]

だが、このようなイギリスの海外関与の縮小が、それ自体、そうするための理屈を備えていたとしても、間違いなく、一九〇三年、あるいは、その前後頃までには、イギリスの政策立案者や国民は、ドイツの大規模な海軍拡張を、少なくとも、疑い始めるようになっていた。ドイツが海軍を大拡張させたならば、イギリス海軍の配備見直しが必要となるのだ。いずれにせよ、近い将来、西半球や極東で海上での優勢を維持することはできなくなるのであったが、本国近海に新たな挑戦者が生まれ、これに対して戦力を集中させなければならなくなるのであれば、西半球や極東で優勢を維持しようという試みでさえ、誤り、だとみなされるようになるのである。どのみち、イギリスの東洋貿易は、たしかに重要ではあったかもしれないが、本国の安全と比較し得るものではないのだ。ドイツの海軍拡張は、アメリカと日本の海軍拡張と根を同じくするものであった。急速な工業化と、その結果として、海外市場、植民地、国家間の権力政治に関心が向いたのが、その理由であった。イギリス人の目に、それ以上に危険なものとして映っていたのは、ドイツ海軍の拡大のやり方、向いた方向、ベルリンの外交政策とのつながり、であった。ベルリンの外交政策は、ビスマルクの退陣以降、ますます容赦のないものになり、攻撃的なものとなっていた。皇帝ヴィルヘルム二世の壮大な野心は、マハンを愛読していたことと、イギリス海軍（ヴィルヘルムは、イギリス海軍の名誉元帥であった）に詳しいことによって、膨らんだものであった。ヴィルヘルムは、可能なかぎり大きな海軍を建設するつもりであった。可能なかぎり大きな海軍を建設することによって、ドイツは、来るべき新世紀、「日の当たる場所」を得られる、と考えていたのである。ヴィルヘルムの政策は、元々反イギリス的であったわけではないが、[*20] 基本的な政治状況と地政学的な状況――ドイツと外部世界を結ぶ航路は、イギリスが支配するものであり、イギリスは、ドイツの不安定なリアルポリティークに対して、疑いのまなざしを向けていた――また、ティルピッツが一八九七年以降採用した戦略により、まもなく、反イギリス的なものとなる。ティルピッツの考えでは、ドイツは、戦艦からなる均一な戦力を北海に築くことによってのみ、自らの「政治的自由」を確保できるのであった。この戦力によって、ドイツの沿岸を防衛できるようになるのみならず、現存する世界最強の海軍による全般的な海上支配に挑戦できるようになるのである。別のいいかたをすれば、この戦力を、政治権力上の梃子《てこ》、とするつもりだったのだ。イギリスは、他の地域においても行わなければならないことを抱えているので、本国近海に多くの戦闘小艦隊を集中させることはできず、そのため、自国の「危機に晒された艦隊」の重要性を認識すれば、ドイツにもっと融和的になるはずだ、という考え方であった。つまり、ドイツ外務省が、この「危険な期間」、英独関係がスムーズに運ぶように努力し、その間にすばやく、「イギリスがわれわれを攻撃しようという気を失い、その結果、閣下〔ヴィルヘルム二世〕のある程度の海上覇権を認め、閣下が自由に大きな海外政策を行うことができるようになる」ほどに、戦闘艦隊を強力なものにすればよい、ということであった。一八九八年の最初の艦隊法では、一九隻の戦艦からなる艦隊が考えられていたのであった。一九〇〇年の二回目の艦隊法では、その数は、倍増し、三八隻となった。だが、ティルピッツの最終目標は、これよりもかなり大きなものであったのだ。[*21] イギリスの指導者たちが、ドイツがイギリスの安全保障に最大限の脅威を及ぼしていると判断するようになるのは、その後、何年も先のことであるが、海軍本部は、すでに、ドイツ皇帝の海軍拡張計画について、ある程度の期間、慎重に評価していたのであった。すでに一八九七年には、ドイツの艦隊法が、フランスとロシアを刺激し、新たな努力を促すであろうと動揺していた。だが、世紀転換点までには、ドイツが、イギリスと仏露同盟の間のバランスの決定権を握るようになるのではないかという、より大きな脅威が、これにとって代わった。これは、まさに、ティルピッツが狙っていたことである。一九〇二年までには、疑い深いセルボーンさえもが、閣議において、「ドイツ海軍は、わが国との戦争を見すえて、新たな大海軍を、じっくりと建設中である、そうわたしは確信しております」[*22]と、述べざるを得ないまでの状況となっていた。この発言の財政上の意味は、巨大なものであった。フランスとロシアの組み合わせに対抗できる海軍力を築けば十分である、とした一九〇一年の海軍大臣の発言が、もはや成り立たないことを意味したからである。その論理的な帰結は、海軍主義のマスメディアが唱えるような三国標準であった。だが、これを行うと、予算全体が破壊されてしまうのであった。海軍の状況と、政治の状況は、かつてないほどに厳しいものとなっているように思われた。一方で、外務省の中の一部と国民の一部は、残る手段はフランスとの関係改善だけである、と唱え始めたのであった。あるいは、ロシアとの関係改善すら、考慮しなくてはならなくなっていたのである。

ボーア戦争での陸軍の働きぶりに対して落胆があった。勃興してくるドイツ海軍に対して、猜疑心がみなぎっていた。フランスとロシアからの挑戦に対して警戒心があった。陸軍予算と海軍予算の恐ろしいほどの拡大に、恐れおののいていた。このように、陰鬱な状況の下で、急務となっていた防衛体系全体の見直しが行われたのである。戦略上の諸問題を調整するための首相の諮問機関として、帝国防衛委員会が新設された。この新しい帝国防衛委員会は、すぐさま、それまでの植民地防衛委員会（The Colonial Defence Committee）よりも、実務能力に勝り、はるかに影響力の大きなものとなった。陸軍の改革が、徹底的に行われた。海軍本部委員会（The Admiralty Board）に相当するものとして、陸軍省（War Office）が新設されて、参謀本部（General Staff）が設立された。そして、戦闘集団としてはるかに効率的な軍になるための、一連の改革が実行に移された。さらに、西インド諸島、バミューダ、クレタ、カナダから部隊が段階的に撤退し、南アフリカと地中海の守備隊が削減されることとなった。海軍は、当時国民から強い好感を得ていたので、改革を求める国民からの強いプレッシャーに晒されることはなかった。そうではあったが、一九〇四年から一九〇七年までの海軍の改革も、陸軍同様に、大がかりなものであった。一九〇四年一〇月、才気に溢れ、冷徹で、超人的な男、サー・ジョン・フィッシャーが第一海軍卿（First Sea Lord）〔日本海軍の軍令部長に相当〕に昇格し、海軍を「締め上げた」のであったが、海軍でこれを逃れ得た部署は存在しなかった。*023

フィッシャーの改革の大部分については、ここで詳しく述べる必要はないであろう。これらは、本書の主題からは、さほど重要ではないものばかりだからである。フィッシャーの指導の下において、造船所、給与、士官の採用と教育、水兵の生活環境、砲術、全般的な効率は、すべて、向上した。もっとも、その内のいくつかは、彼が着任する前からすでに着手されていたものである、と述べておく必要はあろう。海軍本部においては改革が進行中なのであったが、これが、フィッシャー流のやり方によって、改革が行われているという印象が、さらに強くなったのである。

フィッシャーの改革の、他の主要な側面については、さらに詳しく見ておく必要がある。これらの改革は、海軍本部も、パクス・ブリタニカの時代は過ぎ去ってしまった、とついに完全に認識するようになった、ということを示すものだからである。これまで見てきたように、いくつかの海外拠点における海上での優勢は、ひっそりと、外国に譲り渡された状況となっていたのであったが、そんな中、フィッシャーが第一海軍卿に着任する前の一九〇三年三月、政府は、〔スコットランドの〕フォース湾に新しい海軍基地を建設することを発表したのである。その少し後（一九〇四年の春）、本国艦隊の規模が拡大され、能力の向上が行われた。どちらの施策も、拡大するドイツ海軍に対抗するための手段である、とすべての者に認識されるものであった。だが、どちらの施策も、フィッシャーが行った海軍全体の戦略的な大改革と比べるならば、そのひたむきさにおいても、容赦のなさにおいても、及ぶものではなかった。

フィッシャーにとって、海軍の戦闘能力を比べる上で鍵となる基準は、効率、火力、速力、経済性、そして戦力の集中度なのであった。この基準をあてはめれば、遅くて旧式の小型巡洋艦と砲艦を、膨大な数、地球上の各地に維持しているなどということは、予算の浪費と人員の無駄遣いであり、これ以上ないほどに、愚かなことなのであった。フィッシャーは、戦時になれば、「一匹のアルマジロを蟻塚に放した時のように、一隻の敵巡洋艦が、これらを全部一網打尽にするだろう！」と、叫んでいた。彼はまた、中国と西アフリカの河川に配備されているものを別とすれば、砲艦に、軍事的価値は、ほとんどない、と述べていた。彼にいわせれば、砲艦などは、「国力の単なるシンボルであり、実際の国力を反映するものではない」のであった。また、より強力な艦船を時折派遣すれば、それ以上ではないにせよ、砲艦を配備しているのと同等の目的は果たせるはずだ、と主張していた。さらに、当時、将来の戦争に備えて、造船所の予備艦艇として、莫大な予算をかけて多くの旧式艦を維持していたのであったが、フィッシャーは、このことを「ボロ船を貯めこんでいるドケチ」と呼んでいた。彼の大胆なスクラップ計画は、特別委員会によってトーンダウンされたのであったが、それでも、一五四隻の艦船が、現役艦から外されたやり方は、実行にあたった者が、誇らしげに、「ナポレオンのごとく大胆に、クロムウェルのごとく徹底的に」と表現するほどのものであった。これら多くの巡洋艦、スループ帆船、砲艦、砲船は、クリミア戦争後の時代に、アフリカの酋長たちから尊敬を得、東洋の支配者たちの憎悪を買い、世界中の海賊や奴隷商人たちから憎しみを集めてきた船なのであったが、その長期にわたる就役期間に、最終的に終止符が打たれたのである。

フィッシャーがこのように大胆な施策を行った背景には、彼が非効率を嫌っていたことの他にも、イギリス海軍の本国海域における戦力を増強させなければならないという必要性があった。「平時の艦隊配備は、同時に、戦争に備えた、最上の、戦略的配備であるべきだ」という格言と「戦場は訓練場であるべきだ」というネルソンの格言は、フィッシャーがもっとも頻繁に口にしていた格言の二つであった。それまで、イギリス海軍の役割は、世界の警察と捉えられていたのであったが、二つの格言は、この役割とは、著しく対照的であった。その結果、有名なオーストラリア拠点、中国拠点、東インド拠点は、戦時には、シンガポールを拠点とする東洋艦隊（The Eastern Fleet）に統合されることになり、南大西洋拠点、北アメリカ拠点、西アフリカ拠点は、すぐさま、管轄海域を大きく拡大させたケープ拠点に吸収されることになった。〔カナダの太平洋岸に置かれていた〕太平洋拠点は、単純に、閉鎖となり、二つの新しい集中拠点を拠点とする艦船の数は、大きく減らされた。さらにもっと重要なことに、フィッシャーは、戦闘艦隊の重心となる場所を、

以前	本国	イギリス海峡	地中海	中国
	8	8	12	5
以後	イギリス海峡	大西洋	地中海	中国
	17	8	8	-

海外拠点から、本国海域へと、大胆に移したのであった。一九〇四年から〇五年にかけてフィッシャーが行った再配備の前と後の、様々な艦隊の〔戦艦の〕数を比べることによって、そのことは、鮮明に見えてくるだろう。

フランスとロシアからの脅威を考慮に入れなければならなかったので、地中海艦隊をこれ以上縮小するのは不可能であった。だが、〔海軍史家のアーサー・〕マーダー教授が述べているように「イングランドは、一八世紀の戦争の頃のように南と西を向いているのではなく、今では、東と北を向き始めたのであった。[*24]」戦略上の革命が行われようとしていた。さらには、これ以降、新鋭の戦艦は、イギリス海峡〔艦隊〕と大西洋司令部に優先して配備されるようになり、この二つの艦隊の間では、演習が、定期的に行われるようになった。もう一つ書いておく価値があることとは、これらの戦闘艦隊に付随していた巡洋艦小艦隊は、しばしば、解散した海外拠点から引き揚げた艦船によって編成された、ということである。また、日本のロシアに対する勝利によって、五隻の戦艦を極東から引き揚げ、イギリス海峡艦隊に移すことが可能になったのであった。[*25]海軍の観点から見た場合、このことは、それまで最高の日英同盟の恩恵であった（そしてイギリスは、日英同盟の更新と継続をすぐさま決めた）。それに加えて、スクラップになった戦艦の乗員だった者たちは、現役の小艦隊に配置換えになるか、フィッシャーの有名な核人員制度（nucleus-crew system）で用いられることになった。この制度によって、予備艦は、はるかに有効に、兵役準備が可能になったのであった。

フィッシャーのやり方をもっとも象徴するのが、新しい巨大軍艦を生み出したことである。彼をもっとも有名にした単一口径の連装巨砲を備えた〔中間砲、副砲を備えていない〕「戦艦ドレッドノート」である。この艦が登場したことによって、他のすべての戦艦は、出力、速力、砲力の点で、時代遅れなものとなった。それから「巡洋戦艦インヴィンシブル」だ。ドレッドノートよりさらに高速が出せるが、主砲の数が二門少なく、装甲がかなり薄い艦である。[*26] こうしたあらゆる方面の改革に関して驚愕させられる点は、海軍の予算が実際に削減された、ということである。フィッシャーは、予算の規模と艦艇の数は、必ずしも戦闘力の尺度とはならない、ということを持論としていたが、このことを証明したのである。海軍の予算は、一九〇〇年の二七五〇万ポンドから、一九〇四年には、三六八〇万ポンドに跳ね上がったのであったが、その翌年には、三五〇〇万ポンド削減されたのであった。だが、彼の改革のこの部分は、無駄な経費を削り取った、そのこと自体を見ておく必要があるのだ。海軍に必要な経費全般を見れば、それは、上昇の一途をたどっていたのである。そして、この傾向は、より大きく、より複雑な艦船によって、さらに加速していたのだ。フィッシャーの徹底的な改革は、この当時のイギリスの巧みな外交と組み合わさることによって、イギリスに、息つく間を与えることとなる。だが、イギリスは、もはや、すべての敵を相手にできるだけの海軍を築くことはできない、という認識は、すでにできあがっていたのであった。

　フィッシャーの諸改革は、そう常に予測されていた通り、海軍の内と外で、激しい議論を巻き起こすものであった。彼が、戦時に必要な多くの小型艦艇を艦隊からはぎ取ってしまったという事実など、フィッシャーに対する批判のいくつかは、それなりに有効なものであった。いくつかの批判は、近年証明されているように、誤った批判であった。イギリスは戦艦の数において決定的な優位にあったが、フィッシャーがこの優位を捨ててしまい、ティルピッツにイギリスに追いつくためのチャンスを与えた、などの批判である。[*27] しかしながら、中心となる議論は、「軍団《レギオー》の呼び戻し」をめぐるものであった。もっとも、この議論は、国民に、長期的な傾向が明らかになる以前、最初の内は、政府部内の、部外秘の議論であった。海軍本部は、〔一九〇五年の〕第一次モロッコ事件の頃までには、真に危険なのはドイツだけである、とみなすようになっていたかもしれないが、多くの人々は、海外の小艦隊を減らし、北海に艦艇を集めていることは、イギリスの海外権益にとって有害である、と感じていたのである。

このような批判には、外務省からのものも、植民地省からのものも含まれていた。外務省と植民地省は、支援してくれるはずの海軍がいない中、近年、海外において、地震、革命、その他の問題が起きている、と一九〇六年と一九〇七年の間中、繰りかえし文句をいい、適切な「帝国の警察」の必要性を訴えていたのである。「植民地帝国の様々な地域において……市民暴動に対する安全弁となる……帝国の警察」を求めていたのである。実際、書簡の中で示されていた外務省の姿勢は、かなり強固なものであった。

> この国の外交政策は、これまで〔海軍の〕艦船の支援を受けており、外務省は、今後も受けられることを期待しているのであるが、この先、艦船の数が減らされて、今後、外務省が望むような支援を海軍が提供できなくなるのであれば、この先どうなるのか、唯一考えられる可能性は、イギリスの政策と権益は世界にあるが、この中から、現在と近い将来、緊急の要件とされるものがどんどんと減らされてゆき、この先何年間も起こりそうもない〔ドイツの〕攻撃からの防衛のために、戦力〔海軍力〕を〔北海に〕集中させることのみになる、ということである。[*28]

十分予測できるように、これに対する海軍本部の内密の〔非公開の〕反応は、怒りの表現、であった。「皆が、望むものすべてがかなえられるのであれば、海軍の予算は、一億ポンドとなりましょう！」と、フィッシャーは、〔外務省を〕軽蔑するように、国王に述べていた。特定の不履行に対する外務省からの非難に対しては、内閣の承認を獲得した長いメモランダムの中で、反論が行われていたものの、戦力を

〔北海に〕集中させる政策への全般的な擁護は、（嫌疑をかけられている側であるドイツ人を含め）関係するすべての部署に向けた一九〇五年のコードー・メモランダム（The Cawdow Memorandum）の中ではっきりと示されていた。

前世紀の後半は、ヨーロッパが安定した期間であり、また、国家間の利益が安定的に共存していた期間であるが、このことは、ある程度のところ、わが国〔海軍〕の各方面の小艦隊の相対的重要性に帰するものだとされている……このような思いこみは、非常に強いので、現在の人々は、特定の拠点の艦船の数を、戦略上の存在としてではなく、決まっている数であると捉える傾向がある。

このような考え方は、一掃する必要がある。各海域における小艦隊の規模は、それぞれの海域の戦略的状況に応じて、それぞれとする必要があるのである。国際関係の性格は移ろいやすいものであり、また、シーパワーには様々な種類があり、新しい展開もあるので、決まった数の艦船を永続的に配備しておくことはできないのである。実際のところは、その時々の政治状況に合わせて、わが国の艦隊と艦隊の間で、艦船を定期的に配置換えさせることが必要なのである。[*29]

別のいいかたをすれば、海軍本部が示そうとしていたこととは、艦隊が〔特定の場所に〕配備されていることを当然視してもらっては困る、ということであった。ヨーロッパのバランスが維持されており、フランス海軍の断続的な脅威だけが存在した一八六〇年代に適した艦隊の配備は、国際環境が大きく変わった一九〇〇年以降には、適したものでなくなった、と海軍本部はいいたかったのである。しかしながら、現在のわれわれは、この艦船のスクラップと配備見直しの背後に、より深い長期的な傾向があったことを、理解できるのだが、当事者であった彼らは、おそらく、このことを、完全には認識していなかったことであろう。一九〇〇年以降の撤退は、フランスからの侵略の脅威が存在した一九世紀なかばの撤退とは、まったく類似するものではなかったのである。今回の配備見直しは、永続的な性格を持つものであり、このことは、スクラップ政策によって裏づけられたのであった。この時期について研究している二人の研究者は、次のように気がついている。「砲艦の衰退は、イギリスの世界大国としての地位への挑戦が高まっていることの論理的な帰結であった。[*30]」

変化が必要であったことは明らかであるにもかかわらず、フィッシャーとその後継者たちは、ドイツの脅威にあまりにもこだわるあまり、地球上のドイツ以外の場所を犠牲にした、として批判の対象にされつづけている。批判のかなりの部分は、海軍の内部からのもので、それらの批判よりもさらに強く、拒絶された。ケープの司令官は、ドイツと戦争になったら、彼が管轄する拠点には十分な数の艦船がない、として文句をいったのであったが、海軍情報部長のバッテンベルグ（Battenberg）から、猛烈な反論をあびせられた。

> アフリカにおけるわが国のドイツと比較した場合の相対的な立場を、アフリカ海域における二国それぞれの海軍力によって判断するならば、ドイツの小艦隊は、ほとんどないにも等しい規模なので、わが国の小艦隊は、さらに大きく削減することが可能である。実際のところ、わが国がドイツ同様にふるまわなければならないのは、主に、ヨーロッパ海域におけるドイツのシーパワーの集中が、あるからなのである。[*31]

だが、すぐに、より手ごわい批判が出てくることになる。自治領からの批判である。イギリス本国は、自治領に、帝国海軍防衛の経費をさらに負担してもらえるよう試みていたのであったが、その自治領が批判を寄せてきたのである。一九〇二年の植民地会議の時点においては〔植民地相のジョセフ・〕チェンバレンが、イギリスを、「自らの運命の重さに耐えられなくなり、よろめいた疲れた巨人」と表現したことに応えて、オーストラリアとニュージーランドは、経費の負担増を引き受けたのであった。さらに重要なことに、オーストラリアとニュージーランドは、「海は一つ、艦隊は一つ」というマハン流の哲学を受け入れていたのであった。オーストラリアは、それまで、〔イギリス海軍の〕オーストラリア拠点に〔イギリス海軍を補う、自分たちの〕補完兵力を置きたい、と述べていたのであったが、それをひっこめたのである。しかしながら、それから数年も経ない内に、自治領のナショナリズムと、増大する日本の脅威が、自分たちの海軍を持ちたいという声につながり、この声は、一九〇九年の帝国会議で最高潮に達したのであった。海軍本部は、不本意ながらも、オーストラリア人兵力という考え方を受け入れ、「帝国〔自治領〕の海軍力を築くための条件を定めるにあたっては、戦略だけではなく、他の様々な状況も考慮に入れる……」[*32]と譲歩したのであった。だが、ドイツ海軍の脅威が高まってきたことにより、まもなく、海軍本部は、キャンベラ〔オーストラリア〕、ウェリントン〔ニュージーランド〕、オタワ〔カナダ〕からの頻繁な抗議にもかかわらず、この約束を、なかったことにしたのである。この議論は、それほど激しいものにはならなかったものの、ここから伺い知れるのは、各自治領が、イギリスの約束と、イギリスが自治領を防衛する能力を、常に疑問視していた、ということなのである。

この、本国と各自治領の隔たりは、一九一一年に日英同盟の更新をめぐる議論があった際、ふたたび表面化した。ロンドンは、当初、日英同盟が結ばれたことによって生まれた結果に非常に満足していた――ロシアが敗れ、極東危機が収まり、戦闘小艦隊を極東から撤退させることができた――ものの、日本の将来的な野心に対して、不安になりつつあったのである。イギリスの関心は、ロシアが敗北し、一九〇七年に英露協商が結ばれた後、インドの防衛から、太平洋地域のイギリス帝国の防衛に、移りつつあった。自治領そのものは、「黄禍」に晒されているという感情を抱いており、日本に対して、〔本国よりも〕はるかに敵対的であった。さらに、アメリカ人は、一九〇五年に改訂された日英同盟の条文〔同盟締結国のどちらかが、同盟締結国以外の一国から攻撃を受けた場合には、開戦の口実となり得る）を自分たちへの脅威と捉えており、もう一度戦うことはない、とイギリスがワシントンに対して約束してきたことに対しての、反故の試みなのではないか、と疑っていたのである。これらのすべての問題にもかかわらず、日英同盟は、イギリス政府にとって、未だに非常に重要なものであった。イギリス政府は、日英同盟によって、イギリスの極東における立場が守られることをより重視しており、それによって、ヨーロッパにおける海軍の勢力均衡と、陸軍の勢力均衡に対するドイツからの脅威に、意識を集中できるからなのであった。グレイ〔第四代グレイ伯爵アルバート・グレイ〕（Albert Grey, 4th Earl Grey）が述べているように、「日英同盟と海軍戦略は、一つのものとして、密接に結びついたものであった」のだ。日本は、一一隻の戦艦と三〇隻の巡洋艦からなる艦隊で極東に君臨することによって、同盟国の利益を保護していたのである。だが、もし、日英同盟が終了するようなことになれば、日本は、もっと攻撃的な政策をとるようになるかもしれず、グレイが主張していたように、そうなったら、イギリスは、

> 極東とヨーロッパを結ぶ海上コミュニケーション、極東とオーストラリア、ニュージーランドを結ぶ海上コミュニケーションを維持するために、中国海域に別の艦隊を保有しなければならなくなる。そして、その艦隊の規模は、少なくとも、この海域における二国標準を満たすものでなければならないだろう……戦略上の観点、海軍予算上の観点、また、安定という観点を考慮するならば、日英同盟の更新は、不可欠なのだ。[*33]

二国標準を満たす艦隊を極東に創設することは、できないこと、なのであった。これを行うならば、北海での優勢をドイツに与えることになる、からである。また、日本の友好を、敵意に変えてしまうことも、してはならないことなのであった。この線で、各自治領は、一九一一年の日英同盟の早期更新に同意する

よう説得させられた。だが、この議論全体は、いくつかの不吉な兆候を表面化させるものであった。イギリスが日本に依存し過ぎていること、日英同盟には、不確実性やマイナス要因も含まれているということ、イギリス海軍には能力の限界があるので、イギリス海軍だけでは、ヨーロッパ海域を犠牲にすることなく、極東と太平洋地域のイギリス帝国の利益を擁護することができない、などといったことが、表面化したのである。これらは、すべて、二〇年後、三〇年後に、東洋で起きることになることの、前兆なのであった。

西半球、極東、その他の遠方の海域から撤退するという決断を下し、その結果、これらの地域において、日米両国の海軍に依存するようになったことは、たとえ、しぶしぶ行ったことではあったとしても、ホワイトホールでは、常に、賢明な手段、とみなされており、必要な手段、とみなされていたのである。なんだかんだいってみたところで、日米二国が台頭してくるのは、動かしようのない現実であり、イギリス政府は、非公式には、このことを、長く認めてきたのである。しかしながら、地中海について述べるならば、話は別であった。イギリスの海軍力は、地中海においては、何世紀にもわたって支配的な位置を保ち、地中海周辺には、きわめて重要な政治上の諸利益（エジプトの防衛、イタリアの友好、トルコの独立の維持）が存在し、イギリスの主要な航路の一つが、地中海を通っているからなのであった。こうした実利面での事柄に、重なるようにして加えられたのが、威信を基盤にした、感情面の事柄なのであった。ネルソンの思い出、海上覇権国にまで昇りつめたイギリス人としてのプライド、などのことである。影響力のあるイーシャ子爵〔第二代イーシャ子爵レジナルド・ベレット〕（Reginald Brett, 2nd Viscount Esher）は、次のように述べていた。「イギリスは、世界の強国の一つともいえるし、そうでないともいえる。イギリスが強国であるかどうかは、制海権を維持しているかどうか、特に地中海の制海権を維持しているかどうか、それ次第なのである。[*34]」「〔イギリス〕政界」の大部分は、外国勢力に「〔イギリス〕帝国の気管」〔地中海の譬え〕を閉じることを許すことは災難である、という点で、合意していたのである。

まさに、地中海の重要性が強く認識されていたからこそ、一八八〇年代と一八九〇年代、フランスとロシアの脅威があそこまで深刻にとらえられたのであったし、〔地中海〕艦隊の強化をめぐり政治的議論が多くまき起こったのである。[*35] この時期にも、「穴を開けて沈める〔地中海を捨てる、という意味〕」政策を唱える者たちはいた。彼らは、地中海は、戦時には、不確実な航路となり、マルタにいる艦船は、敵二国の海軍に挟み撃ちにされるという非常な危険に晒される、それゆえ、〔地中海の東西の入り口である〕エジプトとジブラルタルに対するイギリスの影響力を強化するというのが論理的な戦略である、と主張していた。つまり、その間の海域を「死の海」にする〔エジプトとジブラルタルに挟まれた海域を捨てる〕、ということである。そういった議論があったにもかかわらず、〔当時の〕政府の選択は、常に、予算を増やし、マルタの艦隊を強化する、という政策なのであった。だが、一八九〇年代なかばまでに状況は悪化し、ロシアからの攻撃に対して、コンスタンチノープル〔現在のイスタンブール〕と両海峡〔ダーダネルス海峡とボスポラス海峡〕の防衛に責任を負うことは、もはやできない、とロンドンが暗黙裡に認めるまでになったのであった。その代わりとして、エジプトへの影響力をそれまで以上に強めるようになったのだ。ここで言及しておくべきは、パーマストンとディズレーリの伝統の無言での放棄は、対をなす論拠に基づいたものであった、ということである。イギリスの相対的な海軍力は、一九世紀のなかば以降、低下していたのであるが、ライバル国の海軍力に対して低下していたばかりでなく、陸上の防備に対しても、低下していたのである。一八九五年のアルメニア危機の最中には、海軍本部自体が、内閣の大多数の支持を受けて、コンスタンチノープルに地中海艦隊を送ることを、断固として断ったのであった。地中海艦隊が、フランスに後ろから遮断される恐れがあり、トルコが、かつてのイギリスへの友好的態度を冷ましたばかりか、ダーダネルス海峡の武装を強化する一方、ボスポラス海峡の防備を放棄することを選択したようだったからなのであった。トルコのやり方は、ロシアに対して防衛しようとする意志を疑わせるものであり、両海峡を力づくで通過しようというイギリスの決意を、著しく萎えさせるものであった。後者については、地中海艦隊の司令官が、早くも一八九〇年に、「十中八九、悲劇に終わることであろう」と警告していた。軍艦は、重武装した要塞に対して、かつてのように戦えない、ということである。彼の考え方が正しいことは、一九一五年の一連の出来事によって、証明されることになる。海軍本部の気弱さは、一八九〇年代を通して、ソールズブリーを驚かせた。ソールズブリーは、海軍の艦船は陶器でできているに違いない、という皮肉を述べたこともあった。だが、彼は、十分に現実的で、コンスタンチノープルをあきらめて、その代わりエジプトに集中する、ということで、合意できたのであった。

だが、このような、外交政策と貿易政策の革命的な転換によっても、問題は解決できなかった。フランスとロシアの艦隊は、拡大をつづけ、これによって、海軍本部も、拡大しつづけることを強いられたのであった。世紀が二〇世紀に入ってからは、マルタを拠点とする一等戦艦の数は、多い時で、一四隻にまで拡大されたが、それでも不十分で、なんらかの危機が起きるようなことでもあれば、イギリス海峡艦隊の応援を仰がなければならないような状況だったのである。すでに見てきたように、一九〇四年から一九〇五年にかけてのフィッシャーの改革によって、大きな変化が訪れていた。この頃までには、ドイツの脅威に対する予防措置も、必要になっていたのだ。だが、ドイツに対する予防措置は、ロシアの海軍力と陸軍力が〔日露戦争で〕消滅し、英仏関係が大きく変化しなければ、とれなかったことであろう。英仏関係は、最終的には、植民地条約と政治協商に結実した。露仏両国が、海軍を拡大しつづけ、イギリスに対する敵意を示しつづけていたならば、海軍本部の苦境は、計り知れないものとなっていたことであろう。この時期の戦略上の難問を解決するには、巧みな外交と、その助けとなる幸運な環境が、何よりも必要とされていたのである。

第一次モロッコ事件以降の時期、英仏協商がうまいこと花開き、ドイツが戦闘艦隊の増強をつづけていたので、海軍本部は、地中海から艦船を撤退させてゆこうという考え方を、さらに強く抱くようになった。

すでに、一九〇六年の終わりには、八隻の戦艦から六隻の戦艦へと、艦隊はさらに縮小されていた。一九〇八年から一九一一年にかけて、様々な戦争計画が立案されたが、これらの中では、残りの艦船の呼び戻しが、前提とされていた。だが、艦船の呼び戻しの、政治的影響は、非常に広範であり、また、非常に大きなものであった。その内の一つは、フランスへの実質的な依存を意味するものであった。そのため、艦船呼び戻しは、常に、激しい議論の対象となっていた。フィッシャーや外務省内の反独的な職員たちですら、この考え方には反対であった。この伝統的な政策を変えたのは、まずは、一九一一年にチャーチルが海軍大臣に就任したことであった。さらに大きかったことは、一九一二年、ティルピッツが追加の艦隊法を制定したことであった。そして、止めとなったのは、オーストリア＝ハンガリー海軍と、イタリア海軍が、拡大してきたことであった[*36]。

チャーチルの貢献は、主要な脅威、つまりドイツに対して、集中しなければならない、ということを、雄弁に、一途に、唱えていたことであった。「わが国が、決定的な戦場での大きな戦いに勝利したならば、その後、すべてはうまくゆくようになるだろう」というのが彼の言葉であった。チャーチルの熱意に動かされなかった者たちには、ドイツ艦隊の拡大が、思考の糧を提供した。ティルピッツは、さらに三隻の戦艦を建造することを計画していたばかりか、活動中の艦隊の艦船の数を増加させることを提案したのであった。戦艦一七隻、巡洋戦艦四隻から、戦艦二五隻、巡洋戦艦八隻に増やすことを提案したのである。ドイツの建艦計画と歩調を合わせるためだけにも、海軍本部は、さらなる艦船と人員のための費用として、三〇〇〇万ポンドの追加を要求しなければならないのであったが、北海の向こう側で三三隻のドイツの主力艦〔戦艦と巡洋戦艦〕が戦闘準備を整えた状態になるというみこみは、さらに恐ろしい問題であった。本国海域でイギリス海軍が、通常、動員できる主力艦の数は、最大でも、二二隻しかなかったのである。しかも、これは、ジブラルタルの六隻を含めた数字であったのだ！　最後に、オーストリア＝ハンガリー海軍は、四隻のドレッドノート級戦艦からなる艦隊を、勢力的に建造中であり、イタリア海軍は、四隻のドレッドノート級戦艦を進水させ、二隻を建造中であった。両国海軍は、また、前ドレッドノート級戦艦を、九隻と八隻、それぞれ保有していた。これらに対して、マルタを拠点としていたイギリス海軍の六隻の前ドレッドノート級戦艦は、明らかに劣勢にあった。

一九一二年の海軍危機は、イギリスの政治家たちと戦略家たちに、最大級の難題の一つを突きつけるものであった。もしかしたら、イギリスの国力の低下を彩るものとして、これ以上のものはなかったかもしれない。彼らが採り得る選択肢は四つあったが、どの選択肢も、同じように不快なものであった。

北海での戦力差を削減するという選択肢――海軍の専門家たちは、国を危うくするもの、と述べていた。地中海を放棄するという選択肢――専門家たちは、非常に有害、と述べていた。地中海に新艦隊を建設するという選択肢――専門家たちは、一五〇〇万から二〇〇〇万ポンドの費用がかかり、使えるようになるのは早くて一九一六年、と述べていた。フランスと合意を結び、地中海に絶対的な優勢を得られるだけの艦船を残しておくという選択肢。[*37]

北海の戦力を削減することは、明らかに不可能であった。チャーチルは、「エジプトを守るためにイングランドを失うことは、まったく愚かなことだ」と主張していた。後に、彼が、この問題で、国論をひっかきまわすこととなる前兆であった。一〇隻の戦艦を余分に建造するという選択肢も、解決策とはなり得なかった。もっとも、海軍本部とほとんどの海軍主義者たちは、この選択肢を、イギリスの安全と行動の自由を維持できる唯一の選択肢であるとし、好んだ。莫大な経費によって、内閣は二つに割れた。船の建造は、時間に間に合いそうになかった。そして、なによりも、これらの船に乗せる人員が、見つかりそうになかった。地中海地域に多数あったイギリスの権益を保全する手段を何ら講ずることなしに地中海から撤退するという選択肢も、同様に、国民の激しい議論を巻き起こすものであった。外務省は、この考えを、遺憾に思っていた。この選択肢は、どっちつかずのイタリアを、オーストリア・ドイツ勢力の下に押しやることになり、スペインを動揺させ、トルコを、ドイツの軍門に下らせ、イギリスのエジプトへの実効支配に、大きな影響を及ぼすものであった。陸軍省も、また、警戒心を持っていた。陸軍省は、地中海の制海権が失われた場合、マルタ、キプロス、エジプトのイギリス陸軍の守備隊は、自衛できるだけの力がない、と指摘した。さらにいえば、撤退のショックが、近東からインドへと波及してゆくことが考えられた。そうなると、帝国全体が危うくなるのであった。急進派の自由主義者たち（The Radical-Liberals）の主張は、別の角度からのものであった。彼らは、原則として、いかなる軍備増強にも、いかなる軍事同盟にも反対していた。彼らの主張によれば、ドイツの脅威というものは、たいしたものではなく、フランスとのいかなる合意も、避けるべきなのであった。だが、彼らの主張に対して、チャーチルは、オーストリア＝ハンガリー海軍とイタリア海軍の拡大を指摘していた。ドイツが何を行うかに関係なく、イギリスの地中海での影響力は、いずれにせよ、低下しつつあったのである。

選択肢は、少しずつ、フランスとの海軍協定へと絞りこまれていった。この選択肢を採れば、海軍経費の急拡大を避けることができ、北海でのイギリスの優勢を維持することができ、地中海と近東における商業上の権益と帝国上の権益を維持することができるのであった。英仏の政治的友好関係は、一九〇四、〇五年あたりから成長中であり、海軍協定は、その延長として捉えることができた。外務省と参謀本部、そして、政治家たちの中で、フランスを打ち負かすことができるドイツの能力、西ヨーロッパと中央ヨーロッパを支配する力を持つドイツの能力を最大の脅威とみなす者たちは、この立場であった。もちろん、パリは、協商を強化することになるこのような動きを歓迎するであろう、と思われていた。それに加え、フランス海軍は、それまでに、イギリス海峡と大西洋の拠点を縮小し、戦力を、地中海に集中させつつあったので、それゆえ、英仏両国の海軍配備を尊重することになるこのような協定を、喜んで受け入れるであろう、とみこまれていた。イギリス陸軍は、フランス側と、実務者同士の話し合いをすでに始めていたが、フィッシャーの影響下にあったイギリス海軍は、話し合いそのものは始めていたものの、陸軍に比べ、フランスに対して、常に距離をおいた態度であった。だが、今や、状況は、距離をおいた態度を改めるべきところまで来ていた。チャーチルは、「フランスと、しっかりした海軍協定を、遅滞なく結ばなくてはならない」と強調していた。これに対して陸軍は、「フランスとの、信頼でき、実効性のある協定を結ぶことは……全般的な状況として、不可欠である」と合意していた。また、外務省の事務次官であった〔アーサー・〕ニコルソン（Arthur Nicolson）[*38]は、このような協定を「もっとも安くつき、もっとも簡素で、もっとも安全な解決策」と評していた。

　フランスとの協定というアイデアに対して、激しい反対がまき起こった。急進派ばかりではなく、保守系のメディアも、地中海からの撤退に対して、強い抗議の声を挙げたのであった。〔前海軍大臣の〕〔レジナルド・〕マッケナ（Reginald Mckenna）は、「わが国の植民地と、わが国の貿易が、イギリスの力のみならず、フランス人の善意に依存することになってしまうのです」と主張していた。イーシャは、国王に、「『同盟』、あるいは、友好国の海軍力に依存しようといういかなる試みも、やがては、幻想に過ぎないことが証明されることになりましょう」と力説していた。さらには、協力の見返りとして、イギリスは、ドイツに対して、もっと陸軍的な関与を増やすことをフランスから求められるのではないか、とみこまれていたのである。これは、急進派にとっても、海軍主義者にとっても、同様に恐ろしいことであった。そうはいうものの、ニコルソンの見解は、正しかったのだ。フランスとの海軍協定は、少なくとも、短期的に見た場合、もっとも安くつき、もっとも簡素で、もっとも安全な解決策であったのだった。そして、海軍本部にとっては、スピードが何よりも重要であった。海軍本部は、すばやい解決策を見つけなければならない、と主張していたのである。すでに一九一二年の三月には、チャーチルは、艦隊の再編案を発表していた。この再編案は、大西洋艦隊の本国海域への撤退と、地中海艦隊の、ジブラルタルへの撤退を含むものであった。内閣と帝国防衛委員会での審議を経た後、この再編案は、七月に、妥協的なものへと変更された。

　本国海域における利用可能な力の優勢においては、常に、ある程度の余裕がなくてはならない。このことは、わが国の最優先事項である。このことを前提として、わが国は、地中海で利用可能なマルタを拠点とする戦力を維持しなければならない。地中海での、フランスを除いた一国標準に相当する規模の戦闘艦隊である。[*39]

　だが、イーシャ、マッケナ他らは、オーストリア＝ハンガリーに対峙できるだけの戦闘艦隊を地中海に維持することをチャーチルに認めさせ、喜んだものの、その喜びは、束の間のものだった。海軍本部が、この決定を、自己の都合に合わせて解釈し直し、マルタに、数隻の巡洋戦艦だけを置くことにしたからである。さらに重要なことに、英仏両政府は、それまでの数年間ためらいがちに行われてきた、海軍協力についての話し合いを再開させることで合意したのであった。英仏の交渉は、極めてデリケートなものであった。チャーチルも、グレイも、イギリスに対するドイツの脅威を認識していたものの、フランス〔の陸上防衛〕に対して、関与の義務を負うことを注意深く避けようとしていたからである。だが、パリの側も、地中海のイギリス権益の防衛を申し出られる、という強い交渉材料を持っていたのであった。（ポワンカレが述べていたように）いずれにせよ、必要な際に、締結相手国に援助を与えないような協約（Convention）は、「うわべだけのもの」でしかなかった。その結果は、さらなる妥協であった。両国間の軍事専門家たちの話し合いは、何ら政治的な拘束を伴うものではない、と主張する一方で、グレイは、一九一二年一一月、将来危機が起こった際には、両国政府は、共同歩調について話し合いを行わねばならず、緊急時の対応策も考慮に入れておかねばならない、と認めたのであった。これを受けて、両国の海軍当局は、間もなく、具体的な合意に達した。この合意は、海軍力の配置から、指揮命令に関する問題までをカバーするものであった。その要点は、イギリスは、マルタを拠点とする小規模の重要戦艦戦力を除けば、地中海中部と西部の海上支配をあきらめ、その代わりに、イギリス海峡の両岸について責任を負う、というものであった。

一九一四年になってから証明されたように、より重要なのは、後者であった。イギリスは、フランスの防衛を行うことについての法的な義務を、どんなに拒否しようとも、フランスの北部海岸線をドイツの攻撃から守ることに関して、道義的な責任を負ったのである。多くの妥協がそうであるように、これは、両国にとって不満が残る合意であった。しかしながら、一九一二年の時点では、ロンドンにとって、おそらく、地中海からの撤退の方が、より大きな関心事項であった。その理由は、イギリスの地中海からの撤退が暗示するもの、にあった。つまりは、世界におけるイギリスの地位の低下、である。英仏の合意をもっとも一貫して批判していたのはイーシャであるが、ここで、彼の不吉な言葉を引用しておこう。

> これ〔フランスとの協定〕が意味するものとは、「対話」と徴兵の名の下のフランスとの同盟……そして、次の戦争が終了する時までの、イギリスの制海権とのお別れ《アデュー》である。もしかしたら、永遠のお別れ《アデュー》、となるかもしれない。ローマは、その衰亡が近づいてきた頃になって、外国人に、援助を請わねばならなくなった。わたしは、カンディード〔楽天的な世界観を皮肉ったヴォルテールの小説『カンディード』の主人公の名前〕のように、自分の畑を耕すことになるだろう。*40

イーシャの見解に共感することは簡単である。それから数年も経ない内に、あるいは、そのくらいの時間軸の中で、イギリスは、いろいろな場所から次々に撤退してゆかねばならない状況に追いこまれ、しかも、その先の未来にも、この状況を逆転はできそうにはない、というまでに落ちこむことになるのである。確実に、そして容赦なく、この島国の住民〔イギリス国民〕は、これまで歩んできた道を逆にたどり、他国に依存せざるを得ない状況にまで、追いこまれつつあったのだ。この問題に対するイーシャの解決策は、海軍予算を大幅に増やす、というものであったが、この解決策は、国内政治の現実を前にして、まったくの問題外なのであった。この頃のイギリスは、たくさんの問題を抱えていた――ストライキ〔労働争議〕、婦人参政権問題、憲法上の問題、アイルランド、などである――どれもこれも、緊急性を要する問題であった。イギリスの人口一人あたりの防衛費は、一九〇〇年以降、他のいかなる国をも上回っていたので、防衛のために税金を大幅に引き上げることは、さらなる混乱を引き起こす可能性があり、自由党政権の崩壊につながりかねず、そうなると、今度は、右派からの反動、そして革命のようなものが、それにつづくことになるかもしれないような状況だったのである。[*41] また、たとえ、政権が瓦解せずに、この危機を乗り越えられたとしても、イギリスが、上昇してくる新興諸国に対して、この先も優位に立ちつづけられるだけの財政力と工業力を維持できるかどうかは不透明であった。フィッシャーは、超がつくほどの海軍主義者であったが、そんな彼でさえ、「わが国があらゆるものを手にする、あるいは、あらゆる場所において強国でいる、そんなことは不可能だ」と認める用意があったのである。[*42]

　だが、世界情勢の変化から、着実な撤退が不可欠なものと思われていたとしても、この動きをさらに加速させた要素が一つ、確実に存在していたのであった。ドイツの脅威である。これがあって初めて、どうしてイギリスが地中海からあんなにも急いで引き上げていったのかが、理解できるのである。それゆえ、ある意味、フィッシャーと並んで、ティルピッツを、パクス・ブリタニカの終焉にもっとも貢献した人物、とみなすこともできるのだ。一九〇二年くらいから以降、ドイツは、イギリスの外交政策と防衛政策の焦点であった。ドイツという磁石によって、遠いかなたに分散して配備されていた小艦隊が、北海へと引き寄せられてきたのである。イギリスの小艦隊は、何世紀も前、この北海に現れて、ここを出発点に、世界の海を支配するようになったのだ。マーダー教授が述べているように、英独の海軍競争は、この時代、イギリスの海軍政策の「アリアドネーの糸」なのであり、建艦計画の拡大につぐ拡大、脅威につぐ脅威、交渉の失敗につぐ失敗、に彩られたものであった。そして、気がつくと、事態は相当深刻なものになっており、（皮肉なことに）イギリスのためにヨーロッパの戦争に引きずりこまれるようになると、フランス人が心配し始めるほどの状態になっていたのである。ドイツからの脅威にとりつかれたことは、最終的に、もう一つの伝統的政策の転換へとつながった。二国標準主義の放棄である。二国標準を放棄する決断は、元々、海軍本部が、一九〇九年に非公式に行ったものであった。海軍本部は、（イギリスに次いで大きな海軍を持つ）ドイツとアメリカの両国に対して建艦を行うことは、財政上、不可能であり、外交政策上も、あまり意味がない、と認識していたのである。だが、一九一二年までには、ホールデイン・ミッション[43]の失敗を受けて、〔海軍大臣の〕チャーチルが、一国に対してのみ、つまりドイツに対してのみ建艦を行う、と議会において非常にはっきりした言葉で述べるようになったのである。チャーチルは、海軍本部は、主力艦において六〇パーセントの優勢を維持するつもりであると述べ、国民の多くから拍手喝さいを受けた。だが、ドイツの建艦を抑制することに関しては、何もできなかったのである。[44]一九一四年の秋までに、イギリスの戦闘艦隊は、合計で、三一隻の近代主力艦（これに加えて、一六隻が建造中であった）と二九隻の前ドレッドノート級戦艦を数えるまでになっていた。これは、規模においても、戦力においても、他に並ぶもののないものであった。そして、これらの艦船のほとんどすべてが、北海での、来るべき大決戦《アルマゲドン》に向けて、準備を行っている最中であった。少なくとも、海軍に関して述べるならば、世界の他の場所など、どうでもよいような存在となっていたのだ。ティルピッツは、イギリスは北海に戦力を集中させるために多

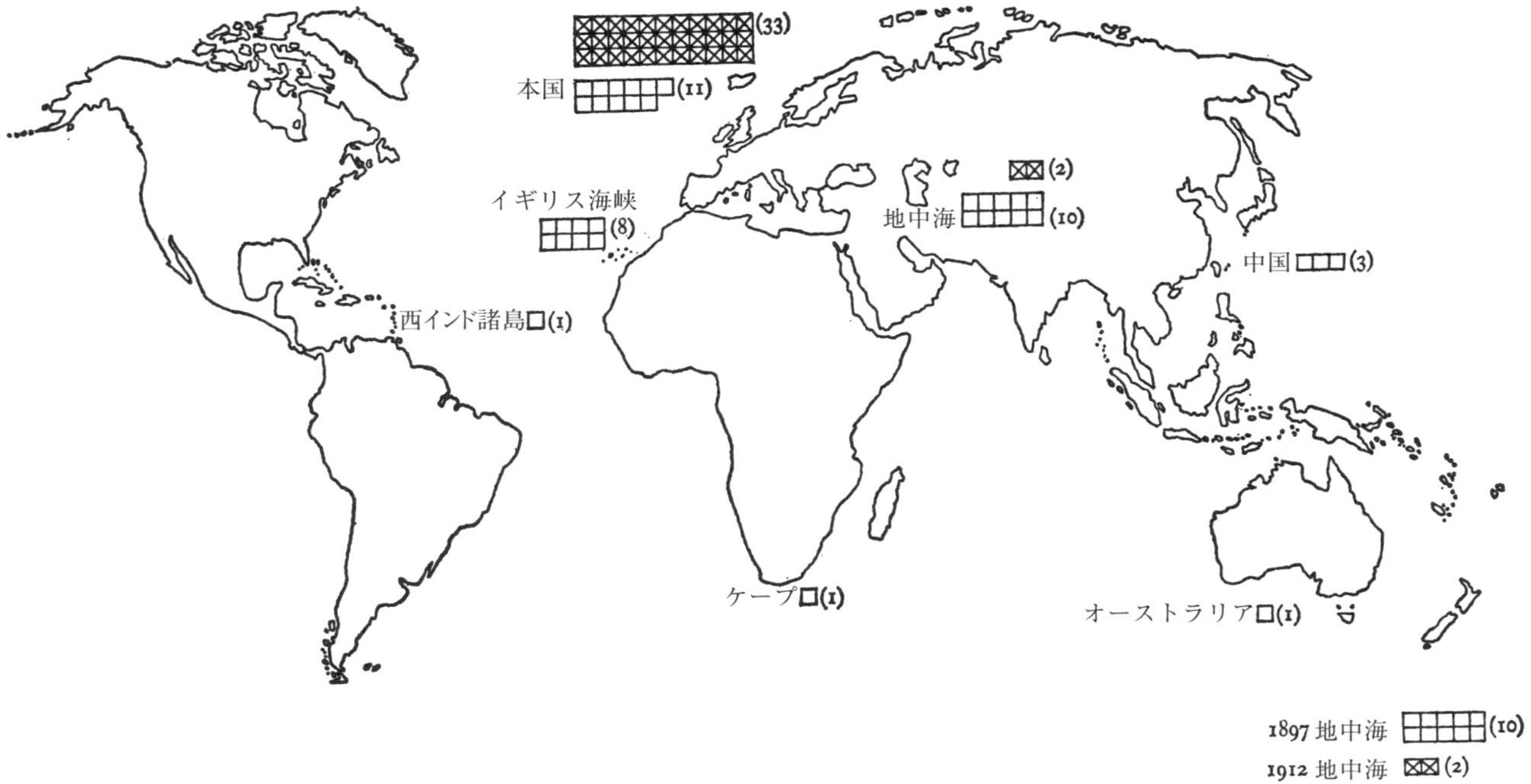

地図８　1897年時点と1912年時点のイギリスの主力艦の配備状況の比較
（拠点名ならびに戦艦の数）

くの海外権益を見捨てることはできない、と判断していたのであったが、この判断は、まったくの誤りであることが証明されたのである。だが、彼の言葉を知ったとしても、これを喜んだ政治家など、ロンドンにはほとんどいなかったであろう。

だが、このイギリスの、世界的な規模での海軍の役割の低下は、もしかしたら、一九〇五年以降の防衛政策の大変革ほどには、深刻な影響をもたらさなかったかもしれない。大陸からの戦略的孤立は、一八一五年以降、確固たるものになっており、このことは、当然のことで、この先もずっとつづくと広く認識されていたのであったが、一九〇五年以降の防衛政策の大変革によって、大陸からの戦略的孤立を、実質的に放棄したのであった。だが、ヨーロッパの均衡に対して、新たな挑戦者が、思いがけなく登場したことによって、「海上」派と「大陸」派の間で繰り広げられた戦略をめぐる一八世紀の古い議論が、再発したのであった。そして、その結果は、「海上」派の新しい味方の一人〔リデル／ハート〕によれば、一九一四年までに、イギリス政府は、ヨーロッパの陸軍作戦に対して、かつてないほどに関与するようになったことによって、海軍を、「補助的な戦力」に格下げし、「大陸の生産者のキラキラ輝く刀を握った」のであった。*45

今や伝統的な政策となっていたものが、驚くほどに、大変革されたのであったが、これは、もちろん、ホワイトホールが意図して行ったことではない——実際のところは、ほとんどの政治家たちと、その助言者たちは、大陸での争いに巻き込まれることを、忌み嫌っていたのである。だが、状況によって、イギリスが採り得る選択肢が徐々に狭まってゆき、最後は、イギリスの遠征軍がイギリス海峡を越えることが、ほとんど避けられないような状況となったのだ。この問題の根本的な原因は——イギリス人は、このことについて、一世紀以上もの間、考えずに済んだのであったが——海軍力のみによってイギリスの本土を守ることはできない、ということなのであった。イギリスの本土を守るには、ヨーロッパのバランス・オブ・パワーも同様に重要だったのである。しかしながら、このバランスは、ナポレオンの没落以降、均衡状態にあったものの、統一されて強大になったドイツが優勢になったことにより、ふたたび崩壊したのであった。ドイツが、莫大な産業力と大きな人口により、優勢を得たのである。[*46] そして、このバランスの崩壊は、一九〇五年に、ロシアの陸軍力が突然崩壊したことにより、さらに加速したのだ。古くからの教訓が、ふたたび、厳しく教えてくれたのである。

基本的には、わが国の安全は、大陸の諸隣国の安全と関わったままである。異質で敵対的な強国がヨーロッパの大部分を押さえてしまうようなことがあれば、わが国が独立を維持することは、ほとんど不可能となるからである。いうまでもなく、わが国のヨーロッパ外の権益を防衛するための防衛力を維持することは、できなくなるであろう。[*47]

当時の人々は、ドイツ陸軍は、人員、効率性、兵站、士気の上で、フランスに勝っていると判断しており、この二国間が何らかの戦争を行った場合の結果は、疑問の余地のないものであった。その場合、ベルリンがフランスを打ち負かすだけで終わるとは考えられず、その途中で、ベルギーとオランダも征服されるであろう、と考えられたのであった。早くも一八七五年には、ドイツがふたたびフランスを攻撃する可能性が、イギリス政府から警戒として発せられており、一八八〇年代には、ベルギーの中立が侵される戦争の噂が、ふたたび湧き上がってきたのであった。その後の一五年間は、仏露同盟と、ヨーロッパ諸国が、ヨーロッパ外での出来事に関与していたことによって、状況は安定したものになっていたのであったが、第一次モロッコ事件の後は、独仏戦争の可能性は、無視することができないものとなった。さらには、ドイツは、イギリスに対して、もはや友好的ではなくなり、敵対的となったのであった。ドイツの手綱を握っていたのは、今では、堅実なビスマルクではなく、衝動的で経験の浅いドイツ皇帝ヴィルヘルム二世になっていた。ドイツは、今では、ヨーロッパだけでは満足できなくなり、世界大国になることを、目標として、明確に定め、イギリスに挑戦するために、巨大な艦隊を築くことを、目標にしていた。ドイツの大きな国力を観点に入れると、ドイツの積極性は、ホワイトホールにとって、強い懸念事項であった。外務省のサー・エア・クロウは、このように述べていた。「ドイツの艦隊の建設は、病気の症状の一つにしか過ぎない。問題の根源は、ドイツ政府と、ドイツの国全体としての、政治的野心なのである。」さらに、イーシャは、次のように予測していた。「そう遠くない将来、支配をめぐって、ドイツとヨーロッパの間に、大きな戦いが起きるであろう。ヨーロッパの支配を得ようとした一七九三年から一八一五年までの年月が、フランスではなく、ドイツによって再現されることになるだろう。」こうした恐れは、将来の仏独戦争において、イギリスの中立の宣言を得ようとするドイツ外相の継続的な努力によって、さらに強いものとなった。ロンドンでは、中立を宣言することは、ドイツに白紙委任状を渡すようなものだ、として憤慨があった。

ドイツの脅威に対するイギリスの最初の反応は、主に、海軍の面におけるものであった。グレイが、「ドイツ艦隊がわが国の艦隊を上回るようになったならば、ドイツ陸軍がわが国を征服できるようになるだろう」という単純ないいかたをしていたが、これに反論できる者は、ほとんどいなかった。そして、このような状況にならないために海軍を増強する必要性が、受け入れられたのである。だが、問題は、果たしてこれだけで十分なのか？　ということなのであった。ドイツが西ヨーロッパ全体を征服する、あるいは、フランスや低地諸国を自国の政治上の付属物としたならば（イギリスがヨーロッパの状況に無関心であったならば、十分にあり得ることであった）、どうなってしまうのであろうか？　これらの疑問の回答は、このことを少しでも考えたことのあるイギリス人にとっては、背筋が凍るものであった。第一に、ドイツは、これらの国々の工業力を合わせることによって、おそらくは、イギリスがどんなに努力をしたところで、工業生産でイギリスを上回ることになるのであった。第二に、〔ドイツの〕大洋艦隊（The High Seas Fleet〔原語のドイツ語ではHoshseeflotte〕）は、北海に限定される必要がなくなり、〔フランスの〕ブレストやシェルブールを拠点とすることができるようになり、ドイツの魚雷艇が、イギリス海峡を封鎖できるようになるのであった。その場合、地中海は、もちろん、フランス・イタリア・オーストリア勢力を前に、あきらめざるを得なくなるであろう。人々は、ゆっくりと、嫌々ながらも、イギリスの海軍上の地位と、ヨーロッパのバランス・オブ・パワーが、分かちがたく結びついているということを、認識し始めたのであった。もっとも、急進派と帝国主義者たちは、その後も、このことを否定したままであった。[*48] グレイは、一九一二年、この関係を明確にして、帝国防衛委員会での重要な声明の中で述べている。

ヨーロッパにおいて――われわれが起こすものではない――紛争が起きるならば、それは、ヨーロッパの覇権をめぐる紛争であることは極めて明白である。つまりは、この紛争によって、かつてのナポレオンの時代に逆戻りするような状況となるのだ……わが国が恐れている状況とは、ヨーロッパに覇権が確立されずに、わが国がヨーロッパでの戦争に参加しなければ、わが国の制海権が失われるような状況となることである。つまりは、わが国のヨーロッパ政策の基底には、わが国の海軍上の地位があるのである……[*49]

グレイの主張を読むと、一九四〇年の状況を思い起こさずにはいられなくなる。この年、イギリスは、ベルリンが支配する大陸に、そして、フランス艦隊をドイツが手に入れるかもしれないという恐れに、本当に、ただ一人で向き合っていた。

だが、イギリスは、まともな陸軍力を持たない中で、どうやったら「ヨーロッパでの戦争に参加」できたのであろうか？　ワーテルロー以来一〇〇年近くもの間、この国は、最小限度の〔陸軍〕兵力のみを維持することを好んできたのであった。例を挙げれば、一八九七年、正規軍の兵力は、合計で、二一万二〇〇〇人ほどであった。この人数で、様々な役割を担わねばならなかったのであり、徴兵制度のようなものを持たないことが、急速な拡大を防止していた。たしかに、予備兵力は存在した。それから、種々雑多の民兵（Militia）、義勇騎兵団（Yeomanry）、義勇兵（Volunteers）も同様に存在した。だが、全体としてはアマチュア的なやり方であり、軍国主義に対する伝統的な不信があった。これは、大陸でのやり方とは、際立って対照的であった。大陸の諸政府は、数百万規模の良く訓練され、装備が整った陸軍を、すばやく戦場に送ることができたのであった。スイスでさえ、イギリスよりも規模の大きな陸軍を持っていたのである。[*50] だが、逆説的なことに、イギリス陸軍の予算は、かなり大きなものであった。これは、主に、志願制の募兵のためであった。外国人の目からは、イギリスの陸軍兵力は、守るべき多くの権益を持つヨーロッパの強国であり、世界の強国であるにしては、あまりに不十分なものであった。数多い陸軍兵力の名誉ある指揮官であったドイツ皇帝は、一九〇〇年、否定するように、首を横にふるだけであった。

> 小さなトランスヴァール〔共和国〕との、この度の悲惨な戦争は、多数の植民地を持つ〔イギリスのような〕国としては、海軍力のみを大事にするだけでは不十分だ、ということを明瞭に示すものである。惨めな扱いしか受けていない陸軍は、一八世紀後半や一九世紀前半とほとんど変わっていないことが、今や明らかになったのであるが、陸地の上にある大国の軍としては、まったく不十分なのである。このような大国は、時には、広い地域に広がる植民地を防衛しなくてはならないこともあるにもかかわらず、だ。[*51]

このような脆弱性を許した戦略上の理由は、もちろん、イギリス政府が、自国を、陸軍強国、特にヨーロッパの陸軍強国とは、みなされたくなかったからなのであった。一八九一年のスタノップ・メモランダム（The Stanhope Memorandum）によれば、陸軍の役割は、次のように、重要度の高いものから低いものへと、順に定められていた――イギリスの防衛、インドの防衛、その他の植民地の防衛、である。海外での作戦のために、二個軍団を予備兵力として維持してゆくこととされていた。ヨーロッパへの干渉は、考慮されていなかったのである。メモランダムは、「陸軍当局は、戦力を編成するにあたって、この国の防衛が効果的に行えることを第一の役割だとしており、陸軍軍団を、ヨーロッパでの戦争の戦場に投入することは、想定していない、このことをはっきりと理解される必要がある」[*52]と述べていた。さらに、より小さな任務に対してすら、イギリスの陸軍兵力は、それだけでは、不十分なのであった。熱帯の植民地は、シーパワーによって防衛されており、陸軍の守備隊は、〔外部からの防衛よりも〕内部の「鎮圧」のために、より多く用いられたのであった。すでに見てきたように、カナダは、脅威を及ぼす唯一の相手に対して、防衛不可能であった。ロシアからの攻撃に対してインドを防衛することは、何十年にもわたって、イギリスの政策立案者と政治家たちにとって、悩みの種であった。この問題は、バルフォアのようなバランスのとれた人物すらも、真に悩ませたのであった。単純に、インドの戦力が小さ過ぎるからなのであった。そして、本国の防衛は、侵略勢力を打ち破れるかどうかという海軍の能力をめぐり、海軍との軍種間の長年の論争に、陸軍を巻きこんだのであった。

　一八九九年から一九〇二年までのボーア戦争と、一九〇四年から一九〇七年までの外交革命が、これらすべてに、終止符を打ったのである。ボーア戦争は、戦争自体が、陸軍を、軍始まって以来のもっとも大胆で徹底的な改革に導き、ボーア戦争終結時点においては、陸軍は、規模は未だ小さかったものの、少なくとも、よりプロフェッショナルな組織に、変貌していた（さらには、ロバート、ミルナーを始めとする者たちが、徴兵制度を唱えるようになっていた）。同じ頃、侵略からイギリスを守れるかどうかの論争において、海軍が勝者となった。これが、陸軍を、他の場所での作戦に向ける効果を生み、参謀本部は、このような方向性を、温かく受け入れたのであった。最初のうち、陸軍は、帝国のみに集中し、インドに送ることのできる大規模な遠征戦力を保有するのみであった。だが、日本がロシアを打ち破ったことと、アジアでの協商に向けて英露間の話し合いが始まったことにより、この政策にも疑問符が付くこととなった。さらには、一九〇三年以降、陸軍の立案者の一部が、ドイツとの戦争の際に何ができるのかを考慮するようになっており、この時点では、敵の海岸線に対する上陸作戦を考えていたのであった。だが、第一次モロッコ事件とドイツのフランスに対する攻撃のみこみが、この上陸計画を、大きく変えたのである。上陸作戦は、〔未だ〕明確なものとはなっておらず、非効率的で、海軍からの支援に大きく依存する計画となっていたのである。今や、フランスを軍事的に支援するための唯一の効果ある手段は、イギリス海峡の向こう側に陸軍を送ることだ、ということが、明確になりつつあった。唯一の問題は、現在存在する遠征戦力では、たいして役には立たないであろう、ということであった。大蔵大臣であったオースティン・チェンバレンですら、次のような見解を持っていたのである。

イングランドは、もはや、ヨーロッパの同盟国にお金を渡すことはできず、大陸で兵を見つけることもできない。大陸の同盟国は、人的な貢献を求めており、ただちの、人的な貢献を求めているのである。わが国が、完全に訓練された二五万か三〇万の兵を持ち、短い期間ですぐに送ることができるのであれば、わが国との公の同盟が、完全な防御となり、平和の保証となることであろう……だが、フランスが、無礼にも、わが国との連帯を宣言することに躊躇し、どのみちわが国が助けることになるだろう、という想定で、勝手に戦争を始めてしまえば、その状況では、ドイツの側がすでに二〇万上回っているので、わが方は、兵員数において、バランスを回復させることはできないのである。[*53]

チェンバレンの結論は、すでに言及した論点へと、われわれを引き戻すのである。フランスが、ロシアという同盟国の崩壊にすでに狼狽していたのであれば、イギリス陸軍からの〔同盟などによらない〕実質的な支援など、当てにすることはないはずであり、そうであれば、絶望的になったフランスは、ドイツの政治的属国となることを選択することであろう、ということである。まさにこのみこみが、この先、悪夢のように、グレイと外務省を常に悩ませつづけるのである。イギリスは、孤立を避け、独仏が自分に向かってくるという悪夢のようなみこみに先手を打つためには、フランスを援助する、という選択肢しか、選びようがなかったのである。だが、このような想定の下では、イギリス海軍は、補助的な役割しか果たさないのだ。伝統的な海軍戦略に頼るならば、フランスを助けるためには手遅れ、となってしまうのである。そして、それのみか、パリに、「不実なるアルビオン〔狡賢いイギリス人〕」という印象を与えることになってしまうのだ。

　それゆえ、一九〇五年末から一九〇六年初めにかけての危機的な時期は、イギリス史の中で、もっとも決定的な時期の一つとみなすべきなのである。グレイのフランスに対する継続的な外交的支援、特に彼が、一月三日に、イギリスの世論は、仏独戦争に際して、知らんぷりをすることはないであろう、とドイツに対して警告を発したことは、外交政策上の、真の革命なのであった。実際、この出来事は、日英同盟に調印したこと以上に、「光栄ある孤立」の終焉を象徴する出来事と、みなされるべきなのである。さらには、この警告と同じ時期、内閣の一部によって、イギリスとフランスの陸軍の専門家たちによる非公式な話し合いをつづけるという決定が下されたのであった。この話し合いは、一カ月前から行われており、戦争が起こった際、ロンドンがどのような支援を行い得るかを話し合うためのものであった。この時、強く力説され、後に何度も強調されたことは、この専門家たちによる話し合いは、政治的な義務を伴うものではない、という点であった。そうはいうものの、フランスのイギリスへの態度が形成されるにあたって、彼らの話し合いから、義務のようなものが生まれたというのは事実である。ここでいう義務とは、道義上の義務である。そして、当然予想されるように、陸軍の専門家たちは、戦時にイギリスが行い得る唯一の有効な支援は、同盟国と肩をならべて戦う遠征陸軍を送ることである、という結論に間もなく達したのであった。イギリスの関与について、さらなる議論の余地は残っていたかもしれないが、様々あった戦略上の選択肢は、急速に、絞りこまれたのだ。

ところで、海軍はどうだったのであろうか？　この一連の出来事でもっとも驚くべきこととは、「上級の軍」と呼ばれ、この少し前までは、地位の低い陸軍に対して、明らかな優越を謳歌していた海軍が、陸軍に対する優越を失ったことであり、また、一九〇六年以降、海軍の孤立政策が、しだいに、包囲されたような状況となっていたことである。*[54] こうなったのは、フィッシャーとその後継者たちの責任がかなり大きい、と結論したくなるが、それも、当然だろう。〔フィッシャー〕第一海軍卿は、精力的な人物であり、多くの面において先見の明を持っていたというのは事実であるものの、彼は、偉大な戦略家とは呼び難く、海軍に力のある参謀機構を築くためのあらゆる動きをつぶしたからだ。海軍本部は、この極めて重大な問題に対して、単純に、あまりに曖昧な態度であった。フィッシャーは、戦勝の日（Der Tag）までは、誰も自分の戦争計画を理解しないであろう、といい放つほどだった。このことによって、他の者たちは、彼は、手に負えない人物であり、彼自身が、帝国防衛委員会を無視することを選択したのだ、と確信した——帝国防衛委員会の役割は、異なる諸政策を調整することであった。フィッシャーは、また、フランスの海軍当局と真剣な話し合いを行うことも、断った。フィッシャーは、自らの行動によって、名誉と信頼を失ったのである。海軍本部が、陸海軍共同作戦について騒ぎ立てた際も、海軍本部の提案は、実効性に乏しいものであった。遠征部隊をドイツの海岸線や沖合の島々に上陸させ、これらを占領するための、自分たちの様々な計画〔の実現性〕を保証し、航海を行う上での障害、兵站上の諸問題、近年の機雷や潜水艦の発達は、まったく気に留めていない様子であった。これらの諸作戦に加わる小戦力は、おそらくは敵に一掃されてしまい、そうなったら主戦場の勝敗には、ほとんど影響しないものとなるのであったが、そのようなことには、おかまいなしなのであった。[*55] 冷静な状況判断としては、必要なことは、フランスと低地諸国の独立を維持することであった。だが、このことが同時に示すことは、海軍の主要な役割が、イギリス海峡に無傷のコミュニケーション路を維持することになる、ということであった。これは、誇り高い〔海〕軍としては、飲みこむことが難しい苦い薬であった。それゆえ、陸軍間の話し合いが進み、陸軍間の話し合いが、より高い重要性を必然的に帯びる一方で、海軍は、距離を置いたままであり、政府内で大陸関与を忌み嫌う考え方を持つ人々すべて――急進派、海軍主義者、伝統主義者、経済優先の政治家たち、など――が、海軍を支持している状況であった。政治的なバランスは、陸軍に対して不利なものであった。陸軍を支持しているのは、外務省内の反ドイツ派といくつかの保守系の新聞だけであったからである。だが、戦略的に理があるのは、参謀本部の方だった。

〔一九一一年七月の〕第二次モロッコ事件の際、決戦が行われ、陸軍が勝利した。その三年前の一九〇八年一〇月、帝国防衛委員会が、陸海両軍の様々な計画を検証し、次のように結論していた。

　フランスとドイツの間の戦争の初期の段階においては――この戦争でフランスを支援することを、イギリス政府は決断したのであるが――参謀本部が優先を与えた計画の方が、評価できる計画である。したがって、参謀本部が、この計画の細部を、煮詰めるべきである。[*56]

いうまでもなく、参謀本部は、意志を持って仕事にとりかかった。その一方で、海軍本部は、立腹して距離を置いていた。遠征軍を大陸に送るためには、陸海軍合同の計画を立てる必要があったが、それに向けたあらゆる試みを、海軍本部は、邪魔立てしたのであった。その結果、有名な一九一一年八月二三日の帝国防衛委員会の会議において、〔陸軍を代表して出席していた陸軍省の作戦部長〕サー・ヘンリー・ウィルソン将軍（General Sir Henry Wilson）は、陸軍の計画の合理性について、会議出席者たちを説得することができた。一方で〔フィッシャーの後継者〕〔アーサー・〕ウィルソン提督（Admiral Arthur Wilson）が提出した計画は、危険で、検討不足であるように思われた。この日の会議では、決定的な結論にはいたらなかったものの、すべては、別の方法によって決着された。海軍本部の乏しい働きの直接的な結果として、海軍大臣が、マッケナから若いウィンストン・チャーチルに交代することとなった。危機に際して海軍がしっかり対応することについて、内閣の信頼を回復すること、さらに重要なことに、海軍を、全般的な戦略の中に組みこむことが、その目的であった。帝国防衛委員会の万能の書記であった〔モーリス・〕ハンキー（Maurice Hankey）が、後に、次のように書いている。

> この頃以降、わが国がフランスを支援して大陸での戦争に巻きこまれた場合のグランド・ストラテジー[57]について、迷いはなくなった。このグランド・ストラテジーの重要な一部として、〔戦争の際には〕間違いなく、遠征軍が、フランスに送られる、とされたのである。一九一四年に実際に送られたように、[58]だ。

このことが意味することとは、「バランス・オブ・パワー」理論の反対者たちが抵抗をやめた、ということではない――実際、その翌年、グレイの外交政策は、もっとも厳しい圧力を受けることになる――、そうではなく、イギリスが介入する場合の、全体的な戦略が決まった、ということなのである。一九一二年から一九一四年までの議論は、フランスを支援するべきかどうか、をめぐるものであり、どのようにフランスを支援するべきか、をめぐるものではない。この二つの区別は、非常に重要なのだ。急進派、極端な海軍主義者、帝国主義者たちは、間違いなく、それぞれ理由は異なるものの、大陸〔の戦争〕に巻きこまれることに、反対していた。彼らは、帝国防衛委員会の決定が意味することを知っていれば、その決定と、その決定が意味することに、精力を注いで反対していたであろう。だが、彼らは、それを行わなかったのである。彼らは、ヨーロッパ〔大陸〕での戦争に参加することに反対する理由として、道義心とイギリスの伝統的な政策を主張していたが、一九一四年、同じくらい力強い反論に圧倒されたのであった。「小さくかわいそうなベルギー」を「プロイセンの軍国主義」から守るべきであるという道義心、フランスに対する道義上の義務を果たすべきことが必要であるという主張（そのようなものが存在すると、とうとう、グレイが公に認めるようになっていた）、そして、強力な敵性国家が低地諸国を支配することを防ぐことの重要性、に屈したのである。敵性国家が低地諸国を支配することを防ぐことの重要性は、エリザベス期以降、すべてのイギリスの政治家たちが理解していることであった。批評家たちは、一九一四年八月四日にイギリスがドイツに最後通牒を発した際、あるいは、その少し後、これが、イギリスの伝統的政策を放棄することを意味すると、もしかしたら、知覚していたかもしれないが、これまで幾世紀にもわたって、スペインのフェリペ、ルイ一四世、ナポレオンの挑戦を受けてきたイギリス人たちは、この最後通牒を完全に認めるであろう、と感じたのであった。「海を制している者は、大きな自由を得ており、戦争を、望むままに引き受けることができるだろう（He that commands the Sea is at great liberty, and may take as much and as little of the Warre as he will）」というフランシス・ベーコンの格言は、一九一四年となっては、不十分なものとなったのであった。

読者のみなさまにいちいち指摘する必要はないだろうが、イギリスは、通例、伝統的な、海上を基盤とする、経済的な戦略から利益を得ていた。それにもかかわらず、これに逆らうように、ドイツと陸上で対峙すると決めた。この決定は、当時、ひどい決定であるとみなされ、その後も、ひどい決定であったとみなされている。だが、グレイやホールデイン、彼らの陣営が、歴史家たちが批判の際に用いるような後知恵を持っていた、とみなすことも、同様に誤りなのだ。歴史家たちによる批判とは、次のようなものである。

一九〇五年に導入された新しい戦争政策は、実行に移せば、莫大な犠牲を伴うものであった。国〔イギリス〕からの大量出血を伴い、国富の喪失を伴い、世界中における、国の政治的影響力と経済的影響力の著しい喪失を伴い、最終的には、国の社会構造の徹底的な変革を伴う政策だったのである。[*59]

対立関係にあった国々のいかなる政治家といえども、もしもあのような結末を予見していたのであれば、この戦争を引き起こすこともなければ、参戦することもなかった、この点は、明瞭であろう。実際、グレイは、当時の一般的な考え方を共有しており、一九一四年八月三日の庶民院での有名な演説の中で、「われわれは、この戦争に参加したならば、被害を被るであろう。だが、傍観したならば、さらに大きな被害を被ることになろう」と、述べていたのだ。自由党政権の述べる関与の範囲とは、徴兵制度という害悪を伴う大規模な陸軍の派遣なのではなく、小規模の遠征軍の派遣なのであった。戦争前のこの時期に、ヨーロッパで拡大しつつあった事態の重大さを認識していたのは、ヘンリー・ウィルソンただ一人であったように思われる。一九一〇年、ウィルソンは、ベルギーの地理に対するイギリスの陸軍将校たちの関心の低さに言及する中において、「彼らの多くは、それほど年老いずして、その地に埋葬されることになるかもしれない」と、それとなく言及していた。[*60]だが、この予測が、十分過酷なものであったにもかかわらず、この予測によって、ウィルソンは、自らの努力を止めることはなかったようである。ウィルソンは、すでに覚悟を決めていたのだ。そして、その後の数年間で、他の者たちを、自らの側に引き寄せたのである。彼にとって、他に手段はなかったのだ。キッチナーは、一九一五年に、次のように述べることになる。

「不幸なことに、われわれは、戦争を、引き起こすべくして、引き起こしたのであり、われわれがそのように望んだから、戦争が起きたわけではない。」

一八九七年のスピットヘッドの観艦式と、一九一四年のドイツに対する宣戦布告の間に、イギリス外交の諸政策、海軍の諸政策、陸軍の諸政策は、ものすごい大きな変化をとげていた。そして、これらの変化すべては、さらに大きな変化の一部を構成するものであった。その大きな変化とは、それまでの経済的なリードが失われ、他の諸列強が工業化したことにより、世界におけるイギリスの優勢が、確実に低下したことであり、パクス・ブリタニカの時代が終わりに近づきつつあった、ということである。さらに、このことに連動して、「コロンブスの時代」が終わりに近づきつつある中で、シーパワーは、ランドパワーに対して、相対的に力が低下していたのである。だが、たとえ、これらの背景的な理由を理解したところで、北海への撤退のスピードがあまりにも早いものであった、ということは、否定できない事実であろう。この撤退は、最初の段階においては、地元〔本国で〕の圧力、と呼び得るものによって行われた、とみなすことができるかもしれない。イギリスは、他の場所で多くの守るべき権益をかかえていたものの、本国海域において、勃興してくる他の諸国の海軍力に対峙する能力が、不足していたのである。だが、世紀転換点以降は、イギリスの海に対して、新たな脅威が生まれてきて、これに対抗しなければならないという、より差し迫った理由があったのである。目の前の堀に対する脅威を何とかしなければならない、ということなのであった。「引き」の諸要因と「押し」の諸要因についてこれ以上深く分析することは、知的な努力としては、あまり意味がないであろう。「引き」も、「押し」も、より太い、大きな傾向の一部を成すものであったからである。フランスに対して陸軍的な関与を徐々に増やしていったことについても、それほど直接的ではないが、同じことがいえるだろう。他の戦略上の選択肢は、仮定を前提としたものとなり、これらは、その後の状況次第で、どうにでも覆ってしまうからである。そうなると、残る疑問は一つだ。

最終的には勝利が得られたとしても、あの大規模で、多大な犠牲を出した大陸での戦いによって、イギリスは、ドイツからの大きな脅威を退けることを確保しながら、戦後に、かつての習慣や政策に回帰することなど、本当に可能であったのだろうか？　つまりは、幾人かの鋭い論者たちが、薄々と感じていたように、この戦いによって、彼らは、めちゃめちゃにされ、疲弊することになるので、その後、彼らの世界大の帝国は、帝国の諸拠点、貿易、天然資源とともに、主に、他国の慈悲、あるいは、他国の一時的な弱体化に依存することによって、かろうじて保たれることになる、そうなるしかなかったのであろうか？

第九章　膠着、そして試練（一九一四―一八年）

ライバル諸国と比べたならば、世界におけるイギリスの地位は、譬えれば、技巧を凝らした芸術作品であった。イギリスがこの地位を得られたのは、一連の特殊な環境に恵まれたからであり、磨いてきた様々な技能を用いたからなのであった。第一次世界大戦の影響をもっとも受けたのは、おそらくは、イギリスであろうが、このことが表面化するまでには、長い時間が必要であった。一九一四年のイギリスの諸決断は、あらゆる政治上の基準に照らしても、正しいものであった。だが、イギリスが成し得たことは、せいぜい、イギリス帝国解体の引き延ばしであり、世界における地位を失う時期を引き延ばすことであった。そして、実際、引き延ばしたのである……

マックス・ベロフ（Max Beloff）〔イギリスの歴史家〕, *Imperial Sunset*, vol. 1, Britain's Liberal Empire 1897―1921〔『帝国の落日――第一巻　イギリスの自由主義帝国』〕(London, 1969), p. 180.

第一次世界大戦が後世に伝えるイメージが一つあるとすれば、それは塹壕戦のイメージであろう。数百万の男たちが、ほんのわずかなものを得るために、莫大な犠牲を払い、泥の中で、何年間にもわたってもがいた、あのイメージである。その過程で、参戦国の、多大な血が流され、莫大な資源が費やされた。一九一四年段階の予測とは裏腹に、この戦争では、機動力が、膠着状態にとって代わられ、防御が、攻勢を上回り、最終的にものをいったのは、人間の数、機械の数、そして弾丸の数なのであった。そして、この長期の戦いは、大陸諸国に破壊的な影響を与えたかもしれないが、イギリスへの〔心の〕影響は、それ以上であった。結局のところ、大陸諸国は、いったん戦争が始まると、選択の余地は、ほとんどなかった。その後味わうことになる恐怖は、戦前のもっとも悲観的な論者にすら、予測のつかないほどのものであったとはいえ、大陸諸国は、すべて強力な隣国と国境を接していたので、彼らは、ヨーロッパで大規模の戦争が起こったならば、その戦争は莫大な試練と犠牲を伴うものになる、と理解していたのである。だが、イギリス人にとって、当時そう主張され、その後もそう主張されているように、この戦争は、殊更に残酷で、殊更に被害が大きいと感じる戦争なのであった。イギリスの人々は、総力戦（total war）の衝撃に対して、心構えができておらず、国民経済の総動員に対して、心構えを持たず、何百万単位で徴兵されることに対して、心の準備ができておらず、西部戦線での恐るべき犠牲に対して、何の心構えもなかったのである。いったいどうしたら、イギリス人は、このような心構えを持てたというのであろうか？　イギリスは、島国であったことにより、それまで、フランダース地方での、無益な膠着状態の血の海とは無縁でいられたのだ。そして、島国であることを利用して、イギリス伝統の、経済に依存し、周縁部に依存し、海上に依存する戦略を構築してきたのである。

　イギリスは完全なるフリーハンド〔自由裁量権〕を持っており、ヨーロッパに何が起きようが、それとは無関係に完全なる安全を享受することができるはずだ、という考え方は根強く、これに対して、政治的反論、さらには、軍事上の反論が行われたが、これらについては、前の章で検証したので、ここで、ふたたび繰りかえす必要はないであろう。分かりやすく述べるならば、イギリスの人々は、ドイツが西ヨーロッパを支配するという可能性、そしてその結果として起きるであろう様々なことを、受け入れることはできなかったのである。そうはいうものの、ヨーロッパへの大規模な陸軍的な関与は、一九世紀の伝統的な戦略からの決別を意味する、と述べた批評家たちの指摘は、正しかったのである。事実上は、一九〇四年から〇五年にかけてフランスとの政治的協商に入った時点で、このことがすでに暗示されていたとしても、だ。

それゆえ、ある意味、イギリスの戦争戦略を決定した一九一四年八月五日の戦争指導委員会（The War Council）の会議は、ドイツの侵略に対してフランスとベルギーを支援するという数日前の政府の決定と、同程度に重要なのである。政治指導者たちと、戦略の専門家たちが、大陸に海外派遣軍を送ることを、圧倒的多数で可決したのが、この日の会議だからである。この決定は、翌日、全閣僚が出席した閣議で正式に承認された。[*1] この両方の決定に関して、この目的だけのために、派遣軍が編成されたという事実は、非常に重要な点である。〔歴史家のサミュエル・R・〕ウィリアムソン（Samuel R. Williamson Jr.）教授は、このように結論している。

陸軍参謀たちの会議は、アスキス内閣に、介入するための能力を授けたのであったが、それと同時に、介入の輪郭をも定めたのである。一九一四年八月には、イギリス政府は、ドイツ政府やフランス政府に劣らず、「計画」にコミットしていたのである。[*2]

当然ながら、いったんこの方向に動き始めると、後戻りは、ほとんど不可能となった。これを批判する者たちが常に警告していた通り、大陸関与は、すぐに根を下ろし、さらに速い速度で、拡大してゆくのであった。純粋に軍事的な観点では、五個ないしは六個師団でフランスとベルギーを守るという戦略が難しくなり、一五個師団、一六個師団、あるいはそれ以上を動員し、派遣するのが良い、となったのである。この段階では、勝利の可能性、そして、膠着状態からの脱出が、やさしく、手招きしていたのだ。〔一〇月から一一月にかけての〕イーペル〔イープル〕の戦いの後、この拡大は、さらに大きく進んだ。だが、このような陸軍の拡大に内包されていたこととは、強制的な兵役義務の必要性であった。自由主義の原則においてもっとも神聖視されているものの一つを、思い切って捨てることを前に、最初、内閣はたじろぎ、志願兵制のみに頼ることを選択しようとした。これは、幾分の混乱はあったが、この時点では、大きな成功を収めた。最初の内、殺到した志願兵は、しかしながら、枯渇し、一九一六年一月には、一八歳から四一歳までのすべての未婚男性を対象にした兵役義務が導入された。だが、この年の終わりまでには、ソンムの血の海の中で〔七月から一一月までのソンムの戦い〕五〇万人の死傷者が出たことを受けて、将軍たちは、この先の作戦のために九四万人を要求し、兵役義務の上限が、六〇歳にまで引き上げられたのであった。このことと、一二月六日に〔ウェールズ出身で貧しい出の〕ロイド・ジョージが首相になったことは、それ自体が、劇的なことであった。だが、この二つの出来事は、さらに大きな一連の事柄を象徴するものであった、といえるかもしれない。一連の事柄とは、組織化された総力戦の導入、政府による統制、より経済的で、選択的な攻勢戦略に代わる「一撃」論への信仰、それから、パーマストンや「パクス・ブリタニカ」の時代には、自由主義に基づく個人や国家の行動が尊ばれ、これが自らへの自信の大きな部分を占めていたが、こうした考え方が崩壊したこと、である。[*3]

国家の諸習慣が、より「大陸的」なものになるにつれて、海軍の役割や重要性は、相対的に、低下してゆこうとしていた。これも、戦前からすでに予測されていたことではあるものの、ヨーロッパでの戦いが勃発したことによって、この傾向が、確実なものとなったのである。チャーチルに率いられた海軍本部は、自らの立ち位置を、よくわきまえていた。一九一四年七月一四日、第一（大）艦隊は、スカーパ・フローと他のスコットランドの根拠地において、戦闘配置に就いた。海軍は、八月五日の戦争指導委員会の会議において、ドイツに陸海軍合同の攻撃を仕かけるための提案を提出せず、派遣軍を送ることにも反対しなかった。提督たちは、ヘンリー・ウィルソン以外のほとんど全員と同様に、西部戦線へのイギリスの陸軍による貢献が、この先拡大してゆくことになる、とはまったく思わなかったのである。だが、提督たちは、ドイツと戦う第一の役割は陸軍にある、とすでに認めてしまっていたのだ。

それでいながら、海軍は、ドイツを打ち破るために自らが決定的な貢献ができることについて、未だに自信を有していたのである。最初、〔イギリス〕海軍は、〔ドイツの〕大洋艦隊に接触し、これを撃破するという、二度目の、さらに規模を大きくしたトラファルガーの海戦のようなものを、期待していたのである。黒海での最終決戦であり、フィッシャーと彼の後継者たちは、まるまる一〇年の間、これに向けて、海軍を鍛え上げてきたのであった。海軍は、また、通商破壊戦争を遂行することを計画しており、長年にわたって磨きぬいてきたやり方である海上封鎖を通して、敵に、さらに大きな圧力をかけよう、と考えていたのである。さらにまた、フィッシャーの後継者たちの中には、ドイツの北海沿岸やバルト海沿岸への上陸作戦を唱える者たちも未だに少数いたのであった。上陸作戦によって、敵の戦力を主戦場から引きはがすことが、その目的であった。この後、これらの目標すべてにおいて、海軍本部は、失望を味わうこととなる。海上封鎖政策は、部分的には、ある程度、成功した。他の二つは、完全なる計算違いとなるのだ。

現在の視点から振り返って、どうして北海での海上決戦が起きなかったのかを理解することは、簡単なことである。ここでは、ドイツに対するイギリスの地理上の位置関係が重要なのだ。間違いなく、イギリスの位置は、「最大の海軍上の資産」[*4]であり、このことは、地図を一目見るだけで、明らかであった。二〇年前、マハンは、ドイツ海軍に向けて、このように教えを垂れていたのである。

ドーバー海峡の東側に位置するすべてのコミュニティー〔国々〕は、北海に決定的な制海権を打ち立てない限り、戦時には、商業が麻痺し、その結果として、国力が損なわれることになる、このことは、真実でありつづけるのだ。北海の制海権が得られたならば、北方の通商路を通した商業が確保できるのである。だが、これだけでは、防御にしかならない。地球上のあちらこちらで攻勢に出るには、余剰の兵力が必要なのだ。それに加えて北海を押さえるための兵力も必要になってくる。ブリテン諸島の西側まで拡大し、ここ〔この海域〕を押さえておくための兵力である……ドイツの当初の地理的な不利は、数〔兵力数〕において十分な優勢を確保することによってのみ克服できるのである……[*5]

二〇世紀の二つの世界大戦におけるイギリス海軍の対独政策を理解するにあたって、地理上の位置関係は、どれほど強調しても、強調し過ぎにはならないほどに、重要なものである。この戦争が、フランスもしくはスペインを相手とするものであったならば、状況は、まったく異なったものとなっていたであろう。フランスやスペインと戦う場合であったならば、広範な海上封鎖戦略は、実行するのが、はるかに難しく、厳しい海上封鎖につきものの多くの問題に、直面していたはずである。だが、イギリスは、一九一四年から一八年まで、そしてふたたび、一九三九年から四〇年まで、このドイツに対する地理上の優位を、享受することができたのである。その結果として、イギリスの海軍力の衰退は、二〇世紀の前半、ある程度、隠されたのであった。このことは、示唆しておく価値を有する問題である。ドイツの挑戦を抑えるにあたって、地理がどれほど大きな役割を果たしたのか、このことに注目した者は、ほとんどいない。

　ベルリンにとっては残念なことに、「余剰の兵力」が構築されることはなかった。そうならなかった主な理由は、ドイツの防衛費のかなりの部分が陸軍に費やされたからである。第一次世界大戦の開戦当初、海軍本部は、ドイツの北の出口を押さえるために、スカーパ・フローに、二一隻のドレッドノート級戦艦、八隻の前ドレッドノート級戦艦、四隻の巡洋戦艦を配備し、南の出口を押さえるために、ポートランドに一九隻の前ドレッドノート級戦艦を配備した。これに対して、〔ドイツ〕大洋艦隊は、一三隻のドレッドノート級戦艦、一六隻の前ドレッドノート級戦艦、五隻の巡洋戦艦しか配備できなかった。〔ブリテン諸島を〕北回りに迂回した大西洋への出撃は、兵站上、不可能に近く、戦略上も、どのみち、効果が疑わしいものであったが、ほとんど確実に、圧倒的に不利な状況での海戦につながるのであった。また、イギリス海峡を南下したところで、強固な敵に遭遇することになり、〔ドイツ〕大洋艦隊が、かなりの確率で、〔イギリス〕大艦隊との間に、挟み撃ちにされるのであった。地理の上でも、兵站の上でも、兵力の上でも、ドイツの立場は、決定的に不利なものであった。そして、戦争が進むにつれて、兵力上の不均衡は、さらに、イギリスが有利になる方へと傾いていった。[*6]

この状況からは、マーダー教授が述べているように、「イギリスの、海上における攻守両面の戦略上の目標は、北と南、二つの穴をふさいでおくことによって達成できる」[*7]という、明確な結論を導き出すことができる。イギリスは、そうすることを望んだ場合には、単純に、守勢に立つことができたのである。海上封鎖という、長年培った手段を通してドイツ経済に圧力をかけ、北海への、この二つの鍵をしっかりとかけることによって、イギリスの海外貿易を守り、自治領がドイツの植民地をひっくり返すことが可能になり、援軍をヨーロッパに送ることができるのであった。〔ドイツ〕大洋艦隊が、海戦を戦うことを選んだならば、ドイツ艦隊は、圧倒的に、数で凌駕され、すばやく、圧倒されることになるのであった。だが、ドイツ艦隊が出て来ない場合でも、勝利は、どのみちイギリスのものとなるのだった。イギリスにとって、北海での膠着状態は、戦略的に、もっとも望ましい状況であった。この状態は、単純に、イギリスにとって、負けようのない状態だったからである。

しかしながら、マスメディアによって牽引されたイギリス国民は、海軍に、偉大なる行動を求めたのである。戦勝の日（Der Tag）に向けて長年にわたって準備してきた海軍自身もそうであった。このような、なよなよした政策を受け入れる準備はなかったのである。どうして海軍は、〔ドイツ〕大洋艦隊が決戦に打って出てくると確信していたのか、現在の視点で考えるならば、かなりの謎である。ドイツ海軍に対する数の上での優勢については、よく分かっていたはずである。ドイツ皇帝も同様に、自らの軍艦が破壊されることを非常に恐れていたのである。向こう見ずな政策に対して「最高権威」からの反対があったことに加えて、ドイツの政治家たちは、〔終戦〕交渉の際の交渉材料とすべく、艦隊を無傷のままにとどめておくよう圧力をかけていたのであった。イギリス海軍が、愚かにも、ヘリゴラント湾に殴りこみをかけてきた場合でも、まず最初は、潜水艦と魚雷艇で迎え撃つことができ、イギリス艦隊は、未知の機雷原へと突入しなければならないのであった。ここまで来て初めて、ドイツ海軍の指導者たちは、全面的な海戦について考えればよいのであった。イギリス艦隊が殴りこんで来ない場合、〔ドイツ〕大洋艦隊は、〔イギリス〕大艦隊の一部に奇襲を掛け、沈めることを望みながら、おとなしくしているしかなかったのである。

ドイツ人たちが、「自分たちに有利な状況になった場合のみ」[*8]全面的な海戦に打って出ると主張していたことを考えるならば、このような対決が起こるかどうかは、完全に、イギリス次第という状況であった。だが、海軍本部が、敵国沿岸の海域に無謀に突入してゆくことを大艦隊に許す可能性など、存在したのだろうか？　士官たちや水兵たちは行動を起こしたくてうずうずしていた、このことは間違いない。だが、その反対に、慎重さの方向へと導く諸要素も存在したのである。前の章で言及したように、機雷、魚雷、潜水艦などの新たな兵器が開発されており、これらの新兵器が、一九一四年までイギリス海軍の伝統的戦略であった距離を詰めた海上封鎖に、決定的な影響を与えていたのであった。ウィルソン提督は、敵基地の厳しい監視、さらには敵基地への攻撃にも言及していたかもしれないが、彼の後継者たちは、状況が変わった今、こうした態度をとることの愚かさを知覚していたのであった。蒸気機関を動力とする軍艦は、給炭のため、頻繁に引き上げなければならないのであった。この間に、ドイツが攻撃を仕かけてくることも考えられたのである。すばやく設置された機雷が、油断した戦闘艦隊に大打撃を与えることも可能であった。最強の軍艦といえども、長射程の沿岸砲によって、大きな損傷を与えられかねない状況であった。潜水艦や魚雷艇が、よく知った海域で行動することにより、海上封鎖を行っているはるかに大きな艦船を狙い撃ちにし、これによって戦力の不均衡を是正するということも考えられたのである（そして、これこそが、まさに、ドイツの戦略であった）。イギリス海軍自身よく分かっていたように、距離を詰めた海上封鎖を敷いたならば、それは同時に、守勢にまわることでもあったのである。ゆえに、戦闘艦隊を、ドイツの海岸線から一七〇マイル以上離し、偵察目的には巡洋艦を用いる、とした一九〇八年の暫定的な決定、そして、制海権を維持するには、距離を置いた海上封鎖で十分であるとした、後の（一九一二年の）、そしてかなり必然的な状況認識が生まれてくるのであった。その一方で、〔ドイツ〕大洋艦隊を海戦へと誘い出す手段も考案されるようになるのであった。イギリス海軍は、以前に譲歩できないとしていた立場から引いたのであったが、ここでも、地理が、役割を果たしたのである。地理によって、イギリス海軍は、戦略上の優位を何ら犠牲にすることなく、一歩引き下がる絶好の機会を得たのである。

その結果として、当然ながら、北海に、戦略上の膠着状態が存在することとなった。双方ともに、自らがそれを選んだ場合にのみ、艦隊行動という賭けに出られるのであった。このことは、当然、敵を不利な立場にするのであり、敵は、交戦を避けるのであった。第一次世界大戦全体を通して、この、双方がかかげる「安全第一」が降ろされる機会は、わずかに二、三あるだけであった。その場合、通常、ドイツが、これを降ろす側であった。ドイツは、海上の膠着状態によって、すべてを失い、何も得るものはない側であったからである。

イギリスの側に対する最大の影響は、潜水艦の登場によってもたらされたものであった。この新兵器の可能性が、戦前、認識されることはなかった、というのは、事実ではない。実際、フィッシャーは、〔戦艦〕ドレッドノートを生み出す前の段階において、「潜水艦が、戦争の攻撃兵器となる、巨大な革命が起きようとしている」と、警告していたのだ。バルフォアは、一九〇五年、侵略の議論を終わらせようとして、潜水艦防衛の効果について訴えていた。そして、これと同じ考えによって、海軍本部は、ドイツ沿岸への上陸作戦を挙行するための初期の計画をあきらめることになったのであった。だが、〔イギリス海軍の士官〕サー・パーシー・スコットと、他の少数の先鋭的な海軍士官たちを除けば、イギリス海軍も、ドイツ海軍も、潜水艦を、水中の沿岸防御艦以上のものとは、みなしていなかったのである。戦争直前に、長距離航行が可能な潜水艦が生み出されたことによって、初めて、状況が変わったのである。一九一四年七月、〔ジョン・〕フレンチ将軍（General John French）は、潜水艦と航空機は押さえこむことが難しいので、潜水艦と航空機の登場により、イギリス海峡は、防衛線としての性格を失うことになるであろう、と陰鬱に結論していた。[*9] この時点では、こうした考え方は、海軍主義者にとっては、まったくの異端であった。だが、戦争が始まるとすぐ、海軍主義者たちも、自分たちの戦艦の安全を心配するようになったのである。大艦隊の有能な司令長官であった〔ジョン・〕ジェリコは、開戦後最初の数カ月で、海軍基地に十分な防御がなされていないことが心配になり、艦隊のドレッドノート級戦艦を〔スコットランド北西岸、つまりドイツとは反対側に位置する入江である〕ユー湖に移動させたほどであった。たしかに、この場所は、当時存在した敵潜水艦の航続距離で届く範囲の外であった。だが、同時に、北海南部とは離れ過ぎているので、もしベルリンがこのことを知っていれば、〔ドイツ〕大洋艦隊が、イギリス海峡両岸を結ぶコミュニケーション路を妨害することとなっていたであろう。イギリス側のこうした心配は、早くも一九一四年九月二二日、一艇のUボート〔U9型〕によって装甲巡洋艦「クレッシー（Cressy）」「ホーグ（Hogue）」「アブーキア（Aboukir）」が沈められたことによって、たしかなものとなった。大艦隊が北海に向けて航行するならば、護衛のためのたくさんの数の駆逐艦が、必要不可欠なものとなり、ジェリコですら、このことにイライラさせられつづけたのであった。ウィルソン提督が、この新兵器を評して「こそこそして、ずるくて、クソで、イギリス風じゃない」と叫んでいたが、それも、当然なのであった。だが、明確な結論へと導いたのは、バルフォアであった。彼は、北海は、「イギリス艦隊も、ドイツ艦隊も支配していない。両国の潜水艦が、共同で支配しているのである……[*10]」と書いたのだ。戦前に戦闘艦隊に巨額を費やしたことは、すでに、バカげたことのように見えていた。主力艦と海上決戦を最優先のものとするマハンの主張も、同様であった。

イギリス人が、Uボートを恐れて、高価な軍艦を北海に置くことに対して、だんだんと慎重になっていたのと同じ頃、ドイツ人は、イギリスの優勢な海上戦力に圧倒されることを、恐れるようになっていた。一九一四年八月二八日、ヘリゴラント湾でトラブルに陥っていた小戦力をカバーするために、〔デイヴィッド・〕ビィーティー率いる巡洋戦艦数隻が、ヘリゴラント湾に突入した。この戦い〔「ヘリゴラント海戦」〕で、五隻のドイツ巡洋艦と一隻のドイツ駆逐艦が沈められたのに対し、イギリスの艦艇の損害はなかった。そして、イギリスに歓喜をもたらす一方で、ドイツ皇帝は、このことによって、艦艇の使用をさらに厳しく制限することとなった。ヴィルヘルム二世にとっては、さらに悪いことがつづいた。一九一五年一月二四日、ビィーティーの小艦隊が、ドッガー・バンクにおいて〔ドイツ海軍のフランツ・フォン・〕ヒッパー（Flanz von Hipper）率いる巡洋戦艦隊を敗走させ、その過程で〔装甲巡洋艦〕ブリュッヒャー（Blücher）を撃沈したのである。この二つの戦いにおいて、イギリスの軍艦、組織、リーダーシップにおいて、見逃すことのできない問題が生じていたのであったが、全体的な歓喜の中では、ほとんどが見逃されるか、本当にゆっくりと、改善されるのであった。しかしながら、ドイツは、この二つの戦いによって、士気を大きく下げた。ドイツ皇帝の最大の恐れが現実のものとなり、ドイツ国民の海軍への信頼が失われたのである。〔フリードリヒ・〕フォン・インゲノール提督（Admiral Friedrich von Ingenohl）が、戦闘艦隊を用いてヒッパーを助けなかったとして批判され、大洋艦隊司令長官の地位を、〔フーゴー・〕フォン・ポール提督（Admiral Hugo von Pohl）と、交代させられることとなった。実際のところ、フォン・ポールは、フォン・インゲノールよりも、さらにかなり消極的であった。技術上の革新が戦闘艦隊の活動を制限し、勇敢さや戦略上の独創性よりも数の方がはるかにものをいう時代にあっては、たとえネルソンであっても制限されたであろう、ということは明らかである。そうはいうものの、それでも、ドッガー・バンク海戦以降の一二カ月間、ドイツの海軍指導者たちが、ぐずぐずして非効率であったと、述べられることには変わらない。この年、ポールの艦船は、五回、北海へと小さな出撃をした。だが、ボルクム島やヘリゴラント島は、一度も越えておらず、〔イギリス〕大艦隊と接触する可能性は、皆無であった。

双方ともに、大胆な戦略を避けていたこうした傾向は、翌年、ユトランド沖海戦で、ようやく、終わりとなった。この非常に名高い、第一次世界大戦で唯一の艦隊同士の大規模な海戦についてはよく知られている。〔ラインハルト・〕シェア提督（Admiral Reinhard Scheer）のより大胆なリーダーシップの下、一九一六年五月三一日、大洋艦隊は出撃し、ビィーティーの巡洋戦艦部隊と接触した。そして、状況を逆転するためにジェリコの主力艦隊が到着するまで、激しく攻撃した。小艦艇から大量の魚雷を浴びせるという必死の手段により、イギリス戦闘艦隊を反転させた後、シェアは、強力な敵を避け、大回りで帰途に就き、喜んだ国民から歓喜の歓迎を受けた。人的な損害、主な艦船の損害という観点から〔イギリス〕大艦隊の損害、戦死六〇九七名、巡洋戦艦三隻、装甲巡洋艦三隻に対し、〔ドイツ〕大洋艦隊の損害、戦死二五五一名、前ドレッドノート級戦艦一隻、巡洋戦艦一隻）、ドイツ海軍は、この海戦を、大勝利を宣言するものに値するものと感じていた。後の視点で考えるならば、この、純粋に数字だけに依拠した自慢気味の見方は、誤解を招くものであるとともに、見当違いでもある、と見ることもできる。この時期のドイツの目標は、〔イギリス〕大艦隊の圧倒的な優勢を減らすことで、制海権を得るチャンスを手にすることにあったはずである。だが、港に戻って一二時間もしない内に、ジェリコは、二六隻のドレッドノート級戦艦と六隻の重要戦艦の、行動に向けた準備が整っている、と報告できたのである。シェアは、かろうじて逃げ延びる間にひどく痛めつけられ、彼が率いる四隻のドレッドノート級戦艦とすべての巡洋戦艦は、かなりのダメージを受けた状態となり、海戦前と比較して、数の上で、より劣勢になったのであった。北海での膠着状態が、ふたたび確立されたのである。この状況を、ニューヨークのある新聞が、うまいこと述べていた。こう書いていたのだ。「ドイツ艦隊は、看守を襲った、だが、未だに牢の中にいる。」[11]シェアのユトランド沖海戦についての最終報告は、ドイツは、北海での海上戦においてイギリスに打ち勝つことができないということを、ドイツ皇帝に素直に認めるものであった。このことは、海軍史の皮肉の一つとなっている。

この戦争におきましては、もっとも成功裡に終わった艦隊行動をもってしても、イギリスに和を請わせることはできません、このことは、疑いなきことでございます。ブリテン諸島に対するわが国の軍事・地理上の不利、敵の大きな物的優勢は、わが艦隊をもってしても、補うことはできません。わが艦隊で、海上封鎖を覆す、あるいは、ブリテン諸島そのものを覆すことは、できないのであります……[12]

だが、このことが、北海のイギリス側でより広く認識されていたとしても、イギリス海軍も、考えなければならないことを、たくさん抱えていたのであった。巡洋戦艦を、多数、まったく思いがけなく失い、また、大艦隊全体でシェアの艦船に復讐を行う機会を逃した。このことは、広範な意気消沈と議論を引き起こすものであった。それに加えて、戦艦の脆弱性がふたたび露わになったことに対して、その後数カ月の間、政府部内で、不安も、高まったのであった。ドイツの駆逐艦群が、シェアの戦艦群を守ろうとして攻撃してきた際に、ジェリコが有名な「変針」命令を出したことは、戦艦の脆弱性の大きな象徴であった。ホフマン海軍中将が、海戦の数日後、個人的な書簡の中で、鋭い指摘を行っている。

この結果は、偶然にも、超ドレッドノート級戦艦に将来はないというわたしの信念を強化することとなった。一発の魚雷に対して自らを守ることもできないような三万トンクラスの艦船を建造するなど、バカげたことである。[13]

それゆえ、これと関連して、一九一六年八月一九日の両艦隊のすばやい行動は、大きな海上部隊同士の接触はなかったにもかかわらず、もしかしたら、ユトランド沖海戦そのものよりも、重要であったかもしれない。ジェリコは、Uボートが戦艦に対してもたらす脅威について大きな不安を抱いていたが、それが、この作戦全体によって、実際の強迫観念に変わったのであった。ジェリコの旗艦アイアン・デュークは、寸でのところで魚雷を逃れたのであった。アイアン・デュークは、フォース湾沖で彼を乗せるために、艦隊の先頭を航行していたのである。巡洋艦ノッティンガムは、ファーン諸島付近で撃沈された。この出来事によって、彼は、艦隊全部に対して、二時間近くもの間、一八〇度の方向転換をするよう命令したのであった。シェアの艦隊が退却したのを知って、失望を味わったジェリコの艦隊が北へと退却してゆく間、艦隊は、繰りかえし、警戒と攻撃に晒された。その内の一つは、巡洋艦フォルマスの沈没につながるものであった。ジェリコにとっては、この艦隊行動が、最後の一押しとなった。ビィーティーの支持を受けて、ジェリコは、大艦隊は、駆逐艦による十分な護衛を受けられない限り、北緯五五度三〇分の線（ファーン諸島）より南には出ず、東経四度の線より東には出ないことを主張した。「本当に差し迫った必要性がある場合」のみ、このルールは破っても良い、と主張したのである。実質的に、ジェリコは、北海のほとんどをあきらめ、ドイツに譲歩することを提案していたのである。ドイツ人がその海を占拠したいならば、占拠させるしかない、ということである。ジェリコは、また、シェアの「奇襲」攻撃から港湾を防衛することを大艦隊は保証できない、とも認めたのであった。この決定は、もしも国民に知られていたら、イギリス国民を大きく警戒させることとなっていたであろう。駆逐艦は他の場所で必要とされていたので、海軍本部は、大艦隊司令長官の要求に応えることはできなかった。海軍本部は、一九一六年九月一三日、司令長官からの要望に、合意させられたのであった。五週間後の一〇月一八日、この意図的な無行動が、実行に移された。シェアが北海への短時間の出撃をした間も、大艦隊は、スカーパ・フローに留まったままであった。イギリス海軍は、自らの伝統に反して、「安全第一」に徹したのであった。

ジェリコが、十分な駆逐艦を得られない中、大艦隊を北海へと向けないことを選択する一方、シェアの方はといえば、十分な潜水艦が得られない限り、大洋艦隊を前進させることはできない、と常に主張していた。潜水艦は、優勢な敵戦闘艦隊を発見する、そして機能させないようにする、という二つの重要な役割を果たしていたのである。八月一九日の艦隊行動の後、イギリスの商業を封鎖する目的で、Uボートがふたたび彼の下から離れてゆくと、シェアは、行動に出ることを拒んだのであった。こと戦闘艦隊に関する限り、北海における海軍の戦争は、一九一六年秋、実質上、休戦状態に入ったのだ。このような視点に立つならば、八月一九日の作戦は、戦争全般を通して、もっとも決定的なものの一つであった、とみなすこともできるのである。

つまりは、潜水艦に対する認識が、単なる沿岸防衛用の艦艇の一種、というものから、イギリス海上覇権への最大の脅威、というものへと、変化したのである。そして、戦艦に対する攻撃兵器というだけにとどまらず、さらに重要なこととして、ほぼ完璧な通商破壊用の兵器である、と認識されるようになったのであった。なぜなら、一九一七年までには、イギリスの生命線であり、イギリスの戦闘力がこれに依存していた海外からの供給が、急激に細り、ジェリコが、この年の末までの敗戦を予測するまでになり、ビィーティーも、「陸軍が、どんどんと勝利を収める間、海軍はどんどんと負けている」と認めるにいたったからなのであった。ドイツは、大洋艦隊を用いて海上での闘争に勝つことはできず、一つだけ残された兵器に託すしかなくなっていた。状況の皮肉な転換が生じ、Uボートは、〔アウグスト・〕フォン・ヘーリンゲン提督（Admiral August von Heeringen）の一九一二年の必死の主張を具現するようになったのである。彼は、こう主張していたのだ。「もしも、イギリス人が、広範な海上封鎖を本当に行うことになりましたならば、

地図9　北海の戦略状況　1914－1918年

わが国の美しい大洋艦隊の役割は、非常に小さなものとなりましょう。そうなったならば、わが国のUボートを活用するしかありません！」[*14]

大西洋におけるドイツ潜水艦と連合国商船、ならびにその護衛の間で繰り広げられた戦いについて、ここで詳細に述べる必要はないであろう。[*15]とはいえ、二、三の重要なポイントについては、指摘しておこうと思う。イギリス帝国が、この新兵器によって、もう少しで跪かされるところまで行ったということは、間違いない。昔のやり方である護送船団方式を遅ればせながらも採用したことによって、イギリスの海上貿易は、救われたのである。だが、終戦までに、八〇〇万トン近い商船が、この水面下の捕食者によって、失われたのであった。水上艦は、駆逐艦に護衛されていない限り、いかなる艦船といえども、安全ではなかった。だが、イギリスの造船所は、こうした護衛艦を、海軍本部を喜ばせるのに足るだけ生産することはできなかったのである。また、船舶を、失われた数だけ補充することもできなかった。これができるのは、巨大な経済力を持つアメリカだけであった。さらに悪いことに、この先のイギリスの海上覇権は、潜水艦登場以前のような盤石な状態に戻ることはないであろう、とみこまれていた。批評家たちがそのように予測していた通り、潜水艦という兵器は、イギリスに劣る海軍国が、イギリスの海上での優勢に打撃を与えるための手段として、熱意を持って手にしたものであった。そして、戦艦建造計画のように莫大なコストを掛けなくても、手にできたのであった。ドイツが、一九一六年から一九一七年にかけてUボート艦隊を急拡大させたことによって示した通り、潜水艦は、短時間で建造できる兵器であった。戦艦は、今となっては、一群の護衛艦を控えさせずには、制海権を維持できなくなり、戦艦の時代の終焉が、視界の中に入ってきた。そして、戦艦の護衛を、イギリスの提督たちもドイツの提督たちも、貴重な駆逐艦や潜水艦の浪費、とみなすようになったのであった。駆逐艦や潜水艦は、他の場所での戦いで、強く求められていたからである。

北海においては、すでに見てきたように、主力艦による海上での交戦は、潜水艦によって、実質上、停止させられていた。英独両国とも、イギリス海峡海域へは、小型艦艇を差し向け、ここでは、激しいものの、決定打とはならない、一連のエキサイティングな「もみ合い《ドッグファイト》」が繰り広げられた。そして、大西洋へも、小型艦艇を差し向け、ここでは、多くの重要な海戦が戦われた。この変化を象徴するように、シェアが次のように述べていた。「潜水艦による戦争がこの先進めば（本官の考えでは、海軍全体の政策が、やがては、潜水艦による戦争に集中されるようになるはずである）、艦隊は、潜水艦を港から安全に出入りできるようにするという役割だけを担うようになるであろう。」戦争前には、戦艦が中心的な兵器とされ、Uボートは、補助的な兵器であるとされていたが、それが、きれいに、ひっくり返ったのである。一九一七年の間中、この、艦隊同士の膠着状態はつづいた。この膠着状態を動かしそうな動きは、イギリスが敵のUボート基地からの出口に機雷を設置しようと努力していたこと、そして、この機雷を取り除こうというドイツの努力だけであった。だが、短い時間の交戦であったとはいえ、大型艦同士の接触が、一九一七年一一月一七日に、実際に起こったのであった。結果は、決着のつかないものであった。

さらには、ビィーティーの下で、大艦隊の戦略は、以前にも増してさらに慎重なものとなっていた。もちろん、艦隊行動そのものは望んでいたものの、極めて慎重であったため、思慮のある敵は、常にこれを避けるのであった。この状況に業を煮やした士官たちは、ドイツ沿岸に攻撃を仕かけるための様々な提案を行ったのであったが、このような提案は、すべて、危険過ぎるものとして、却下された。実際、ビィーティーは、一九一八年の初めまでには、海軍本部と戦時内閣を説得し、次のような戦略を飲ませた。「大艦隊のための正しい戦略とは、今となっては、あらゆる犠牲を払ってまでも、敵を交戦に誘いこむことではありません。わが国にとって状況が有利になるまで、敵を、敵基地に封じこめておくことなのです。」[*16] このようにして、司令長官は、前任者の戦略を、より明確な形にして、是認したのであった。冷徹な状況分析に立つならば、受動的な政策はリスクを最小限度に抑える、と主張することは、たしかに、正しいものであった。だが、このような政策は、積極性を重んじるイギリス海軍の伝統からは、極めて大きく逸脱したもの、であった。また、戦争の最後の年までに、シェアが、自分の方がはるかに不利な状況であるにもかかわらず（イギリスが三四隻のドレッドノート級戦艦と九隻の巡洋戦艦を持つのに対して、シェアが持つのは一九隻のドレッドノート級戦艦と五隻の巡洋戦艦であった）、全力の艦隊行動に打って出るみこみは、皆無だった。四月二二日から二五日にかけて、ノルウェー沿岸まで最後の大胆な航海を行った後、大洋艦隊は、港に籠ったままであった。そして、これが、水兵たちの憤慨と退屈を生み、最終的に、一九一八年一〇月の水兵の反乱で爆発したのであった。

ドイツの水兵反乱、そして、一九一八年一一月二一日の大洋艦隊の最終的な降伏は、ある程度のところ、イギリスの海軍戦略の成功と、イギリス海軍の全体としての力に帰すことができるのであろう。だが、海軍全体が、戦争がユトランド沖海戦をふたたび戦う機会のないまま終わってしまったという、第一海軍卿の「不完全感」を共有していたのであった。もし、このようなリターンマッチが公海上で行われていたならば、大艦隊が勝者になっていたはずだ、と思われていたのである。一方で、イギリスの戦略は、たしかに論理的ではあったものの、相当に用心深く策定されたものであったので、ドイツが不利な状況にもかかわらず打って出てくる、ということでも起こらない限り、艦隊行動の機会はほとんどなかった、このことは思い起こされるべきである。ユトランド沖海戦の後についていうならば、シェアの方が、ビィーティーやジェリコよりも、リスクをとる覚悟ができていた、と述べるのが正しいであろう。それゆえに、一九一四年から一八年までの海上戦争は、イギリスにおいて、当時、そしてその後、大きな失望、あるいは、期待外れの結果、と認識されているのである。このことは、確実に、海軍の名声、また、海軍の影響力にとって、よいものではなかった。

このように、海軍の名声は、驚くほどに落ちこんだ。休戦交渉を行う中で、海軍は、降伏したドイツ艦隊全部を引き渡すよう要求したのであったが、名声の落ちこみようは、このことに対する連合国の政治家たちや軍事指導者たちの反応に、はっきりと現れるものであった。海軍の要求を、フランスやアメリカの指導者たち、それどころか〔イギリスの〕戦時内閣まで、不当で、過大で、この戦争の継続を招きかねないもの、とみなしたのである。指導者たちから見れば、戦争中もっとも優先度が高かったのは、陸上での作戦であり、もっとも大きな犠牲を払ったのも、陸上での作戦であり、敵を最終的に敗北へと追いこんだのも、陸上での作戦なのであった。〔フランスの陸軍軍人フェルディナン・〕フォッシュ（Ferdinand Foch）は、次のように断言していた。ドイツのUボートの引き渡しを求めることは、もっともな要求である。Uボートが連合国の目標にとって、もっとも危険なものだからだ。だが、大洋艦隊の引き渡しを求めて、戦争の継続というリスクを背負うのは、賢明ではない。どちらにせよ、大洋艦隊は、機能していない。そんなことをしても、イギリス海軍のお偉方の自尊心を満足させることにしかならない、とまで述べていたのである。指導者たち全員が合意できたことは、大洋艦隊を、中立国の港に閉じこめて係留しておく、ということだけであった。そうはいうものの、結局、連合国は、これを引き受けてもらえる中立国を見つけることができなかったので、最終的には、大洋艦隊を、スカーパ・フローへと移動させるよう命令が出された。[*17]だが、興味深いのは、戦争の期間全体を通じた海軍への評価である。海軍自体は、戦勝の瞬間、自分たちは、ほどほどの評価を受けられるはずだ、と思っていたのであったが、そうはならなかったのだ。継続的に多大な犠牲を払った陸軍の戦いぶりと比べて、艦隊の貢献は、不名誉で、補助的なものと評価されたのである。さらには、海軍が大言壮語していた戦艦は、小さく、費用もかからない潜水艦によって、厳しく封じこめられ、役に立つことはなかったのである。事態は、海軍主義者たちの期待とは、まったく裏腹な状況となっていた。そして、自分たちの影響力が低下するのではないかという、それまでの恐れは、総力戦という衝撃によって確認され、ますます大きなものとなったのであった。

当然のことながら、海軍とその周辺は、戦争の期間全体を通して、防衛戦略の中における、かつての首位の位置を取り戻そうとし、国の〔戦争の〕やり方を「イギリス流の戦争方法」に引き戻そうと努力していた。しかしながら、この度の戦争では、一八世紀や一九世紀の戦争において威力を発揮したやり方が、ドイツに対しては、うまくいかず、威力もない、ということが証明されたのであった。まさに、戦前に、批評家たちが予言していた通りになったのである。伝統的な方法論によって、何らかの成功のみこみを示し、西部戦線での殺戮に対して、有効な代替案を示すことができたのであれば、大多数のイギリス国民と政治家たちは、それを熱烈に支持したことであろう、そのことは間違いない。だが、敵を打倒するための、海上を基盤とした周辺的なやり方は、中央同盟国[*18]のような強力で自活可能な大陸ブロックと対峙するにあたっては、不十分なことが、一歩ずつ分かってきたのであった。

いうまでもなく、ドイツの海外植民地は、連合国によって、あっという間に、蹂躙された。南アフリカの部隊が、ドイツ領南西アフリカを獲得し、イギリスとフランスの軍勢が、トーゴランドとカメルーンを獲得し、ニュージーランドがサモアを獲得し、オーストラリアがニューギニアとナウルを獲得し、日本が、膠州湾と太平洋中央部の〔ドイツ〕保護領を蹂躙したのだ。一九一五年以降も抵抗をつづけられたのは、〔パウル・フォン・〕レットウ＝フォルベック（Paul von Lettow-Vorbeck）が指揮する東アフリカだけであった。だが、これらの作戦は、戦争の初期、イギリスとフランスが、インド、西インド、カナダのために戦ったことに、重要性において、比べものにならないことであった。ドイツ植民地帝国は、一九一四年までに、一〇〇万平方マイルの大きさに達していたものの、そこに住むドイツ人は、二万一〇〇〇人しかおらず、ドイツの海外投資の三・八パーセントしか占めておらず、ドイツの海外貿易の、わずか〇・五パーセントを占めるのみであった。それゆえ、これらを失うことは、ベルリンにとって死の打撃、とはとてもいえまい。これらの植民地は、ドイツの産業に、原材料をほとんど供給しておらず、これらの植民地が、本国からの補助金に大きく依存していた、という点を思い起こすと、なおさらである。本国からの補助金は、おそらくは、一九一四年までには、一億ポンドにまで達していたのである。[*19] ドイツ政府にとって、植民地は、戦略上、どうでもよいものであった。ティルピッツは、イギリスの世界的な地位への挑戦は北海において行うべきである、と常日頃主張していた。ドイツが、北海において成功したならば、ヨーロッパ外で失うことがみこまれているすべての領土は取り戻せる、と主張していたのである。こうした理由があったので、ドイツ海軍は、植民地の保有について、熱意を持っていなかったし、植民地の防衛に関して、多くを引き受けようとはしなかったのである。大きくて複雑な、世界を舞台にした戦いにおいて、南西アフリカ、サモア、他は、単に、最初に出された、価値の低い質入れ品だったのである。

総力戦の遂行という文脈の中において、同じように価値が低かったのは、イギリスが、わずかな数のドイツの水上の通商破壊船を粉砕した効果であった。ここでも、地理が、ティルピッツに、海外での大規模な海軍上のコミットメントを意図的に避けることを余儀なくさせ、海外の拠点にあった船舶は、船籍を示すことを余儀なくされたのであった。これらの船舶を、ベルリンは、あからさまに、戦争の中における運命への人質とみなしていたのであった。チャーチルも、開戦時において、これらの船舶の運命を、確信を持って予測していた。そして、それは、まさに同じ理由からであった。

敵艦は、いかなる間も、大洋で生きることはできない。敵艦は、海で、給炭を確実に受けることはできない。敵艦は、長い距離を航行することができなければ、獲物を捕らえることはできないのである。無線電信がある今日、敵艦の所在は、常時報告される。速力に勝るイギリス艦が敵艦を追ったならば、敵艦は、行動に移った場合でも、大した危害は加えられないであろう。[*20]

こういった状況の中で、チャーチルの確信は、十分に証明されていったのであった。戦争の最初の数カ月間に活躍した一〇隻のドイツの水上の通商破壊船の内、それなりの成果を上げたのは、わずか二、三隻である。もっとも有名なのはエムデン（Emden）とカールスルーエ（Karlsruhe）である。だが、これらの艦船といえども、まもなく、おとなしくさせられたのであった。また、戦争の全期間を通して、このような通商破壊船によって沈められたイギリスの船舶の合計トン数（四四万二〇〇〇トン）は、大きな打撃ではなかった。さらには、イギリス政府は、国家戦争保険制度（The State War Risks Insurance Scheme）のような仕組みによって、敵の商船破壊でパニックが広がることを、抑えることができたのである。唯一の実態のある脅威は、〔マクシミリアン・フォン・〕シュペー（Maximilian von Spee）の東洋艦隊からの脅威であった。だが、〔ドイツ〕東洋艦隊は、コロネル沖海戦での勝利の後、フォークランド沖海戦で、〔ダブトン・〕スターディー率いる巡洋戦艦小艦隊によって、あっという間に、一掃されたのであった。これらの海戦は、水上艦の艦砲同士による最後のものであったと指摘されている。「その後は、魚雷、機雷、潜水艦、そしてある程度において、航空機が導入されるようになって、海戦は、スターディーやシュペーには理解できないほど、複雑なものになったのであった。[*21]」最大の変化は、もちろんいうまでもなく、ずば抜けて優秀な通商破壊船としてUボートが活用されたことであった。ドイツ海軍が、敵を打撃する他の有効な手段を持たないことを考慮すれば、これは、予測できる一歩であった。ドイツ国内からの政治的な反対は、克服され、それに必要な数のUボートは、すでにそこにあったのである。だが、この作戦が全力で始められると、海上貿易に対する〔イギリス〕海軍本部の戦前の準備が、まったく時代遅れなものであることが判明したのであった。

イギリス海軍が手にしていた他の大きな武器は、海上封鎖であった。この武器も、今では、伝統という外観をまとったものとなっていた。ナポレオンの軍が全ヨーロッパに進軍していた頃、マハンは、このように述べていた。「フランスの命に対して、音もないプレッシャーが、しだいに増加してゆきます。この静かなる強制は、それに気がついてみると、見る者にとって、シーパワーの、もっとも打撃力のある、恐ろしい印となるのです。」この戦争〔第一次世界大戦〕の前、海軍本部は、この戦略が、決定的な影響を与えることになるはずだ、と、固く信じていた。海上封鎖が、敵と外部とを結ぶ海路を支配しない、などということがあろうか？　ドイツは、他のすべての工業国と同様に、この海路に大きく依存しているはずなので、そこでの交通が遮断されたならば、ドイツの戦争経済全体が、最大級の影響を受けることにならないはずはないではないか？　すべて、たしかに正しいだろう。ただし、他の多くの要因によって相殺されるのである。そして、ドイツが置かれるであろう立場を、イギリスや日本などの島国と同様に考えることは、間違いなのである。ドイツは、国民所得のおよそ一九パーセントを輸入から得ていた。だが、この内、ヨーロッパ外からのものは、わずか二〇パーセントなのであった。また、国富の内、海外投資が占める割合は、わずかに一〇パーセントであった（これと比較して、イギリスの場合は、二七パーセントであった）。また、海外投資からの利益は、国民所得のわずか二パーセントにしかなっていなかったのである。[22] それゆえ、理論上、国民所得の六パーセント、あるいは、もしかしたら八パーセントの喪失が出ていても、惨劇ではなかったのだ。重要な原材料のいくつかが手に入れられないのであれば、こうした前提は、すぐにひっくり返ったかもしれないが、中央同盟国は、莫大な資源をすでに手に入れていたか、まもなく、手にすることになったのである（たとえば、ルーマニアの小麦や石油）。また、隣接する中立国を通した供給路を確保することができたのである。中央同盟国は、それに加えて、多くの代用品《エーザッツ》を生み出す技術を持っていたのである。当然、長期的な視点で見れば、連合国の封鎖の影響は、非常に深刻なものであっただろう。だが、ドイツの兵隊たちが、封鎖の影響を受けるようになるのは、戦争のかなり終盤になってからなのであった。

また、大規模な陸軍作戦が、莫大な量の食糧、工業製品、そして特に、土地を耕作するのに必要な男たちを飲みこむものでなかったならば、封鎖による銃後の影響は、もっと小さなものとなっていただろう、と示唆しておくことは、意味があろう。実際、海上封鎖の影響は、イギリスの公的戦時史の筆者の一人の見解によるならば、ドイツの「飢饉」を引き起こす上で、農地の放棄と比較して、「ささいなもの」であったのだ。[*23]

さらに、〔イギリスの海軍士官で歴史家の〕サー・ハーバート・リッチモンドは、次のような賢明な観察をしている。一九世紀に陸上のコミュニケーションが大きく向上したことは、中央同盟国にとって、大きな助けとなり、イギリス単独の海上封鎖の効果は、これによって、限定的なものとなった。

> 〔敵が〕徹底した孤立に追いこまれて、それが勝利につながるのは、敵の陸上の国境が、陸軍によって封鎖されて、そして、重要性を持つすべての国々が、積極的に、自国の海軍を用いてこれを海上から支援するか、あるいは、受動的に、貿易を控える場合のみである。

二〇世紀でもっとも鋭い海軍史家の一人が発したこの言葉は、海上封鎖の効果についての主張とすれば、これ以前、もしくは、これ以降の多くの主張に比べれば、たしかに、より温厚な主張ではある。だが、彼の言葉は、海軍主義者たちの主張の弱点を、直接的に突くものである。海上封鎖という武器は、海外貿易に極度に依存している島国に対して用いる場合以外は、補助的な武器にしか、なり得ないのである。海上封鎖は、ドイツのような相手に対しては、陸上封鎖とともに実行し、陸軍による継続的な攻撃に対する圧力の補助的な手段として用いる場合にのみ、長期的で、威力ある効果を感じられるようになるのである。西部戦線と東部戦線での消耗戦は、人材を奪うだけにはとどまらなかった。海上封鎖以上に、中央同盟国の経済と士気を奪ったのであった。だが、士気は、ドイツがどちらかの戦線で勝利を収めれば、簡単に回復できるものであった。

東の壁をぶち壊したロシアの崩壊によって封鎖は崩れた。そして、ウクライナからの補給によってオーストリアは保たれ、ドイツは、一息つくことができた。何らかの事態が陸軍兵力に起こり、西の壁までもが崩れるようなことでもあれば、広大な領土がドイツの手の中に落ちていたはずだ。この領土を基盤にして、ドイツは生き永らえ、海上封鎖に対して抵抗をつづけ、逆らいつづけることができたことであろう。だが、そうなっていれば、ドイツは、それ以上のことができたのだ。ドイツは、海上での攻勢をさらに強めることができたことであろう。[*24]

前回〔ロシアの崩壊〕の場合と同様の恐れであった。今回は、敵がバルカン半島や中東への押し出しに成功した場合、ドイツが、「海上封鎖から、実質的に影響を受けなく」なってしまうのではないか、という恐れであり、そうなった場合、ドイツは、「経済的資源と軍事的資源の再構築に関して、それ以外のヨーロッパを完全に凌駕するようになるのではないか」、という恐れであった。この恐れによって、イギリスの部隊が、コーカサス地方に派遣され、一九一八年には、カスピ海に向けて、派遣されることになったのであった。[*25] イギリスの戦略家たちは、ドイツが「ハートランド」を支配することになるのではないか、と危険視していたのである。リッチモンドによるさらなる観察によるならば、実体は、以下のようなものであった。[*26] シーパワーとランドパワーは、相互依存的なものであった。敵の挑戦を封じこめるには、シーパワーも、ランドパワーも、両方が必要であった。孤立主義者たちは、大陸への関与を避け、海上からのプレッシャーのみに頼ることを望んでいたが、本当にそうしたのであれば、ドイツがヨーロッパのランドマス

〔陸塊〕を支配することになっていたはずであり、ドイツの支配がさらに拡大することになっていただろう。さらには、「成功の理由を、ある特定の一つの要因や別の要因だけに帰させることは、間違いであるか、好ましいことではない」（リッチモンド）。だが、そうはいっても、第一次世界大戦中のイギリスが、否応なしに、陸上における戦いに資源のより多くを投入するようになったのも事実であり、このことにより、陸上戦に、かつてないほど軍事上、政治上の優先度を与えるようになったことも事実なのである。

海軍主義者たちにとって、唯一残された手段は、陸海軍共同作戦を主張することであった。というのは、陸海軍共同作戦は、グレイの表現を借りるならば、陸軍を、「海軍が発射する飛翔体」として用いることだったからである。すでに見てきたように、戦前、フィッシャーとウィルソンは、様々な上陸計画を主張していた。それらは、すべて、参謀本部からの反対と、内閣の懐疑に直面して、没となっていた。誰もが見て取れる通り、この議論は、戦略上のものであったのと同程度に、政治的なものであった。海軍本部は、ドイツ沿岸に対する陸海軍共同作戦への賛同を主張することによって、戦争の遂行に対して大きな発言権を得、イギリスの戦争資源の大部分が大規模な大陸での戦いに費やされることを防げるかもしれない、と思っていたのだった。イギリスの政治家たちの中でも伝統的な考え方をする者たちは、間違いなく、海軍と懸念を共有していた。だが、この議論で優位に立ったのは、陸軍省なのであった。より説得力のある戦略上の主張を行うことができたからである。戦闘艦隊は、長い時間、敵海岸線近くで作戦を行ったならば、ありとあらゆるリスクを冒すこととなる。だが、このようなリスクは、遠征軍が直面することになるリスクと比べるならば、たいしたものではない。ニコルソン将軍は、一九一四年、このように述べていた。「この種の作戦は、陸上のコミュニケーションが未発達であった一世紀前であったならば、それなりの効果を発揮したであろう。だが、陸上のコミュニケーションが発達した今日これを行えば、確実に失敗することになろう。われわれがどこに上陸しようとも、ドイツは、そこに、より優勢な戦力を集中させることができるのである……」[*27]

そうはいうものの、陸軍が、陸海軍間の論争において、最初の決定的な勝利を収めていたのであれば、戦争の期間中、大陸戦略が挑戦を受けることはなかったであろう。実際のところは、西部戦線での死傷者の数が上昇するに伴って、内閣が、その代替戦略として、海上を基盤にした戦略をより強く求めるようになったのであった。ここでもふたたび、政治的な要素が、軍事的思考の中に混じりこむようになったのである。イーシャのような伝統主義者たちは、彼が述べるところのピットの政策に立ち返ることを求めたのであった。

> サー・ジョン・フレンチの陸軍が大陸での戦争を行っていた頃は、この大きな原則が、なし崩し的に崩されることはなかった。だが、時間の経過とともに、補強につぐ補強がフランスへと送られ、この国の利用可能な予備兵力のすべてを吸収してしまった。この国の敵沿岸への戦闘力は徐々に弱まり、今では、部分的に失われるまでになった……今日《こんにち》、あの頃［七年戦争の頃］と同様に、わが国の陸軍力は、艦隊との組み合わせにより陸海共同部隊として用いることによって、投入される戦力に勝る結果を生み出すことができるのである……時は来たのだ。[*28]

一九一五年のダーダネルスへの連合軍の攻撃［ガリポリの戦い］は、ピットを模倣する「機会」を提供するかのように思われ、「投入される戦力に勝る結果を生み出す」もののように思われた。この作戦は、疑いなく、安上がりに戦争に勝つ方法を求めていた内閣に訴えるものがあった。この作戦では、連合国は、コンスタンチノープルを落とすことにより、ロシアとセルビアの負担を低減させ、トルコは打ちのめされ、他のバルカン諸国が連合国に好意的な印象を持つようになり、中東におけるイギリスの立場は強化される、と謳われた。このかなり独創的なやり方にとっては不幸なことに、強硬なチャーチルが、海軍だけを使えば、この作戦はさらに安上がりなものとなる、といって、内閣を説得することに成功したのだった。ほとんどそうなることは運命づけられていたように、結果は、悲惨なものとなった。軍艦を、強固に防備が固められた中を無理やり通り抜けさせようとすれば、そうなるはずだ、と専門家たちが述べていたことが、すべて裏付けられたのだった。トルコの砲手たちが、フランスの戦艦ブーヴェを沈め、他の二艦に大きな損害を与えた間、イギリスの戦艦イレジスティブルとオーシャンが機雷に触れ、その犠牲となり、巡洋戦艦インフレキシブルが、機雷に触れ、マルタまで、よたよたと引き下がっていった。海軍の戦力が、こうした大きな損害をものともせず、無理やりにでも突破していたならば、トルコの防衛が弱くなっていたので、大きな犠牲は伴うものの、通り抜けに成功していたかもしれない。だが、最初の戦闘で意気消沈してしまい、戦闘を再開する前に、援軍の到着を待とうと、決断したのであった。そして、連合軍の援軍が到着するまでに、トルコは、防備を大幅に強化させていた。連合軍の部隊は、上陸地点から、ほとんど身動きがとれることがなく、それが、一九一五年末の撤退までつづいた。この作戦による死傷者は二五万を超え、完全な敗北であるとみなされ、チャーチルは、立場を追われた。だが、この戦いで受けた犠牲は、一人の人間のキャリアを大きく超えるものであった。これは、また、周縁部での、海上を基盤とした作戦で敵を打ち破るという、「東方派」戦略の敗北を意味するものでもあった。ガリポリでの敗北によって、西部戦線から部隊を逸らすことは連合国の戦争努力を弱めることになる、と主張していた者たちの見方は、ますます強化されることになった。

　そうはいうものの、これによって、ベルリンへの「裏口」を見つけようという努力が、すべて停止されたわけではない。実際、フィッシャーがダーダネルスでの作戦に躊躇していたのは、彼が、艦船と人員を別の場所に向けようとしていたからなのであった。ポメラニア地方の海岸だ！〔「ポメラニア地方」とはバルト海に面する現在のドイツからポーランドにかけての一帯、当時はすべてドイツ領。〕ウィルソン提督は、ウィルソン提督で、ヘリゴラントへの攻撃を望んでいた。一方で、彼らの上官である政治家のチャーチルは、十分予想できるように、勇壮な攻撃であれば、何でも良かった。この戦争の期間中、後には、ロシアを戦争にとどめておくためのものとして、バルト海への大規模な介入がふたたび提案されることになる。また、これには、少なくとも、ドイツによるロシア艦隊の獲得を未然に防ごう、という目的があった。こうした提案は、実行上の大きな困難を理由に、すべて却下された。海軍の側だけでも、困難があったのである。軍令次長〔第二海軍卿〕は、次のように報告していた。

バルト海に力ずくで入ろうというかなる試みも、機雷原の存在、距離、敵が持つ戦略上の優位という理由により却下された。機雷原は、間違いなく存在するが、その場所は、不明である。バルト海は、わが国の基地から距離があるので、損傷を受けた艦船は、自分で何とかしなければならない。〔北海とバルト海を結ぶ〕キール運河が存在するので、敵は、戦闘艦隊を、この運河を使って、北海からバルト海へ、またバルト海から北海へと、比較的短時間で、思いのままに移動させることができるのである。ドイツの海軍基地の一つ、もしくは複数を叩くことは、同様の理由、そして海岸線の防備が非常に強化されているという理由により、実行不能であるとみなされた。[*29]

それに加え、さらに大きな障害が存在したのであった。そして、海軍は、それまで、この障害を克服した経験を持たなかった。陸軍が、上陸作戦に関して何らかの役割を引き受けることを、まったく拒絶していたのである。上陸作戦が、ドイツに対する陸上での主作戦を弱めるばかりか、これが、多くの優れた部隊を犠牲にする恐れがあったからであった。ボルクム島やヘリゴラント島のような、よく防備された場所に対する攻撃だけでも、多大な犠牲が予測された。遠征軍がポメラニア地方の海岸に上陸した際に待ち受けているであろう運命を前に、気持ちがしり込みするのであった。たとえ艦隊がバルト海への突入に成功したとしても、かなりの犠牲が予測されるのであった。フランスの政治家たちや軍事指導者たちは、このような回避を、実質上の裏切りとみなしたが、イギリス陸軍の将軍たちは、これを、バカげたこと、とみなしていた。陸軍の将軍たちは、ガリポリでの悲惨な前例に加えて、英仏の遠征軍がサロニカで経験した不名誉な出来事を指摘することもできたのである。セルビアを支援するために派遣された三〇万の軍勢が、身動きできなくされたのであった。ドイツ人にではなく、ブルガリアとトルコの部隊によって、一九一八年九月まで、封じこめられたのである。

実際、東方派は、一つの地域においてのみ、成功を収めたのであった、中東において、である。中東に関しては、帝国主義者たちは、自分たち流のやり方を見つけることができ、西部戦線のひどい状況を忘れて、〔レオ・〕アメリーのように、さらなる措置を要求できたのであった。

南方のイギリス世界は、ケープタウンから、カイロ、バグダード、カルカッタ、そして、シドニー、ウェリントンへと延びるものであるが、これにより、ドイツの侵略という絶え間のない恐れを気にせずに、平和的な事業に取り掛かることができるようになるのである。[*30]

実際のところ、中東は、イギリスが自ら攻勢に出られる唯一の地域であった。イギリスは、この地域で攻勢に出ることによって、インドに向けたドイツの動きを封じこめられるのみならず、インド洋を囲む半円状の地域を支配することと、戦略的に重要な油田を確保することを、望めるのであった。イギリスは、この地域において、軍事作戦よりもはるかに難しい、フランス人やアラブ人との政治的な話し合いに直面したが、これを見事にこなした、と述べるべきであろう。軍事作戦は、メソポタミアでの初期の喪失を取り戻した後は、それほど難しいものではなかった。パリは、ロンドンの動機について、しばしば疑いを持っていたが、これは理解できることである。パリは、ロンドンが、イギリスの一八世紀における伝統的な戦略をふたたび採り、イギリスのヨーロッパ大陸の同盟諸国が、大陸において、生きるか死ぬかの戦いに集中している間に、海外において、熟れた果実を摘み取ってしまうのではないかと、疑っていたのであった。当時のメソポタミアやパレスチナは、ある意味、かつてのカナダやルイジアナ、ベンガルやケープだったのである。海軍戦略の観点においては、これらの獲得は、〔マイナス点がなく〕プラス方向にしか働きようがなかった。これらの場所の獲得によって、イギリスの、エジプトとスエズ運河に対する押さえはより確実なものとなり、北方のいかなる挑戦者に対しても、インド洋への障壁となり、油田の確保を、確実なものとできるのであった。だが、西方派は、ロイド・ジョージの誇るものには、非常に費用のかかる事柄だという副産物がある、としっかりと指摘することができた。一九一八年の初め、ルーデンドルフが最後の大攻勢に出る直前の段階において、中東とサロニカには、（一二のイギリス師団を含めて）七五万を超えるイギリス帝国の部隊が従軍していたのであった。[*31] さらにいえば、〔スタンリー・〕モード（Stanly Maude）、〔エドムンド・〕アレンビー（Edmund Allenby）、〔トマス・エドワード・〕ローレンス（Thomas Edward Lawrence）らによって行われた作戦は、陸海軍共同作戦と呼び得るものでも、上陸作戦と呼び得るものでも、まったくなかった。これらの作戦は、本質的に、陸上作戦であり、海軍の役割は、非常に小さなものでしかなかった。ここでもふたたび、海軍は、その地位を高める機会をほとんど持たず、陸軍の影に隠れることを余儀なくされたのだった。

　一九一四年から一八年までの世界を股にした戦いは、全体として見れば、安上がりなものではまったくなく、海上を基盤とした短期的な戦いではないことが、証明されつつあった。それどころか、この戦いは、大規模な陸軍による、厳しい、犠牲の多い消耗戦であることが証明されつつあり、この戦争では、シーパワーは、付随的な要素にしか見えなかった。もちろん、もしUボートが大西洋での戦いに勝利していたならば、連合軍がこの戦争全体においても敗北を喫していたであろう、ということは、完全なる事実である。また、二つの世界大戦において、イギリスへの海路を保全するということが、ロンドンの明確なる第一目的であった。このことも完全なる事実である。イギリスへの海路なしには、イギリスは、ほとんど何もできなかったことであろう。だが、ここでは、二つの大きな要素が、海軍にとって、マイナスに働いたのである。第一に、この目標は、本質的に、消極的な目標であった。これは、海軍にとって、負けることはできるが、勝つことができない戦いであった。勝利は、陸軍によって達成されなければならないのであった。そして、このことによって、すべての称賛を得るのは、陸軍となるのだった。第二に、Uボートに対するこの戦争は、連続的につづく、一連の小規模な戦いの一環であり、国民の興奮を巻き起こすものではなかった。国民は、艦隊による勇壮な海戦を期待しており、消極的な目標を達成するのに、艦隊決戦が不要なことは、理解されることがないのであった。この点において、第一次世界大戦の成り行きは、グレーの巨大な戦艦を持つことに対して、大きな疑問を投げかけるものであった、と述べることは、いい過ぎではないだろう。大きな戦艦は、遠く〔スコットランド北方〕のスカーパ〔・フロー〕の港で、錨につながれて、揺られていたのである。

　イギリスのシーパワーの威力が低下するという、このかなりあからさまな要因に加えて、さらに二つの要因が存在したのであった。そして、この二つの要因は、同じくらいに深刻なものであった。戦争の期間中、イギリスは、財政力と産業力の凋落も味わったのである。そして、イギリスが、その艦隊をヨーロッパの海域に集める一方で、ますます、他の海軍国の善意に、依存するようになっていったのである。

　第一次世界大戦中のイギリスの財政力と産業力の凋落が、正確に、どの程度のものであったのかについては、今も議論の対象になっている。[*32] だが、明確なのは、この戦争が、かつてのナポレオン戦争がそうであったように、陸軍・海軍力や商業・工業力を、世界のトップランクへと押し上げたのではなく、重苦しい負担をもたらした、ということであった。この戦争が、たくさんの新しい産業への刺激となり、イギリスの産業を、合理化へと大きく導いた、というのは、事実である。その多くは、政府からの奨励によって、行われたのである。また、この戦争は、広範な社会的変化が起きるための触媒ともなった、とも証明されている。だが、これらのことは、その当時は、まだ完全には認識されておらず、たとえ、認識されていたとしても、この戦争のマイナス面とは、比べようもないものであった。これらは、戦争による心理的な喪失感を抑制するものとはならなかったのである。ある著者は、この喪失感が、この戦争のすべての影響の中で最大のものであったかもしれないと、示唆している。[*33]

この戦争において、〔四五歳以下の男性人口の九パーセントにあたる〕およそ七四万五〇〇〇人のイギリス人が死亡し、さらに一六〇万人が負傷した。その多くは、重傷であった。この損害が、イギリスの潜在的な生産性と経済力にとってどれほどのものであったのか、計算するのは不可能である。だが、このことは、考察せねばならないのだ。たしかに、フランス人とドイツ人は、より大きな損害を被っていた。だが、考察する上で比較基準としてより重要なのは、未だ興隆過程にあったアメリカであろう。アメリカは、競争相手として、より大きな脅威であった。直接の物的な損害という点では、イギリスの損害はほとんどなかった。ただし、商船はその例外であった。七七五万トンが沈められたのである〔一九一四年時点のイギリスの総トン数の三八パーセントにあたる〕。海軍本部の軍艦建艦計画が優先されていたために、これら沈没船を完全に代替し得たのは、アメリカの造船所だけであったものの、日本、オランダ、スカンジナビア諸国〔北欧諸国〕もまた、イギリスの犠牲に乗じて、シェアを拡大させた。世界の新造船においてイギリスの占める割合は、一九〇九年から一四年までの五八・七パーセントから、復興がなされる前の一九二〇年には、三五パーセントにまで低下していた〔もっとも、復興されたといっても、建造された船の多くは、旧式船であった〕。イギリスの輸出も同様に失われた。直接的には、中央ヨーロッパへの輸出である。また、間接的には、イギリスの産業が、軍需生産に集中されたからであった。イギリスが去った後の穴を埋めたのは、アメリカと日本であった。また、アメリカや日本ほどには発展していない国々も、新たに産業を興し、新しい競争相手となった。さらには、戦争によって、イギリスに新たな産業が興された一方で、衰退途上にあった古くからの産業（鉱業、製鉄、石炭、工業、そして、おそらくは農業）にとっては、戦争が、人為的な経済刺激策ともなったが、これらの産業は、戦争が終結すると、さらなる速さで崩壊し、政府主導による資本投資は、引き上げられた。

財政的には、変化はより深刻なものであった。近代戦争の莫大な費用は、本当に信じがたいほどの額だった。一九一五年までには、一日で、三〇〇万ポンドが費やされるようになっていた。この費用は、大きな軍事的努力により、一九一七年までには、一日あたり、七〇〇万ポンドにまで上昇した。海軍の年間予算は、一九一四年の時点で、五一五〇万ポンドであったものが、急上昇し、休戦後である一九一九―二〇年度予算でさえ、総額で一億六〇〇〇万ポンドに達していた。だが、戦時中に増額された予算を見ることによって、〔海上戦よりも〕陸上戦の方が優先されていた、という重要な点が確認できるのである。同じ時期の陸軍の予算は、それぞれ、二九〇〇万ポンドと四億五〇〇〇万ポンドなのだ。終戦までに、一三倍に膨れ上がった年度予算の総額を賄うために、税金が、大幅に引き上げられたが、歳入は、この金額の三六パーセントしか賄いきれず、その結果、大幅な借入が必要となったのであった。国家債務の額は、この期間に、六億五〇〇〇万ポンドから、七四億三五〇〇万ポンドへと、びっくりするほど上昇している。幸いなことに、イギリスは、莫大な額の余剰金と貿易外収入をクッションとすることができた――貿易外収入は、大きくなる貿易赤字を補うものであった。そして海外の債権国からの借入額である一三億六五〇〇万ポンドは、より弱体な同盟国への貸出額である一七億四一〇〇万ポンドよりも、小さな額であった。だが、イギリスは、様々な国際的な債務の戦後の決着から、うまく抜け出すことができなかった。そして、イギリスの財政的立場は、アメリカに対して、大幅に弱いものとなった。イギリスは、戦時中、アメリカから、様々な種類の重要物資の購入を余儀なくされたのであったが、その一部は、ドル建て債券を売却することによって、賄っていたのであった。アメリカが、世界の多くの市場において、イギリスにとって代わるようになり、最大の債権者としての位置を引き継ぐようになると、それに伴って、ポンドは、ドルに対して、確実に安くなり、ドル諸国に対するイギリスの貿易収支は、悪化したのであった。貿易外収入というクッションについて述べるならば、貿易外収入に関する業務は、国際貿易が盛んであり、繁栄していることに依存するものであった。戦争による財政崩壊によって、こうした前提が成り立たなくなったならば、イギリスの基本的な弱点がさらけ出されるのであった。イギリスによる工業の支配は、だいぶ昔に消えてしまっていた。とはいうものの、イギリスの経済上の優勢まで失われつつあるということは、なかなか受け入れがたいものであった。

同様に真実であったことは、イギリスは、海外拠点において、だんだんと、外国の海軍への依存を強めていた、ということであった。この点においても、これまで記述してきたような戦前からの傾向がつづいているのだった。だが、今、イギリスは、実際の戦いに従事しているのであった。外国の海軍への依存は、ドイツ海軍の拡大に対する警戒として、ヨーロッパへと戦力を集中させつつあった頃と比べて、ますます現実のものとなっていた。すでに指摘したように、地中海においてすら、イタリアが一九一四年に中立にとどまることを決めたことによって、連合国は、ようやく、海軍における優勢を確保できたのである。そして、後に、イタリアが参戦したことにより、連合国の優勢は、さらに大きく強化されたのである。もしイタリアが敵にまわっていたならば、フランスとイギリスの立場は、大きな脅威を受けていたであろうし、地中海航路は、危機に晒されていただろう。[*34] ロンドンは、一九一二年には、「帝国の気管」を開けておくためにフランスの支援が必要なことを、しぶしぶ認めていた。それが、今では、たとえ一時的なものであったとしても、フランスよりもさらに弱く、さらに信頼できない同盟国にすら、依存するようになっており、依存する期間が、一時的以上の期間になることも、あり得るようになっていたのである。

さらに一層不吉だったのは、日本への依存だ。日本は、より制御が難しく、敵へと転換することも、あり得たからである。ここでも、戦争が、一九一四年以前からの傾向を加速させたのだった。「イギリスが、ヨーロッパにますます大きく関与するようになり、極東と太平洋における日本の力が、ますます増大しつつあった」のだ。[*35] 日本は、開戦後すぐに参戦し、ドイツの中国における強力な拠点〔であった青島〕を切り崩し、イギリスに大きく力を貸したのであった。だが、ありとあらゆる兆候が示すのは、東京の食欲は、青島と太平洋中央部の島々だけでは明らかに満足しておらず、将来、日本が、潜在的な脅威とはいえないまでも、やっかいなパートナーになりそうだということだったのである。日本の貿易商は、アジア各地の市場で、イギリスの貿易商と対抗していた。日本が一九一五年に発した「対華二一カ条要求」は、イギリスの中国における大きな権益を脅かすものであった。また、日本は、インドにおいて扇動的な考えを広めている、としばしば疑われていた。日英同盟の存在そのものが、ロンドンを、あからさまな日本の野心の共謀者であるように見せているのに加えて、ますます拡大するアメリカの猜疑と敵意を喚起しているのであった。歴代のイギリス政権は、日英同盟は、アメリカに対して発動しようとするものではない、とアメリカの政治家たちを説得する努力を行ってはいたものの、アメリカ国内の政治的要素が、これに勝っていたのである。日英同盟は、ホワイトホールとカナダとの関係を難しくしていたのみならず、オーストラリアやニュージーランドとの関係も難しくしていた。カナダは、アメリカとの関係から、日英同盟を嫌い、オーストラリアとニュージーランドは、日英同盟の戦略的な価値を評価している一方で、将来、日本が太平洋へと拡大してくることを懸念していたのである。[*36]

これらの要素は、たしかに、イギリスの日英同盟に対する好意を下げるものであった。だが、厳しい戦略上の現実によって、イギリス内閣は、不都合を飲みこむことを、余儀なくされたのであった。グレイは、日本が同盟諸国に対抗して行くようになることを防ぐために、イギリスは、日本がアジアのどこかへと拡大することを快く容認すべきだ、とまで主張していたのである。それゆえ、日英同盟に対する〔イギリスの〕主な姿勢は、消極的なものであった。この姿勢は、日本はベルリンとの取引を嫌っているわけではないようだ、という噂が動機となっていた。日英同盟に対する姿勢を支える動機には、さらに憂慮すべきものもあった。スエズ以東の海上の安全は、ほぼ完全に日本に依存している、という認識である。日本海軍は、一九一六年までには、イギリスの求めによって、インド洋を哨戒するようにまでなっていたのであった。そして、シュペー小艦隊を極東海域から締め出し、太平洋の制海権を手にしただけにはとどまらなかった。日本海軍は、この戦争期間中の、もう少し後には、日本海軍は、対潜水艦戦のために、一二隻の駆逐艦を地中海へと派遣したのである! 海軍本部は、また、日本から軍艦(特に、巡洋戦艦)を購入することも、時折、試みてみた。だが、こうした試みは、政治的に不可能であることを理由に、そして、日本自身が自国のかなりの権益を守るためにそれらの艦船を必要としているという理由により、常に、丁寧に断られた——こうした日本の応答は、「日本の極東における戦後の意図について」のイギリスの「懸念をさらに増大」させることになった。[37] もちろん、海軍本部と東洋に勤務するすべてのイギリス官僚は、日本への依存を、イギリスの影響力の一時的な失墜であり、戦後になったら回復されるもの、と捉えていた。だが、すでに見てきたように、イギリスの東洋からの撤退は、一九一四年のかなり前から始まっていたのである。[38] 少なくとも一人の研究者によって最近示されている通り、内閣と帝国防衛委員会にとっての真の課題は、「この地域におけるイギリスの永続的な力の低下に伴う外交と戦略」をいかに打ち立てるか、であった。この意味において、この戦争は、触媒というよりも、加速器として機能したのであった。イギリスが、その資源を、ヨーロッパにおける戦いへと注ぎこめば注ぎこむほど、その分、極東におけるイギリスの相対的な立場は弱くなるのであった。たとえドイツに対する勝利が最後に得られたとしても、この地域は、この先、問題でいっぱいになるのであった。

戦争が終盤へと向かうにつれて、さらに大きな憂慮となったのは、アメリカの態度であった。[*39] 世紀転換点における関係改善以降、アメリカのイギリスに対する好感は、いくぶん、冷めていた。また、世紀転換点における関係改善といっても、結局のところ、東海岸に住む社会的上位層に限られたものであった。ドイツの行動と野心が、ワシントンにおいて、大きな猜疑心を持って見られていた、というのは事実である。また、連合国に勝って欲しい、と心から願っていた、というのも、事実である。この願いが、最終的に、一九一七年のアメリカの参戦に結びついたのである。だが、同時に、「旧世界の」政治と秘密外交への嫌悪も存在していたのである。ウィルソン大統領は、西ヨーロッパの民主主義諸国を、汚らわしいドイツ・ウィルヘルム帝国と多くを共有している汚染されているものとみなしており、自らの優れた見識による真の手本とリーダーシップを真似させることによって、浄化しなければならない存在、とみなしていたのであった。海軍の観点において、ウィルソンがもっとも嫌悪していたものは、海上封鎖という、イギリス流のやり方であった。海上封鎖は、アメリカの中立国としての伝統である「公海航行の自由」に、反するものだったからである。皮肉家たちによる後の時代の指摘によれば、「公海航行の自由」は、アメリカ海軍が弱小であった頃、神聖なる原則というところまで、その地位を高められたのであったが、アメリカ海軍が世界最強となると、すぐに忘れられてしまったのであった。だが、一九一四年から一七年にかけては、ウィルソンがあまりに憤慨していたので、イギリス内閣が、嫌がる海軍本部に、厳しい海上封鎖政策を緩和するよう、強要しなければならなかったのだ。アメリカの「大海軍」派の人々は、これらの出来事と、今やアメリカの伝統ともなった将来の両洋戦〔大西洋と太平洋での戦争〕への恐怖を巧みに利用し、「どの国にも勝る海軍」という考え方を受け入れるよう、議会と大統領を説得したのであった。「どの国にも勝る海軍」という目標は、あのティルピッツですら、個人的にはそれを望んでいたものの、公には述べたことのないものであった。アメリカの莫大な工業資源を考慮するならば、この野心は、明らかに、実現可能なものであった。アメリカ海軍は、すでに、終戦の前の段階で、一六隻のドレッドノート級戦艦を保有しており、たくさんの数の、より小型の軍艦を就役させていた（日本、イタリア、フランスの各海軍を合わせた規模に相当するものであった）。アメリカ海軍省は、議会に対して、三九隻のドレッドノート級戦艦と一二隻の巡洋戦艦を、最終的に保有することを求めていた。マーダー教授の言葉を借りれば、このような艦隊は、「最盛期にあった〔イギリス〕大艦隊ですら、ちっぽけに見せるもの」であった。アメリカの艦隊はすべてが新鋭艦であり、これに対して、イギリスの主力艦のほとんどが戦前に建造されたものであることを考慮すれば、これは、なおさらであった。また、シリング教授は、この壮大な計画の真の目標は、「イギリスを、国際連盟という計画に協力させて、アメリカと均等という線で全般的な軍備縮小に協力させることにあった」と主張しているが、この計画が全体として示すように、ベンソン提督のようなイギリス嫌いが、〔イギリスに対して〕決定的な優位を得ようとしていたことは、明らかである。[*40]

ここに、かつて見たこともないような、イギリス海軍の制海権への海軍力による挑戦が存在したのである。挑戦のタイミングは、イギリスにとって最悪なものであった。当時、イギリスは、アメリカに大きな借金があり、肉体的にも心理的にも戦争によって打ちのめされており、巨大なものに膨れ上がっていた防衛費を削減しようと必死だった。歴史上もっとも破壊的な戦争から抜け出した途端、海軍競争が起こりそうな状況であった。そして、海軍競争は、財政上、国内政治上、やっかいなことを引き起こしそうであった。目の前に起こりそうな現実を前に、イギリスの政治家たちと提督たちは、愕然となっていた。だが、やっかいで疑い深いアメリカ人と合意によって何とか折り合いをつけない限り、海軍競争は、現実のものとなりそうであった。このような取引に向けた前兆は、幸先《さいさき》の良いものではなかった。ロイド・ジョージとウィルソンが、「公海航行の自由」という概念をめぐって言い争っていた。その間に、ドイツが求める停戦条件に対して、連合国の回答が作成されていた。そして、平和会議にこのことを持ちこむことが合意できただけであった。ロンドンでの非公式の会話と「パリ海戦」を通して、〔ロイド・ジョージ〕首相は、国際連盟の創設に反対するかもしれない、という強迫まで行い、アメリカ人が、艦隊拡大を縮小するのでない限り、降伏したドイツの戦闘艦隊の大部分について権利を持つ、と主張したのであった。スカーパ〔・フロー〕で〔ドイツ〕大洋艦隊が沈められたことにより、このカードの一枚が失われた。そして、その前の段階において、すでに、ロイド・ジョージは、一九一六年の「どの国にも勝る」基本計画はもとより、一九一八年の追加計画を取りやめるか、大幅に修正するというアメリカ人の約束に、満足の意を表明したのであった。たしかに、内閣もまた、全体として、この妥協に満足を表明したのであったが、これに関わったすべての者たちが、この妥協は最終的な決着ではなく、一時的な休戦である、と認識しており、イギリスの海上での優勢を認めるようアメリカ人を説得することは不可能である、と認識していたことは明らかである。ロイド・ジョージの妥協の背景にあった理由も、同じように明白であった。

イギリスがアメリカ海軍とうまく競争するのに必要なものは、新しい艦船の建造に着手することを可能にするような正常に脈拍を打つ経済であった。すでにアメリカ議会に承認されているドレッドノート級戦艦や巡洋戦艦に匹敵する艦船の建造である。ロイド・ジョージは、このような経済を持たなかった……一九一九年、イギリスの政治家たちと海軍の人々は、イギリス海軍が世界一の海軍と認識されつづけるよう奮闘を重ねていた。だが、これは失敗に終わった。なぜなら、疲れ切った島国の王国は、大陸国家アメリカの莫大な資源に対抗できなかったからだ。つまりは、一九一九年に、トライデント〔海神のシンボルである三つ叉のほこ〕は、イギリスからアメリカへと、静かに引き渡されたのである。[*41]

イギリス帝国は、成功裡に第一次世界大戦から抜け出した。敵は打ち倒され、領土は拡大し、陸軍と海軍が、かつてないほどに強くなって抜け出したのである。だが、イギリス帝国の実際の立場は、「外見として見えるものからは、相当に異なるものであった」[*42]。リデルハートがこのような指摘を行っている。「真の意味での勝利とは、単純に、戦争の後、戦争を行わなかった場合よりも、状況がよくなっていることを指すものである。この意味において、勝利は、結果がすばやく得られる場合か、戦争努力が、経済的に、国家資源〔国力〕と調和する場合にのみ、得られるものなのである[*43]。」この定義を当てはめるならば、イギリスの勝利が真の勝利でなかったことは明らかである。イギリスは、〔この戦争で〕人員と船舶において、耐えがたい喪失を被っており、産業システムと財政システムは痛めつけられて、世界商業の中における立場は、さらに低下し、それまで誰にも挑戦されることのなかった経済上の優位を失った。その結果、今や、アメリカに対抗して、海上支配権を維持できる立場にはなかった。イギリスが望み得るのは、せいぜい、危うい停戦を基盤にした、海軍力における均等くらいであった。

イギリスの伝統的な商業・経済上のリーダーシップ、海軍上のリーダーシップが、失われつつあった中、帝国そのものにも、不吉な前兆が見えるようになっていた。帝国は、イギリスの国力の三番目の枠組みであり、それまでの二世紀の間に、進化してきたものであった。カナダの〔首相〕サー・ロバート・ボーデン（Sir Robert Borden）が一九一二年に宣言したように、「イギリスは、公海の防衛という任務を単独では担えなくなった時」、イギリス帝国に対して、「単独で役割を担い、帝国の外交政策を単独で行うことが、できなく」なったのではないだろうか？ 帝国連邦という概念は、常に、現実というよりは、夢物語であった。そして、その概念は、今や、イギリスが、軍事的、経済的に衰退する中にあって、急速に萎みつつあった。オーストラリアとニュージーランドは、しだいに悲観的になりながらも、未だにイギリス海軍に依存していた。だが、カナダと南アフリカは、いくぶん距離を置いた政策を採るようになることを望んでいた。カナダや南アフリカのイギリスへの偏見は、そういうものがあったとするならば、この戦争によって、ますます強くなったものであった。

他方、「力の経済的な行使」、つまりは、イギリスの伝統的な戦略であった商業的な圧力と、周縁部での攻撃を用いていれば、これらすべては避けられた、とする考え方があるが、このような考え方は、単純に、正しいものではない。[*44] 大規模な大陸での関与に躊躇していれば、ドイツがヨーロッパを支配することになっていたはずであり、その後、イギリスの安全にさらに大きな脅威が発生していたことであろう。二つの悪いものの中からどちらかを選択しなければならないという状況に直面して、ロンドンは、当然ながら、よりましな方を選択したのである。この選択は、おそらくは、正しい選択であっただろう。そうはいうものの、当時のイギリスは、その選択のつけを払わねばならない、という状況に遭遇していたのである。莫大な費用が付随する長期にわたる現代の戦争を戦い得るのは、もっとも豊かで、人口が多く、工業の発達した国々だけである。イギリスのように、人口が少なく、資源の乏しい国は、このような戦争を戦うと、破滅の危機に直面することになるのである。マハンは、かつて、次のように断言していた。「歴史によってはっきりと示されているように、大陸に一筆書きの国境しか持たないような国は、島国と、海軍の発展で張り合うことはできないのである。その島国が、人口が少なく、資源が乏しい国であっても、だ。[*45]」二〇世紀には、大規模な陸軍と大規模な海軍の両方を支え得るだけの豊かさを備えた超大国が登場してきたことにより、マハンの言葉は、もはや、成り立たないこととなった。マッキンダーの方が、はるかに先見性を備えていたことが、判明したのである。だが、このことは、誇り高い人々には何の慰めにもならなかった〔皮肉なことに、マハンはアメリカ人であり、マッキンダーは、イギリス人であった〕。この誇り高き人々は、衰退の可能性に、初めて正面から向き合わされていたのである。

第一〇章　凋落の日々（一九一九―三九年）

この［イギリス流の］政治スタイルがうまくゆくためには、次のような条件に恵まれる必要があった。まずは、安全保障上の有余、そして、目的のための手段を必要十分以上に持っていること、それから、より一層過酷なものとなった当時の現実に適応できるだけの時間的有余、さらには、人間の理性を信じているからこそ犯してしまう間違いや判断ミスによって生じたバランスの傾きを修正できること、などの条件である。だが、残念なことに、当時の状況は、このような有余を許すものではなかった。緊張が、常に存在し、資源は、常に不足しており、世界の力のバランスは、ほとんどの期間、不安定で、時に、決定的に不利なものとなった。

F・S・ノーセッジ（F. S. Northedge）〔イギリスの国際政治学者〕『問題を抱えた巨人（*The Troubled Giant*）』（London, 1966）, p. 622.

イギリスの海軍政策をきちんと理解するためには、イギリスの経済状況について頻繁に言及する必要があり、海軍力の全体像について述べる場合には、特にそのことがいえる。これは、ここまで、本書が、大きなテーマとして訴えてきたことの一つである。なんだかんだいったところで、これは、きわめて明白なことなのである。イギリスの商業が拡大したことと、イギリスが海上において優勢になったことは、相互に関係があり、イギリスの産業革命とパクス・ブリタニカにも相互的な関係がある、ということは歴史的事実であり、ここからはみ出るような矛盾など、ほとんど存在しないのだ。イギリスの海軍力の位置について一六世紀から一九世紀までいえたことは、二〇世紀についてもそのままいえるのである。それまでと異なる点は、二〇世紀になると、経済的な要因がよりさらけ出されて、より支配的になり、より結果を左右することになった、ということである。イギリスの海上覇権が最盛期を迎えていた当時は、片方の手に貿易と産業があり、そして、もう片方の手に海軍があり、この二つは、互いに助け合う関係にあった。それが二〇世紀になると、病んだ経済が、それ以前には存在しなかった防衛費削減を求める国民の声と結びつき、海軍の足を引っ張るようになったのだ。その海軍は、ちょうどこの頃、世界史上最強の海上戦力となったところなのであった。

　一九一九年時点でのイギリス海軍の戦力は、人員四三万八〇〇〇人、主力艦五八隻、巡洋艦一〇三隻、航空母艦一二隻、駆逐艦四五六隻、潜水艦一二二隻[*1]であった。これほどの規模の戦力をその後も維持し得ると考えるほど愚かな提督も、さすがに、いなかったであろう。実際のところ、ドイツの脅威が消滅し、日本やアメリカとの関係は、危険と表現するよりは、未決定と表現する方が、より適切なものであったことを考慮すれば、戦前の戦力や準備状況でさえも、その後の時代に維持することは、難しそうであった。〔ナポレオン戦争後の〕一八一五年以降そうなったように、イギリス海軍は、必然的に、縮小される運命にあったのだ。そうはいうものの、ワーテルロー後の海軍縮小計画と、ヴェルサイユ後の海軍縮小計画には、いくつか決定的な違いが存在した。第一に、〔海軍大臣であったエリック・〕ゲッデス（Eric Geddes）らが加えた「削減《アックス》」は、まったく容赦のないものであり、〔一九世紀に支出削減論者として有名であった〕グラッドストンですら、同じ立場にいたならば、行うことを怯むようなものであった。第二に、一九世紀には、他国との海軍戦力における均等など、まったく考えられないことであり、国際条約によって艦隊に制限を課すことにイギリスが同意するなど、あり得ないことであった。そして、最後に、艦隊の行動力が削減されるような状況にあっても、一八一五年以降の数十年間、イギリスの経済力――とそれに伴う潜在的な海軍力――は、急速に拡大していたのであった。〔歴史家の〕ホブズボームが簡潔に述べているように、「伝統的なヴィクトリア経済は、二つの世界大戦の間に、崩壊したのである。」成長が止まったばかりか、ある期間、実際に縮小していたのだ。[*2] 疲れた巨人は、老いを見せていたのである。

一九二〇年代初頭においてすでに、少なくとも、戦後の人的な好景気が終了するや否や、イギリス経済は、疲労の色を示し始めた。失業率が大きく上昇し、輸出は、ひどい状況となったのである。[*3] 失業率と輸出は、一九二五年以降、さらに悪くなった。〔一九二五年の〕金本位制への復帰時に、金平価が、あまりにも高く設定され過ぎて、イギリスの生産性が追いつかなかったのである。だが、真の恐慌がやってきたのは一九二九年であった。世界全体と一緒に落ちこんだのだ。すでに下降局面にあった伝統産業のすべてが、単純に、失墜したのであった。これらの産業は、かつて、イギリスの経済的なリードの基盤となった産業であり、この当時も、イギリスの輸出の大きな割合を担っていた産業であった。織物生産は、イギリスの輸出の四〇パーセント以上を占めていたが、三分の二が失われた。石炭産業は、輸出の一〇パーセントを占めていたが、五分の一が失われた。造船業は、非常に大きな衝撃を受け、一九三三年の生産量は、戦前の七パーセントにまで落ちこみ、造船業で働いていた人々の六二パーセントが失業者となっていた。鉄鋼生産は、三年で（一九二九年から三二年）、四五パーセント落ちこみ、同じ時期の銑鉄生産の落ちこみは、五三パーセントであった。さらには、これらすべてのケースにおいて、失われたのは輸出貿易であった。外国との競争、関税、不安定な国際金融によって失われたのである。国内消費は、相対的に、高い水準を維持していた。だが、国内の相対的な好調は、収支を維持するのには、役立たなかったのである。戦間期は、多くの新しい産業が誕生した時期でもあったというのは事実である。自動車、電気製品、ガラス、化学、ゴム、プラスチックなどの産業である。だが、これらの産業のほとんどすべては、偶然か、はたまた意図されてか、海外の競争相手と競合しようとするよりも、保護された国内市場に集中する傾向があった。一九一四年以前、イギリスの全生産量の四分の一が輸出へと回されていた。一九三九年には、輸出に回されるのは、八分の一だけとなった。そして、「イギリスの輸出でもっとも多い品目は、世界貿易でもっとも拡大幅が小さい品目ばかりであった」[*4]ことによって、この傾向には、さらに拍車がかかった。それゆえ、イギリスの戦間期の工業生産は、一九三〇年代中盤と後半の回復によって、期間全体を通して見れば、拡大していたものの、輸出額は、一九二七年の数字を一〇〇として見た場合、一九三二年には、六六となり、一九三七年でも、八八にまでしか回復していないのであった。そして、世界貿易においてイギリスの占める割合は、下降の一途をたどっていた。一九一三年には一四・一五パーセントであったものが、一九二九年には一〇・七五パーセントとなり、一九三七年には、九・八パーセントとなったのである。

この、輸出産業の下降は、イギリスにとって、新しい問題ではなかった。すでに見てきた通り、一八七〇年代以降、貿易赤字は、すでに、目に見えて、確実に拡大していたのであった。だが、これは、船積み料、保険料、海外投資から入ってくる莫大な額の貿易外収入によって、常に大部分が相殺されていた。その状況が、今や、成り立たないものとなった。輸出が、相対的ではなく、絶対的に減少したばかりか、ロンドンのシティがその供給源となっていたサービス産業が、世界経済恐慌によって、壊滅させられたのである。これらのサービス産業は、国際貿易が盛んに行われており、繁栄していることに、完全に依存していたからであった。一九二九年以降、工業製品の世界貿易は、三分の一が失われ、一次産品の世界貿易の半分以上が失われた。莫大な量の船積み品がなくなり、船積み料からの収入は、一九二四年の一億四三〇〇万ポンドから、一九三三年の六八〇〇万ポンドへと、急下降したのであった。そして、これ以降、世界の輸送貿易において、イギリスの占める割合が完全に回復することはないのである。一九三八年には、イギリスが世界の商業海運に占める割合は二六パーセントにまで低下した（一九一四年の時点では四一パーセントであった）。ここまで低下した主な理由は、政府からの支援を受けた外国の海運との競合にあった。手数料や金融サービスからの収入も同様に、半分となった。八〇〇〇万ポンド（一九一三年）から四〇〇〇万ポンド（一九三四―三八年）になったのである。なかでも重要なことに、海外投資からの収入は、戦争の後遺症からちょうど立ち直ったばかりであったのだが、一九二九年の二億五〇〇〇万ポンドから一九三二年の一億五〇〇〇万ポンドへと落ちこんだのであった。一年間の総計で、二億五〇〇〇万ポンドあまりの貿易外収入が失われたことにより、イギリスのもっとも重要な「クッション」であったものが、消えてしまったのであった。貿易輸入と貿易外収入が一億四〇〇〇万ポンドという額で大きく赤字に傾いた一九三三年以降、イギリスは、自らのそれまでの貯えで生きることになったのである。年老いた年金生活者でさえ、消費能力がなくなるほど長生きでもしない限り、このような思い切ったやり方を採ることには、躊躇するものである。大国にとって、このような立場は、はるかに深刻なものであった。

しかしながら、輸入される原材料と食糧が大幅に安くなるという貿易における大きな変化によって、この問題の深刻さは、まだ覆い隠されていた。また、自由貿易を止め、帝国特恵関税（Imperial Preference）の制度を設けるという一九三二年の歴史的決断の後、広大な公式帝国もまた、未だに健在であった。また、特別な従属関係にあるいくつかの小国も健在であり、これらの国々は、イギリス製の製品を受け入れるのである――たとえ、イギリスがこれらの国々の一次産品を受け入れるのと引き換えであったとしても、だ。このことと、国内市場への回帰があったので、この時期のイギリスに必要なことであった思い切った構造改革や産業の近代化を図ることなく、安易な道を選択することができるのであった。そうはいうものの、戦間期のイギリスで、経済上の「問題」を知覚しない者など、どこにもいなかったのである。それほど広く認識されていなかったことは、これらのことが、イギリスの、第一の海軍国としての位置にどのような影響を及ぼすのか、ということであった。

現在の視点から見れば、防衛費の思い切った削減は、かなり疑問の残るものである。政治的な観点や、政略的な観点からのみならず、経済的な観点からも、疑問が残るものなのである。一九三〇年代後半のイギリスが示している通り〔ドイツやアメリカに関してみれば、このことは、さらにいえる〕、軍備への多大な投資は、失業率を低下させると同時に、新しい産業や技術への刺激となるのである。だが、一九二〇年代には、政治家たちやエコノミストたちは――ケインズのような少数の急進的な者たちを除いて――おおむね〔経済上の〕自由放任政策《レッセ・フェール・ポリシー》を、頑なに守っていたのであった。第一次世界大戦中には、産業は、政府によって統制され、そのための部署が設けられていたのだが、これらの統制や部署が早急に取り除かれたことに、自由放任政策《レッセ・フェール・ポリシー》を明確に見ることができるのである。自由放任《レッセ・フェール》派の人々にとっては、グラッドストン的な〔一九世紀的な〕考え方である均衡予算が、未だに求められるものであり、それどころか、戦争の結果、ますます必要になったのである。戦争によって、政府の借り入れが増え、国債の発行残高が、一一倍に膨れ上がったからであった。利息の支払いが、総予算の四〇パーセントを占めるようになり、「一九二〇年代初め、物価が下落していたので、借り入れの実質的な負担は……ますます重くなっていた」のであった。[*5]この問題に対する古典的な解決策は単純なものである。政府支出を徹底的に切り詰める、というのがその答えだ。どの部署も、大蔵省の徹底的な施策からは、逃れられなくなるのだ。大蔵省の熱心さは、〔防衛などから社会保障へと〕公的予算の組み換えが行われていたことによって一層加速されたものであった。これは、必然的に勢いづき、実質的な休戦ライン〔限度〕を大きく超えるものとなった。

陸海軍も、予算削減の例外とはならなかった。それどころか、陸海軍は、国民にとっても、政治家たちにとっても、明らかに、予算削減上の最大の標的であった。そうなったのは、ある部分、陸海軍が、戦争の間、政府支出のかなりの部分を消費した、という単純な理由があったからであり、ある部分、イギリスの経済的見通しが暗かったからである。だが、それだけでおしまいではなく、別の要因も働いていたのである。デモクラシーと社会主義が活発になり、とうとう、それらの存在を感じ取ることができるレベルまで来た、という要因である。マハンが唱えたシーパワーが形成される六番目の、そして最後の要素は、賢明な政府の存在であった。海上戦力の重要性を理解し、それをどのように行使すればよいかを理解している政府の存在である。[*6] 歴史を俯瞰してみれば、イギリス海軍の優越的な地位は、平時には、時に危険なほどに低いものになることもあったとはいえ、イギリス海軍は、それまでは、このような歴代政府の恩恵を受けてきた、ということが分かる。コブデンやグラッドストンですら、拡大する軍事費を攻撃はしていたものの、イギリスが制海権を維持する必要性までは、否定しなかったのである。ところが、政治の性格は、それまでの、中産階級的で、自由主義的で、倫理的で、功利主義的なものから、徐々に、別の性格を持つものにとって代わられつつあった。労働者階級の性格である。一八六七年、一八八四年、一九一八年の選挙法改正によって選挙権が拡大したことにより、労働者階級は、経済的な観点においても（労働組合）、政治的な観点においても（労働党）、確実に組織されつつあった。労働者階級の人々と、中産階級下位の多くの人々にとっては、広範な、社会的改革、経済上の改革が、目下の課題なのであった。政治上の論争が、一八九二年から九五年にかけて、そして、一九〇五年から一四年にかけて行われ、自由党を動揺させたのであったが――要するに、大砲かバターか、どちらがより重要か、ということ――これが、ふたたび、闘わされることになるのである。だが、今回は、国内に自由主義帝国主義者たちは存在せず、国外に、フランス＝ロシアの脅威やドイツの脅威が存在しなかったのである。

ここから導き出される必然的な帰結は、一九一九年から三九年までの間に、労働党が二度政権に就き、自由党の崩壊をもたらしたものの、プロレタリアートが自ら統治することを示唆するものではなかった。これは、労働党のリーダーたちが、十分に謙虚であり、自分たちで完全なる社会主義を打ち建てるほどの自信を持っておらず、保守党のリーダーたちが、十分な洞察力を持ち、有権者にもっと魅力的な選択肢を示すことができると、未だに考えていたからなのであった。そうはいうものの、一九二〇年代は、イギリスの政治が、貴族たち、田舎の大地主たち、商業界の大物たちという限られた人々によって決められていた長い時代の真の終わりなのであった。彼らは、大衆の意見をほとんど顧みることなく「国益」を主張し、多くの場合、国益を擁護する意図を熱心に示し、必要とあらば、力の行使にも躊躇しないのであった。そして、一九二〇年代は、政府が成功するか失敗するかは、他の何よりも、社会制度の改善――年金、保険、保健、教育などの改善――について国民の多くがどのように思っているのかによって決まる、という時代の真の始まりであった。保守党は、政権を維持しようとするならば、直接的に、これらの要望に応えなければならないのであった。そして、このことは、陸海空軍に対する、政府の優先度が大きく変わる、ということを意味した。経済的に余裕のある政治ならびに社会のエリートは、世界の中におけるイギリスの役割に関心を向ける余裕を持っていたのであったが、マッキンダーが一九一九年に観察していたように、デモクラシーは、「防衛上、それが差し迫ったものになるまで、そして、ならない限り、戦略的に考えることを拒む」のであった。[*7]

こうした展開の結果どうなるのかは、予測できるものであった。社会制度費は、一九一三―一四年度予算では、総額で、四一五〇万ポンドであったものが、一九二一―二二年度予算では、二億三四〇〇万ポンドになり、不況時の一九三三―三四年度には、二億七二五〇万ポンドにまで達したのであった。[*8]国債の償還という過重な重荷と、ますます上昇する社会保障費にサンドイッチにされて、陸海空軍は、経費削減について、かつてないほどの圧力に晒されていた。戦争の直前（一九一三―一四年度）、政府の支出は、合計で一億九七〇〇万ポンドであった。この内、五〇〇〇万ポンドが海軍に行き、三五〇〇万ポンドが陸軍に行っていた。だが、一九三二年には、コストが大幅に上昇していたにもかかわらず、陸海軍への支出は一九一三年の時点とほぼ同額である一方、政府支出の合計額は、八億五九〇〇万ポンドに達していた。別のいいかたをすれば、戦前、イギリス海軍には、政府支出の合計額の二五パーセントが割り当てられていたが、不況が直撃した頃になると、この数字は、わずか六パーセントとなった。[*9]このことは、政治家たちの意識の中で、海軍の位置がどれだけ低下していたのかの尺度ともなるのであった。

さらに、この時期、国民の陸海空軍に対する態度がとりわけ敵対的であった理由が、さらにもう一つ存在した。第一次世界大戦が、国全体に加えた心理的な傷である。イギリスの人々は、ほぼ一致した情熱と感情で、戦争という概念に反旗を翻し、賢者たちが――政治家たち、歴史家たち、政治評論家たちが――戦争の源であると主張した、ありとあらゆるもの――軍備競争、秘密外交、軍事協約、帝国主義――に反旗を翻したのであった。民主的統制連合（The Union of Democratic Control）などの団体による反戦感情は、戦時においては、ほとんど影響力を持たなかった。それが今や、「資本主義的帝国主義」の性質についてのマルクス主義者たちの見解の広まりや、さらには、第一次世界大戦が多大な犠牲を生み、ほとんど利益をもたらさなかったという広範な認識によって強化され、反戦感情は、国民の間で、広く受け入れられるようになったのであった。中産階級ですら、労働党政権という考え方には懸念を持っていたものの、当時の文学作品が描いた、恐ろしく、無意味であるという戦争像には、完全に同意していたのである。〔エドマンド.〕ブランデン（Edmund Blunden）の『大戦微韻（Undertones of War）』、〔ロバート.〕グレーヴス（Robert Graves）の『さらば古きものよ（Goodbye to all That）』[*10]、〔ウィルフレッド.〕オーエン（Wilfred Owen）の『戦争詩集（Poems）』などの作品である。[*11]「もう、戦争はごめんだ」というのが、一致した要求であった。

このような国民の感情と、それに機敏に反応した政治家たちに対して、将軍たちと提督たちは、ほとんど何もできなかった。一九一八年の停戦は、すべての戦いを停止させるという意味に解釈された。ヘンリー・ウィルソンがどんな抗議をしたところで、ボルシェビキに対する作戦は、すぐさま停止しなければならなかったし、アイルランドでの戦争は、止めなければならなかった。莫大な規模の海外権益や海外関与について見ても、それらに関連して、本国が戦争に関与することは許されなかった上、多大な防衛費を費やすことも許されないのであった。結局のところ、広範な自制が行われ、それらの権益に関して、心配してはならなかったのであった。第一次世界大戦は「すべての戦争を終わらすための戦争だったのではなかったのか」？　といわれたのである。今や、新しく創設された国際連盟が、あらゆる侵略を防ぎ、あらゆる事柄を解決する、とされたのである。このような状況において、重武装の負担によって、経済をさらに悪化させるような主張など、行い得たであろうか？　そんなことを行おうものなら、時代遅れの権力政治を自ら表明するような恥ずべき輩、としてしか、みなされなかったであろう。

この点をさらに掘り下げていくのは、無駄であろう。戦間期のイギリスの政治家たちは、近年のイギリス史の中では、もっとも批判を受けている者たちである。陸海軍を、急いで、極端なまでに切り詰め、世界情勢の不愉快な現実をめぐって国民と対峙することを忌避した結果、〔第二次世界大戦初期の戦いにおける敗北という〕ひどい結末を迎えることになるからである。だが、後知恵としてだったら、何だって述べられるのだ。道徳的勧告や、さらには、制裁によって、戦争を防げたはずはない、とか、多くの大国が参加していない国際連盟など、どのみち失敗に終わったはずだ、とか、あれだけ小規模の軍隊でイギリス帝国全体を防衛できると考えるなど、アホか、まったくの自己過信でしかない、とか何とか、何でも述べられるのである。だが、当時の政治家たちは、後知恵という恩恵を受けることもできなかったし、彼らが、自分たちが選択した以外の別の有効な選択肢があるとは考えていなかった、という点は、事実として残るのである。結局のところ、彼らの目標は、政権を維持することにしかなかったのだ。たとえ、これ以上状況を悪化させないためであったとしても、それが目標であったのだ。当時、大蔵大臣であったスタンレー・ボールドウィンが、一九二三年、支出をさらに削減する必要がある、と次のように警告している。さもなければ、こうなるだろう、と〔軍を〕脅迫していたのだ。

必然的に、税率が、現在のものに近い水準（一ポンド〔二〇シリング〕に対して五シリング）にとどまりつづけることになりましょう。そうなったら、現政権は、他の政権に簡単にとって代わられるようになるかもしれません。軍に対して、現政権ほどの敬意は持たないような政権に、です。[*12]

このロジックに対して、有効な回答はないように思われた。

やがて分かってきたことは、戦争中の明らかに印象的ではない働きぶりにもかかわらず、この財政削減運動において、海軍の方が陸軍よりも、まだましな状況にあった、ということである。だが、これもまた、陸軍に対する国を挙げた嫌悪があったからなのであった。塹壕での、四年間に及ぶ、大量殺戮への反感である。フランダース地方における介入は、とんでもない過ちであった、と広く主張されたのであった。イギリスが戦争を行うに際しての、かつての、より賢いやり方の間違った否定であり、逸脱である、と主張されたのだ。今後は、このような過ちを二度と繰りかえしてはならない、とされたのであった。それゆえ、陸軍は、ヴィクトリア期の規模と機能へと、立ち返ることとなった。ふたたび、帝国の警察部隊となったのである。東ヨーロッパへの軍事的介入、さらには、フランスへの軍事的介入も、絶対に、回避しなければならない、のであった。だが、海軍は、ヨーロッパ大陸に関与することはできない、とされたものの、少なくとも、帝国各地の拠点や帝国各地を結ぶ航路は、ある程度の護衛を必要としている、という十分な声が、海軍に対して存在していた。ミルナー、カーゾン、アメリー、スマッツ、チャーチルのような帝国主義者にとって、このような考え方が全面に出てきたことは、まったく自然なことであった。

そのような状況にはあったものの、海軍力の縮小は、とても厳しく行われた。一九一九年八月、陸海軍は、「イギリス帝国が、今後一〇年間、いかなる大きな戦争にも関与することがない、という想定の下で」計画を策定せよ、という指示――現在では〔「一〇年ルール」として〕悪名高いものであるが、実際、きわめて予言的なものであった――を受けた。当然、このような想定の下では、きわめて厳しい削減が可能であり、そし

1918-19	356（100万ポンド）
1919-20	188
1920-21	112
1921	80
1922	56
1923	52

て、大蔵省からの継続的な催促の下で、実際に行われた。一九一八年から二三年までの実際の海軍への割り当ては、上表の通りである。[*13]

この縮小の速度は、海軍本部にとって、本当に、驚くような速さであった。戦争の期間を通して、海軍本部は、制海権を維持するという、重要な責務を認識していた。そして、すでに見てきたように、海軍本部は、戦争の終わりの方になって、アメリカ海軍の興隆について、だんだんと懸念するようになっていた。それゆえ、一九一九年七月までには、海軍本部は、多くの艦船建造契約をキャンセルしたにもかかわらず、戦後に向けた、気前のよい計画も策定したのであった。三三隻の戦艦、八隻の巡洋戦艦、六〇隻の巡洋艦、三五二隻の駆逐艦からなる海軍の計画であり、年度毎の予算の総額は、一億七一〇〇万ポンドに達するものであった。この望みは、スカーパ・フローでドイツの艦隊が沈められ、英米の海軍競争に静かな「停戦」が行われ、一〇年ルールが導入された、ということが合わさって、魚雷で沈められた。これを受けて、内閣は、海軍本部に、一九二〇―二一年度予算を、最大でも、六〇〇〇万ポンドで抑えるように指示したのであった。この要求は、不可能であることが分かったものの、一九二〇年三月までには、八四五〇万ポンドまで緩和された予算が、海軍大臣によって要求され、大蔵省と国民の寛大さの珍しい発露か、忘れっぽさによって、ほとんど意見もなしに、認められた。すでに、イギリス海軍の人員、艦船の能力、年度予算による実際の購買力は、戦争直前に比べて、小さなものとなっていた。また――この点は、海軍上層部にとって、中でも、最大の懸念事項であった――巡洋戦艦フッド（HMS Hood）を除けば、建造中の新鋭の主力艦が存在しなかった一方、数年以内に、アメリカは一二隻、日本は八隻の新鋭主力艦を持つことになるのであった。
世界第三位まで下がる艦隊を率いることになるという見通しは、ビィーティーとその同僚たちを刺激し、今後二年間で、八隻の大型戦艦を起工し、新しい、もしくは、他艦種から改装した航空母艦を複数保有することを求め、八四〇〇万ポンドの予算要求となった。海軍本部の戦略上の立場は非常に明快なものであったので、彼らの見解が全般的に認められる可能性は、それなりに存在した。実際、〔政府と海軍の両方からそれぞれの代表が出席し、政府側が優位にある〕海軍本部委員会は、もしそれを行ったらヨーロッパ外の海域での制海権を失うことになる、という〔海軍からの〕強い抗議の中で、〔予算を圧縮せよとの政府からの〕諸指示を、かろうじて認めたのであった。海軍側の主張は、明らかに、浸透しつつあった。だが、そんな中、さらに過酷な運命が彼らを襲ったのだ。あるいは、そのように、イギリスの海軍主義者たちには見えた。〔アメリカの〕ハーディング大統領が、経済を重視する自らの取り巻きたちの圧力を受けて、列強を、海軍軍縮と極東問題の話し合いを行うためのワシントンでの会議に招待したのである。

　ワシントン会議や、その準備段階での詳細なやり取りは、ここでは言及する必要はないであろう。[14][15] しかしながら、ワシントン会議の結論――と海軍に関するイギリスへの影響――は、最大限の重要性を持つものであった。第一に、主力艦に関する諸条項があった。（わずかな数の例外を除いて）すべての建艦は停止しなければならなかった。そして、イギリスとアメリカの両海軍は、それぞれ五二万五〇〇〇トン、日本海軍は三一万五〇〇〇トン、フランスとイタリアの海軍は、それぞれ一七万五〇〇〇トンの主力艦[16]しか保有してはならず、この目標を達成するため、いくつかの古い艦船を廃棄しなければならないのであった。さらに、代替に関しては、一〇年間の「海軍休日（naval holiday）」が定められ、艦艇の大きさや艦齢に関する厳しい規定が設けられた。同様の規定は、航空母艦に関しても設けられたが、より小さいクラスの水上艦艇〔巡洋艦（一万トン以下）を初めとする各種艦艇〕に関する規定や、潜水艦に関する規定は設けられなかった。同時に、アメリカ人のターゲットにされていた日英同盟は解消されることになった。もっとも、このことは、四カ国条約（イギリス、アメリカ、日本、フランス）によって、部分的に、覆い隠された。[*17] 四カ国条約は、太平洋と極東におけるそれぞれの領土を互いに尊重するためのものであった。ここに加えられたのが、列強のこの地域における要塞化を禁じた規定であった。シンガポールやハワイなど、わずかな例外だけが認められた。[*18]

これらの条項は、その多くが、アメリカを起源とするものであったが、イギリス政府も、これらを喜んで受け入れたのである。海軍本部は、これに激しく抗議したものの、押さえこまれた。イギリスの海洋における伝統に浸っていた者たちにとって、二つの点が、特に、のどに引っかかるものであった。イギリス海軍は、ここ数世紀の間では初めて、海上覇権ではなく、他国との均等で満足することになったのである。そして、自らの防衛上の必要性からではなく、国際条約によって、自らの海軍力を規定するようになったのだ。アドルフ・ヒトラーが『我が闘争』の中で、やがて近い将来、「ブリタニア　大海原を統治せよ！」[*19]という歌詞は、「北軍〔アメリカ〕の海」にとって代わられるだろう、と述べているが、国際政治において、これを述べるのに、彼以上にふさわしい者もいないであろう〔皮肉を含む表現〕。[*20] そして、ここに、〔巡洋戦艦〕フッドと、ネルソンとロドニーという二隻の新しい「条約型」の戦艦を除いては、一五年に及ぶ主力艦建艦のギャップ〔主力艦を建艦しない期間〕が実際に生じることになる、という現実が存在したのであった。このことは、技術、訓練、士気の上で有害だっただけでなく、造船業にとっても、有害なものであった。すでに、ビィーティーがこのような警告を発していた。技術を持った職人たちが、造船所を離れている。一〇年後には代替艦を建造しなくてはならないのだが、その時になったら、これらの艦をすばやく建造することは、不可能になっていることだろう、と。さらにいえば、主力艦の数と大きさと艦齢には、制限が課されたのであったが、潜水艦は――戦争の間、潜水艦はイギリス海軍の禍《わざわい》のもとであった――これらの制限を全部逃れた。潜水艦の使用法についても、制限は行われなかった。フランス人が強固に反対したからである。

極東におけるイギリスに対する影響も、不吉さを予感させるものであった。一九一九年、単一の帝国海軍を築こうという海軍本部の最後の試みが自治領諸国によって退けられたことを受けて、ジェリコは、太平洋と極東を回り、この地域の将来の海軍戦略についてのリポートを作成した。このリポートの様々な提案の中で、もっとも重要なものは、大規模な極東艦隊の創設であった。[*21] この艦隊は、シンガポールに新しく造ることになる海軍基地を拠点に、八隻の戦艦、八隻の巡洋戦艦、四隻の航空母艦、一〇隻の巡洋艦、四三隻の駆逐艦から成る艦隊であった。この艦隊は、その維持費だけでも、年額で、二〇〇〇万ポンドに達するものであった（イギリス本国と各自治領の間で分割し、本国がその七一パーセントを支払うこととされていた）。この提案がそのまま受け入れられる可能性は、間違いなく、ゼロであった。自治領各国は、貢献費として要求された金額のあまりの大きさに、あっけにとられた（それでも、本国に比べれば小さい）。そして、イギリスの世論は陸海軍に対して態度を硬化させ、海軍本部は、この提案を承認することを拒絶した。だが、ジェリコのリポートが完全に効力を奪われたのは、ワシントン会議の各条項によって、であった。これ以降イギリス海軍が保有を許された主力艦は、わずか一二隻であった。そして、その多くは予備に組み入れられ、残りは、大西洋艦隊と地中海艦隊を編成するのに必要であった。シンガポール海軍基地に配備される主力艦は、一隻もなかった。さらには、ジェリコの計画が〔経済状況や政治状況を〕楽観視し過ぎたものであり、太平洋や極東における帝国防衛が、イギリスの海軍力に頼るものではなくなってから時間が経っていたのは、たしかにその通りであったものの、〔太平洋や極東の〕帝国は、それまでの二〇年間は、少なくとも、日本との友好関係によって防衛されていたのである。ベロッフ教授が述べているように、ここから先「イギリスは、互いの利益や相対的な力関係に基盤を置いた日英同盟ではなく、新しいシステムの中に入り、このシステムがどう機能するのかは、主に、アメリカの民主主義の予測のつかない変化や気まぐれに依存するものであった」のだ。[*22] アメリカの孤立主義や、アメリカが、しばしば、反英気質や反帝国気質をあからさまにすることを考慮に入れるならば、このことは、決して、勇気づけられるような方向への変化ではなかった。

では、なぜ、イギリス政府は、これを、喜んで受け入れたのであろうか？　これは、部分的には、カナダと南アフリカが、一九二一年の帝国会議において、英米間のいかなる懸案も、除去するよう圧力をかけたからなのであった。そして、部分的には、内閣が、外交関係について、より楽観的であったからなのであった。提督たちと将軍たちは、そう訓練されることにより、最悪を想定する傾向を持つのである。これに対して、政治家たちは、最善を望むものなのである。政治家たちは、イギリスとアメリカの間には、直接的な利害の衝突はない、とみなすことができるのであった。部分的には、〔歴史家の〕マイケル・ハワードが、「倹約的で平和友好的な有権者たちの、激しい、脅迫的な息遣い」と見事に表現したものを、政治家たちが、さらに鋭く知覚していたからなのであった。[*23]　そして、また、部分的には、経済状況が、急速に、悪化していたからなのであった。戦争直後の好景気は、弾けてしまっていた。失業者の数は、二〇〇万人を超える水準に達していた。大蔵省は、通常の経費（すなわち、議会の承認を必要とする省庁の経費）から、一億七五〇〇万ポンド切り詰める対象を見つけることを要求していたのだった。陸海空軍の出費についての調査を行うために新しく設置されたゲッデス委員会（The Geddes Committee）が、大蔵省のやり方を完全に採用することを強く求めていたのであった。あらかじめ割り当てられる予算額を定め、その額の中でどうやりくりするのかを、各軍に任せるというやり方である。イギリスとその帝国の防衛に必要な額から予算を算出するという陸海軍のやり方からは、完全なる転換であった。[*24]　こうした状況下では、たとえワシントン会議が解こうとした極東の難問がなかったとしても、海軍は、拡大しようがなかっただろう。

だが、最大の理由は、もちろん、英米の海軍競争に対する、こびりついた恐怖心であった。その費用がどれほどのものとなるかは、計算できないほどであった。当時の状況を考えるならば、その予算は、一九一四年以前のドイツに対する競争に比べて、はるかに大きな負担となりそうであった。国民は、重い税の負担を背負うことになり、社会保障が大幅に削減されることを知ったならば、激怒したことであろう。その怒りがどれほどのものとなるのか、誰にも予測のつかないことであった。だが、国内で起こり得る不幸としては、少なくとも、選挙での敗北は、確実であった。いずれにせよ、アメリカが「どの国にも勝る海軍」を本気で目指しているのであれば、イギリスがアメリカ人と永続的に競争するなど、不可能であった。ロイド・ジョージは、アメリカ人と真っ向から競争することは、ことによったら、〔第一次世界大戦への参戦を決めた〕一九一四年八月の決断よりも、大きな決断であるかもしれない、として、「わが国は、世界最大の資源を持つ国と対峙することになるのだ」[*25]と、警告していた。アメリカから戦時借款の返済を迫られることによってさらに促進される、イギリスの最終的な財政破綻は、もう一つの選択肢と比べるならば、まだましであった。アメリカとの戦争である。アメリカとの戦争において、イギリスに勝ち目はないのであった。アメリカとの戦争について、内閣は、「恐ろしい」「身の毛もよだつ」「想像もつかない」ものであると、一致していた。そんな中、ワシントンから、渡りに船とばかりに、海軍軍縮条約の申し出が来たのである。この申し出は、太平洋と極東における国際的な善意と協調という、かなり曖昧な枠組みを基礎としたものであったとはいえ、魅力的なものであった。これらすべてを考慮に入れると、イギリスが、最終的に、喜んで、日本との同盟を終焉させ、アメリカと海軍力において均等となる条約を結んだことは、納得させられるところである。結局のところ、このことは、イギリスの実際の弱さを、覆い隠す役割を果たしたのであった。〔海軍軍縮を行うという〕会議の諸決定に対するアメリカの「大海軍」主義者たちの激しい怒りについて考慮すると、イギリス内閣の判断の背景にあった主張の重みが、一層際立ってくるのである。ある推定によれば、アメリカの建艦計画が実現していた場合、アメリカ海軍は、一一一万八六五〇トンを保有することになり、これに対してイギリス海軍は八八万四一一〇トン、となるのであった。[*26]

ワシントン会議は、公共支出に対する国内での強い経済的な要請と相まって、戦間期の海軍に対して、財政的な制限――そして、それに伴う戦略上の制限――を確立したのである。幸いなことに、一九二〇年代においては、この制限の影響は、国際関係が好ましい状態にあったために、それほど有害なものではなかった。そして、このことが、一〇年ルールの背景にあった判断を、正当化しているように思われていた。極東において、日本はおとなしかった。日本よりも注意が注がれていたのは、中国国民党の排外主義であった。イタリアも、一九二三年にコルフ島事件で力を激しく行使したことを除けば、平和に脅威を及ぼすことはなかった。ドイツ艦隊は、スカーパ・フローで沈められ、ヴェルサイユ条約による制限が存在したので、もはや、問題ではなかった。そして、これにより、海軍本部は、ついに、北海からしばらくの間、目を離すことができたのである。ロシアに対する作戦は、一九二〇年にすでにあきらめていた。そして、共産主義の指導者層は、国内の問題に忙殺されていた。中東は、一九二三年にトルコとローザンヌ条約が結ばれた後は、静かなようであった。フランスは、敗北したドイツに対して、かなり強い姿勢を見せていた。そして、このことが、国際貿易、財政協力、また、それらの結果として、パリに対するイギリス人の見方に影響を及ぼすものであった。だが、この古くからの憎悪も、一九二五年に、ラインラントの不可侵を保証するためのロカルノ条約が結ばれると、最終的に解決したように思われた。ドイツが国際連盟に加入し、軍備縮小と戦争賠償の話し合いがつづけられ、パリ不戦条約（一九二八年）として知られる条約締結のお祭り騒ぎがあり、明るい未来が開けてきたように思われた。不戦条約において、列強の多くは、政治の手段としての戦争を自発的に放棄したのであった。[*27]

おそらくは、状況が比較的静穏であったために、海軍領域における一つの問題が際立って見えていた。その問題とは、英米間のライバル関係の継続であり、今回、その対象は、巡洋艦であった。[*28] 巡洋艦に何らかの規制を課すことになるのであるとすれば、イギリスは、貿易の護衛のために、主に小型の巡洋艦を多数（七〇隻）保有できることを望んでいた。一方、アメリカの戦略は、主に大型の巡洋艦を数少なく（五〇隻）建造しようというものであった。ロンドン海軍軍縮会議（一九三〇年）において、イギリスは、労働党政権によって、その立場を捨てた。労働党政権は、財政を、もっとも重視していたのだった。フランスとイタリアの両政府は、ロンドン海軍軍縮条約の批准から撤退したものの、ロンドン海軍軍縮条約は、イギリスの海軍軍縮政策のピーク点であったとみなすことができるものである。もっとも、海軍予算そのものは、不況期にあった一九三一―三二年には、さらに縮小した。イギリス海軍の巡洋艦と駆逐艦に対する計画は、一九二〇年代に、すでに、強い財政上の圧力による影響を受けていたが、これが今や、条約によって厳格な規制を受けることになったのであった。もっとも、潜水艦の数に規制を課すことに関しては、失敗がつづいていた。戦艦の建艦の「休日」については、さらに五年間延長された。イギリスとアメリカの主力艦の数は、それぞれ一五隻に減ったのであった。シンガポール海軍基地の建設は、ジェリコによって一九一九年に提案されて、一九二〇年代初頭、本腰を入れずに始まっていたものの、ふたたび延期されていた。[*29] 一〇年ルールは、大蔵省の主張により、今では、後ろに延ばされていた〔その時点から一〇年間は大きな戦争はないという想定の下で、すべての政策を立案するということ〕。このような状況すべてに対して、海軍本部ができることは、その声が顧みられるみこみのない抗議をすることだけであった。ビィーティーが海軍本部を去った後、政治家たちに対して、効力のある抵抗は、不可能になっていた。しかしながら、海軍本部は、国民に対して、次のような全般的な警告を発し、これは、ある部分、自分たちを納得させるためのものであった。

> こうした予算を準備するに際して、われわれの胸に常にあったことは、全般として、平穏な海軍情勢がつづいている、ということであった。そして、重要な仕事の多くは、完全に延期にされるか、ゆっくりと行うことになったのであった。長い平和がつづいていって欲しいという期待だけが、その理由付けであった。[*30]

このような状況にあって、海軍は、実際に、戦前の配備に戻ることが可能であった。大西洋艦隊は、最初一四隻の主力艦によって編成されており、その数は、すぐに六隻にまで減らされたのであったが、本国海域にとどまったままであった。海軍本部は、議論の多かった一九一二年の配備見直しを覆し、六隻の戦艦から成る地中海艦隊を創設した。大西洋艦隊も、地中海艦隊も、巡洋艦、駆逐艦、潜水艦小艦隊の支援を受けるものであった。パクス・ブリタニカの時代へのさらなる立ち返りは、巡洋艦小艦隊が、西インド、北アメリカ、南アメリカ、ケープ、東インド、中国の各拠点に置かれたことであった。だが、ここでも、南アメリカ小艦隊が、財政事情によって撤退となり、他の拠点でも、艦船の数が減らされた。そうはいうものの、武装や艦船のデザインが明らかに異なることを除けば、一九二〇年代の海軍政策と一九世紀なかばの海軍政策に違いを見出すことは、難しい。「旗を掲げること〔国力の誇示〕」が、ふたたび、艦隊の主要な役割となったのである。そして、巨大な巡洋戦艦フッドの生涯において、一九二三―二四年に世界巡行を行った際のお祭り騒ぎが、最大の見せ場であったと述べることは、決して言い過ぎではないであろう[*31]。一九二〇年代には、中国海域の小艦隊は、時折、より深刻な状況に直面していた。だが、この地域の西洋の権益を海軍力によって擁護することは、決して、新規の活動とはみなされていなかったのである。

　こうした「平穏な」日々は、実質上、陸海軍が享受できた最後のものであった。このことによって当時のイギリス政府は、そしてその経済上や戦略上の助言者たちは、後世から、簡単に批判される的となっている。しかしながら、その後、あれほど時代が急速に変化することになると予測するには、ほとんどあり得ないほどの賢明さと洞察力を備えた予言者が必要であっただろう。そして、イギリス帝国に対して、たくさんの脅威が同時に起こった当時は、イギリスの防衛が最弱の時であり、国民の目が、国内の状況に集中している時であった。おそらく、政府の最大の失敗は、不運だったことである。そして、不運さは、しばしば、政治において、致命傷となるのだ。また、他方、後世から批判する者たちは、間違いなく、民主主義の政府にとって、その進路をすばやく変えることがどれほど難しいことなのかを、見落としているのである。仮に進路を変え得たとしても、防衛費の拡大が不人気な中、それを断行する必要があったのだ。イギリスの平和的思考を他国も共有しているわけではないということは、最後ギリギリになるまで、顧みられなかったのであった。そして、当時も、他国は、イギリスが行ったほどには軍縮を行っていない、ということは、良く知られていたのだ。極東においても、たしかに、シンガポール海軍基地計画が存在し、その計画では、有事の際、六〇日以内に艦隊が送られることにはなっていたものの、ホワイトホールは、日本が攻撃を仕かけてくることはないだろう、という希望的観測に、単に依存しているだけであった。[*32]ヨーロッパについて、不愉快な出来事や関与を避けようという希望は、より熟慮された上でのものであった。一九一九年、マッキンダーは、彼の元の主題に立ち返り、東ヨーロッパに「緩衝」諸国を築き、これらの諸国を援助するよう、連合国を説くようになっていた。ふたたび大陸を支配しようなどという気をドイツに起こさせないようにするのがその目的であった。マッキンダーは、「連盟が試される」のは、「大陸のハートランドにおいてである」と警告していた。[*33]ヒトラーやハウスホーファーのようなナチスの地政学者たちは、マッキンダーの考え方を熱心に取り上げていたが、イギリス政府は、これに注意を払わず、大陸関与という考え方に対しては、それが如何なるものであろうとも、距離を置いていた。オースティン・チェンバレンは、一九二五年のロカルノ条約の交渉過程において、ポーランド回廊について、軽率な主張を行っていた。ポーランド回廊は、イギリス人戦士たちの骨〔命〕を懸ける対象ではない、と主張したのである。この歴史的なほのめかしは、〔ドイツのポーランド侵攻につながることで〕最終的に、チェンバレンがそれを拝借したであろうビスマルクのオリジナルの言葉と同様に、間違いであったことが判明することになるのだ。[*34]国境の修正とヴェルサイユの賠償上告にもかかわらず、ドイツは、ほとんど無傷であった。そして、A・J・P・テイラーが述べているように、ヴェルサイユ条約がちゃんと履行されるかどうかは、基本的に、ドイツの善意しだいなのであった。[*35] ドイツの、中央にあるというその位置、大きな人口、莫大な産業資源は、拡張主義的な政治家たちによって利用されたならば、ふたたび、ヨーロッパの支配へと向かうことになるのだ。このようなドイツの動きが起こったならば、ロンドンによる孤立主義的で、〔ヨーロッパよりも〕帝国重視で、平和的な外交政策は、悲劇を生み出すための単純な条件となるのであった。戦車の構造と戦車を用いた戦略の新しい発展によって、陸上兵力が、さらなる機動力を身に付けて、以前に比べて突破力が増す状況では、特にそうなるのである。

だが、もしドイツの陸軍力が、イギリスの伝統的な海上を基盤にした政策にとって未だに脅威であったとするならば、その脅威は、はっきりしないものであった。しかしながら、当時、イギリスにとって、はるかに大きな脅威が拡大しつつあったのだ。そして、多くの観察者たちが、海上を基盤にした国力の時代は終焉に向かいつつある、ということを確信するようになっていたのである。航空母艦の時代、そして、エアパワーの時代が到来したのである。

エアパワーが、陸海という二つの伝統的な兵力の領域を侵し始めたのはいつか、正確に述べることは困難である。だが、人類が飛行をするようになった初期の段階においてすでに、やがて航空機が、偵察任務や攻撃任務を通じて、陸軍作戦や海軍作戦に、多大な影響を与えることになるだろう、と認識されていたのである。アメリーは、一九〇四年、（第七章で見たように）マッキンダーの考え方にコメントする中において、エアパワーは、そのうち、国家の兵力の重要な一部になり、大規模な産業資源を必要とするものになるだろう、と予測していたのである。フィッシャーも同様に、その並はずれた洞察力によって、この新しい発明が、やがて、戦争に革命を起こすであろう、とみなしていたのであった。しかしながら、その変化がどれほどのものになるのか認識されるのは、第一次世界大戦が勃発してからしばらく経って、ようやくなのであった。陸軍の場合と同様に、海軍が最初に用いた飛行機——と、用いられなくなるまでの飛行船——は、本国防衛のためのものを除けば、偵察目的のものであった。ユトランド沖海戦において、イギリス艦隊に敵飛行船がほとんど絶えず纏わりついていたことによって、海軍本部は、この点においてどれだけ遅れているのかという不愉快な事実を思い知らされた。戦争が終わるまでに、より良い航空機を入手し、航空母艦戦力を築き、攻撃作戦を履行するための方策が講じられることとなった。だが、進歩の速度は、劇的なものとはならず、多くの海軍上級士官たちは、航空機を、役に立たないものとみなすか、たとえ評価したとしても、主力艦に次ぐ重要性を持つもの、とみなすのが、せいぜいであった。たしかにいえることは、この、未だに脆弱で信頼性の低い空飛ぶ機械が、戦闘艦隊にとって脅威となる、とはみなさなかったということである。[*36]

だが、一九一九年までには、〔航空機から海軍への〕挑戦が始まり、海軍も、海軍自体が、様々に影響を受けた。まずは、海軍航空隊と陸軍航空隊が、一九一八年四月、イギリス空軍として統合された。これは、今や、防衛費をめぐる競争に加わる、第三の独立した軍が誕生したということを意味するものであった。イギリス空軍は、金のかからない組織ではなかった。主に西部戦線に沿って航空兵力を拡張させたことにより、終戦までには、イギリス空軍は、二万機以上の航空機と二九万人以上の人員を擁することになり、これを維持するのに必要な予算は、日額で、一〇〇万ポンドかかっていた。古いタイプの提督たちと将軍たちは、停戦が結ばれた後、イギリス空軍が解体されて、元の状態に戻されることを期待していたが、彼らは、空軍を独立した軍として存続させると政府が決めた時、不愉快なショックを味わわされた。当然ながら、この決定と軌を一にするようにして、航空戦力に熱意を持つ者たちは、彼らの新しい兵力は、それまでの戦争のやり方を時代遅れなものにする、と主張していた。一九一七年の帝国戦時内閣の特別小委員会は、このような言葉遣いで述べている。

そう遠くない将来、敵の国土を破壊し、工業と人口の集積する場所を大規模に破壊する航空作戦が、戦争の主要な作戦となることであろう。そうなったら、古い形態である陸軍作戦や海軍作戦は、あまり重要ではない、副次的な作戦となるであろう。[*37]

このようなエアパワーの理論――参戦国の本土深くを攻撃する独立した戦略兵力――は、イギリスの政治家たちによって受け入れられた。政治家たちは、すでに、ツェッペリンの攻撃に対する国民の心配に強く影響され、陸軍作戦の莫大な犠牲を懸念しており、見栄えのしないシーパワーの働きに対して、多くの場合、無知であった。航空兵力による抑止は安くつくものになるかもしれない、という新たな期待も存在した。そして、政治的には、ヨーロッパにおける将来の侵略を防ぐための、より魅力的な選択肢なのであった。遠征軍の代わりに、爆撃機を保有すれば、爆撃機は、イギリスの外に置いておく必要がなく、イギリスの外で、固定されて、呼び戻すこともかなり難しい、というものではないのだ。

海軍にとって同じくらい大きな挑戦となったのは、エアパワーの主唱者たちが、爆撃機によって大型軍艦は時代遅れなものになる、と唱えたことであった。パーシー・スコット提督は、戦前行っていた主力艦に対する批判を新たにし、潜水艦と航空機の両方によって、マハンの概念である戦闘艦隊による洋上の支配は、まったく時代遅れなものとなる、と主張したのであった。ハル少将は、戦艦を「見かけ倒し」と呼び、次のような予測を行った。

それら「〔ネルソン級戦艦の〕ネルソンとロドニー」が完成する頃には、必然的な航空兵力の発達によって、それらの艦は、完全に時代遅れなものとなるであろう……夜明けに、飛行機の大群が、未来の攻撃を行うであろう。艦船は、海へと出港する前に、早い日暮れを迎えるか、月明かりを浴びることになろう。[*38]

このような見解は、当然のごとく、〔ヒュー・〕トレンチャード（Hugh Trenchard）や〔パーシー・ロバート・クリフォード・〕グローブス（Percy Robert Clifford Groves）らのイギリス空軍の情熱家たちによって、さらに強化された。彼らは、エアパワーは、「ありとあらゆるタイプの武装の中で、決定的な要素」になると主張し、「勝利は、制空権をいち早く確立し、その後、それを維持した参戦者のものとなる」と主張したのであった。[*39] これに対して、ビィーティーや古いタイプの提督たちは、強く反応し、制海権は、今も戦闘艦隊が握っていると主張し、実戦の現実的状況下においては（現在行っているような、晴天の空の下で、ほとんど動かない軍艦に対する人為的環境の「模擬戦」とは異なり）、今あるタイプの航空機では、戦闘艦隊を沈めることはできない、と述べた。当時の状況としては、この言葉は、おそらく、事実を正確に述べたものである。だが、その後時代を経てもこのことがいえるのかは、はっきりしたものではなかった。この正面衝突する議論によって、海軍本部は、海軍航空部隊〔航空母艦部隊〕の発達への対応が（日本やアメリカに比べて）遅れたのであった。この議論がなかったならば、あるいは、もっとうまく対応できていたかもしれない。政治家たちについて述べるならば、ワシントン会議で合意されロンドン会議で更新された戦艦建艦の「休日」は、最終的な決定を先延ばしするための都合の良い言い訳となり、そのことによって、予算を節約できたのであった。ロイド・ジョージは、「二〇年も経てば、航空機、潜水艦、魚雷、砲弾、爆薬の技術の進歩により、難攻不落の主力艦といったものは、造れなくなるかもしれない、その可能性をわれわれは排除することができなかった……」と述べていた。[*40] しかしながら、決定を先延ばしすればするほど、海軍本部にとっては、状況は、その分、不利になるのであった。

エアパワーが成長した最終的な帰結として、イギリスがどんなに精強な海軍を保有したところで、イギリスは、外国の攻撃から、もはや完全には無縁でいられなくなるのであった。島国の「木製の防壁（wooden walls）〔イギリス海軍を象徴する言葉〕」は、最終的に、破られたのである。ブリテン諸島の防衛において最重要であるとのイギリス海軍の主張は、状況の変化によって、そうではなくなったのだ。「ブルーウォーター」派の教義は、二〇年前の「レンガとモルタル〔要塞〕」派と同様にして、敗れたのである。一九二二年、帝国防衛委員会の小委員会は、大陸の基地からの頻繁な航空爆撃が、国民が停戦を求めるような、多くの被害と士気の喪失をもたらす、と陰鬱に予測していた。そして、このような危機に対して、適切な航空力による防御だけが対応できる、としていた。フランスに対する一時的な不信から、内閣は、首都防衛空軍（Metropolitan Air Force）の設立について合意した。だが、当時、この軍事革命の意味を深く理解している者は、ほとんどいなかった。イギリスに向けた攻撃が発進し得るすべての地域を防衛することが、今や、国家の安全保障にとって枢要となった、という意味である。別の表現を用いるならば、ボールドウィンが一九三四年に述べることになるように、防衛の前線は、ドーバーからライン川へと移動したのであった。[*41] 低地諸国の独立を保ち、北フランスが敵対勢力によって支配されることを防ぐ、ということは、伝統的な戦略上の必須事項であったが、その地域が、さらに、大きく拡大した、ということである。そうはいうものの、この事実を政治家たちが認識するのには、年月を要するのであった。政治家たちは、当時、イギリスを、〔ヨーロッパ〕大陸への政治的関与や軍事的関与から「切り離そう」と努力していたのである。

　国際平和と善意による「ロカルノの時代」は、ここまで述べてきたイギリスの防衛政策をめぐる議論を学術的なものに見せるものであったが、一九三一年九月、突然、終わりを迎えた。日本の部隊が、満洲の支配を始めたのである。それから二年も経ない内に、日本の部隊は、満洲を、傀儡国に変えてしまった。このことに対して、イギリス政府は、国際連盟の原則について繰りかえし述べていたものの、ためらいがちの気のない抗議をしただけであった。イギリス政府がこのような姿勢を採ったのには、多くの理由があった。アメリカは、言葉による抗議以上のことを行うことは欲していないように思われた。日本に対して行動をしようという力や意志を持った国は、ほとんどなかった。経済危機は、マクドナルドの第二次労働党政府の崩壊を引き起こし、イギリス海軍の、一七九七年以来初めての大きな反乱を引き起こしたのであったが、すべての注目を集めるものであった。国民は、満洲のような遠方の地での陸軍上の関与や海軍上の関与には、反対したことであろう。また、当時は、日本に対して、かなりの同情が存在したのであった。そして、最後の点として、決してもっとも重要度が低いというわけではないのだが、イギリスの極東における戦力は、ワシントン会議と、一九二〇年代の財政重視によって、完全に骨抜きになっていたのだった。[*42] シンガポール海軍基地の建設は、すでに見たように、ふたたび、引き延ばしになっていた。たとえシンガポール海軍基地が完成したところで、そこは、戦闘艦隊がいない基地なのであった。そのわずか数カ月前の一九三一年四月、海軍本部は、イギリスの海軍戦力は、「戦争へと引きこまれた場合、ある状況下において、海上コミュニケーションを確保しつづけるには、必要な量をかなり下回っている」と報告していた。ある状況下が何を指すのかについては、追記で、明確な言葉で述べられており、ヨーロッパにおける他国に対するイギリスの安全保障を犠牲にせず主力艦を極東へ送ることが不可能となっている状況を指しているのであった。それに加えて、駆逐艦の数（一二〇隻）も、護衛任務や対潜哨戒任務に必要な数を下回っており、五〇隻の巡洋艦では、帝国の貿易航路を保護するには、完全に数が足りないのであった。[*43] ロンドンが、満洲での出来事を見て見ないふりをしようとしたとしても、不思議ではない状況なのであった。

だが、日本人の行動から得られる教訓は明瞭なものであった。侵略や極端なナショナリズムは、世界にはまだたくさんあり、国際連盟に、これらを抑える役目を期待することは、不可能なように思われた。同じ頃、軍縮の議論は結果を生むことなく、潰えており、ドイツの問題——ドイツという強力な国家が、必然的に隣国を支配することを防ぐには、どうしたらよいのか、という問題——がふたたび起こりつつあった。一九三三年の初めまでには、ヒトラーが政権の座についたことにより、ヨーロッパの政治状況は、はるかに危機的なものとなっていた。極東と中央ヨーロッパの両方に、満たされない野心と苦い記憶を持った強国が存在したのである。加えて、アメリカには孤立主義が存在し、カナダ、南アフリカ、アイルランド自由国のおかげで、帝国防衛という考え方は、確実にバラバラになりつつあり、イタリアに、野心を持ち無法な独裁者がもう一人おり、同盟国になり得そうな存在として残るのは、フランスだけであった。そのフランスは、今となっては、自国の「安全」がかなり怪しくなっており、ドイツと何らかの妥協を結ぶみこみは、相当小さくなっていた。一九〇三年代初頭の世界を見渡したところ、新しく設立された挙国一致内閣にとって、外交状況は、決して勇気づけられるものではなかった。内閣の中で、ほとんどの関心が国内の状況に向いており、軍事に対して、もっとも疑い深い者さえも、この状況は、認識できるものであった。それまでの一〇年間、イギリスの防衛政策や外交政策の基盤となっていた想定を見直す時期が来ていることは、明らかであった。

一九三二年以降、この見直しのプロセスは進行中であった。[*44] シンガポール海軍基地の建設は、再開するように、指示された。一〇年ルールは、廃止された。イギリスとその帝国の防衛において、もっとも欠落しているものを補うための計画を策定するために、帝国防衛委員会に防備小委員会が設立された。この小委員会の報告書と、陸海空軍によって提出された他の多くの文書の中において、未だ、世界における政治上、経済上の権益と関与の最大の集合体であったものを守るにあたっての軍事上の大きな欠落について、全体像が確実に描かれたのであった。海軍がもっとも悪い影響を受けたものではなかったものの、海軍の状況は、陰鬱なものであった。「ロンドン海軍軍縮条約の後、古い型の戦艦ばかりが残っているのにとどまるものではなかった。六〇万トンの駆逐艦も、代替されず、四万トンの潜水艦は、建造されないままであり、弾薬や資材はほとんど底をついており、海軍の拠点は、防備がないままに置かれていた。一九三〇年代になると、イギリスは、一国標準にも達していなかったのである。[*45]」事実として、帝国全体を見渡して、防備が十分に施された拠点など、一カ所もなかった。そんな状況にありながらも、海上での優越の維持と、その結果として、イギリスの全領土が、海上からの侵略に対して守られるということが、帝国防衛システムの根幹であると未だにみなされていたのであった。そうあって欲しいという理想と、現実の間の開きは、今や、相当なものとなっていた。イギリス帝国は、一八九八年のスペイン、一九〇四年のロシア、一九四〇年のフランスと同様に、筋肉を失っていた。イギリス帝国の存続は、イギリス帝国が力を失っていることを誰も発見しないだろう、というかなり疑わしい前提に依存するものであったのだ。かつての多くの大国と同じ運命をたどることを逃れる唯一の方法は、脆弱性をいち早く除去することにあった。そうはいうものの、これを述べることはやさしいが、実行に移すのは、難しいのであった。

　第一に、政治的な障害と財政上の障害の組み合わせは、イギリスの防衛力を減退させる上で非常に効果的であり、これを切り崩すことは容易ではなかった。労働党と自由党は、再軍備という考え方に反対しており、国際連盟の下での集団安全保障という考え方を、未だに支持していた。そうではあったものの、平和を愛する諸国が軍事力を欠いている状態で集団安全保障がどのように機能するのかについて、満足な説明はできないのであった。一方、保守党はといえば、元来は適正な規模の防衛力を支持していたはずなのであったが、挙国一致内閣の一員となったことによって妥協するようになっており、国民はこれ以上の軍備には絶対に反対である、との考え方に囚われていたのである。国民の再軍備反対は、〔ロンドンの〕イーストフラムの補欠選挙などで証明された、[*46]と考えていたのである。保守党のリーダーたちの中では、ボールドウィンは、論争を避けることによって国内の分裂を癒す必要性を唱えており、ネヴィル・チェンバレンは、イギリスの〔現在の〕能力に見合うまで、イギリスの〔軍事的〕関与を低減させることを重視していた。当時は、ヒトラーは真の脅威ではなく、ヒトラーの不満を緩和してやれば、ヒトラーはもっと友好的になるであろう、という主張が、大きな声で行われていたのである。さらに、もっとも重要な点として、当時、経済がかつてないほど低迷しており、失業率が、かつてないほど高くなっていたので、政府にとってもっとも優先度が高い課題は、この状況を改善すること――ここでいう改善とは、〔後に主流になるケインズの理論とは逆に〕政府支出をさらに絞りこむ、という意味――なのであった。大蔵省が、「現在直面している財政的な危機、経済的な危機は、この国が、緊急の対応をしなければならない事態である」と、主張していたのである。それゆえ、内閣が、一九三二年、一〇年ルールを廃止するにあたって、次のような、いくぶん矛盾する追記がされた。「現在の深刻な財政的、経済的状況に鑑み、このこと〔一〇年ルールの廃止〕が、陸海空軍の予算の無尽蔵な増加を正当化してはならない」[*47]という文言が加えられたのである。ダウニング街一一番地〔大蔵大臣公邸の住所〕の制約が、未だに存在していたのである。

第二に、挙国一致内閣が、防衛力の中でもっとも重きを置いていたのは、海軍力ではなく、空軍力であった。そして、大蔵大臣のネヴィル・チェンバレンが述べていたように、航空防衛力を大規模に拡張することに伴って、「戦闘艦隊を同時に再建する余裕は、わが国には、決してない」のであった。その論拠――陸空軍よりも優先される、という海軍の従来からの主張を暗黙裡に否定するための論拠――を見つけることは、困難ではなかった。第一に、一隻の戦艦の建造には、およそ一一〇〇万ポンドかかるのであった。第二に、大規模な海軍の建艦計画は、ワシントン条約とロンドン条約からの決別を暗に意味し、それゆえ、英米の国民間の関係をふたたび悪化させることになる、とされたのであった。さらにいえば、このことは、シンガポールに強力な海軍力を置きたいという海軍本部の希望をかなえることになり、このことは、すべての政策の中でも――大陸における陸軍上の関与を除けば――もっとも不人気な政策なのであった。極東に関して述べるならば、あたかも、ほぼ全員が宥和主義者のようであった。もしそうでなかったならば、海軍は、空軍に優先されていたはずである。中でももっとも重要な点として、一九三〇年代のな

	陸軍	海軍	空軍
1933	37.5(100万ポンド)	53.5	16.7
1934	39.6	56.5	17.6
1935	44.6	64.8	27.4
1936	54.8	81.0	50.1
1937	77.8	101.9	82.2
1938	122.3	127.2	133.8
1939(戦前)	88.2	97.9	105.7

かばまでには、イギリス国民は、述べられるところの空軍力におけるドイツの優勢と、もし戦争が起こった場合の恐ろしい結末について、知覚するようになっていたのであった。この点が、ヒトラーと宥和しなければならないとする立場の主張をさらに強化したものの、内閣としては、イギリスの都市や工場地帯を、航空爆撃に対して無防備な状態に放置したままにしておくことはできず、空軍に対する予算分配を、空軍が元々要求した額よりも、実際に増やしたのである。そして、イギリス人は、ドイツの空軍力についてより多くの情報を得るに伴って、その分、自国の航空機生産計画を加速させ、拡大させたのであった。最後の点として、大規模な空軍は、〔陸海軍と比較して〕それほど人員もいらず、国内の議論も刺激することなく、ヨーロッパの平和を維持する姿勢を示す道具として、魅力的なものでありつづけた。その結果、イギリス空軍は、一九三〇年代、陸海空、それぞれの軍への予算分配が示すように、第三の軍から、第一の軍へと昇りつめたのである。[*48]

海軍の拡張を抑制していた三番目の要素は、さらに一層憂慮すべきものであった。戦争の雲〔危険性〕が水平線の向こう側に見え、大蔵省ですら、もはやそれに徹底的に抵抗することができなくなり、イギリス海軍が、新しい艦船の建造を始めた時、緊急の艦船建造の受注をさばく力がイギリスの生産力に残されていないことが明らかになったのであった。[*49] 長年にわたってほとんど建造がない状態で、技術革新への意欲を持たず、利益を生まない分野だとみなされていたので、投資意欲に欠け、さらには、イギリスの工業力が確実に衰退していたことが、今、明らかになったのであった。海軍本部の再軍備計画が遅れた主要な理由は、造船業が劇的に縮小していたからなのであった。一九一四年には、一一一隻の軍艦を建造していたが、一九二四年には、この数は、わずか二五隻まで減少していた。熟練工は、少なくなっており、旧式の工作所が残され、設計は、時代遅れになっていた。外国からの注文は、ものすごく減少し、船舶建造のための借金への国の保証制度は廃止になり、王立造船所〔名称上は「王立」だが、実際には国営造船所〕が明確に優先されていたため、多数の民間の造船業者の整理につながったのであった。だが、ふたたび多くの艦船を建造しようとするならば、多数の民間業者が必要になるのだ。ヴィッカーズ社のような武器製造会社から小さな部品を製造する業者にいたるまで、製品の供給を行う業者や組み立てを行う業者は、ほとんど開店休業の状態まで落ちこむか、廃業していた。新しいタイプの製品が欲しければ、それらは、外国の製品に頼らなくてはならなかった。鋼鉄の供給量が少なかったので、新しい航空母艦や巡洋艦のいくつかは、チェコスロバキア製の装甲を備えることになった。拡大は、縮小と同じくらい多くの問題を発生させるのであった。そして、「追加予算で船を即席で造ろうなどということはできないのだ」というフィッシャーの一九〇二年の警句が身に沁みて感じられたのであった。実際、埋めなければならないすきまが大きく開いていたのである。造船業の生産能力が大きく低下していたので、一九三九年までに海軍本部が行い得たことはといえば、艦船の代替を監督し、一九三二年の水準まで戻すことを大きく超えるものではなかった。一九三二年の水準とは、海軍軍縮下での水準である。

一九世紀、さらには、二〇世紀に入っても一九一四年までは、イギリスは、他のどの国よりも、軍艦を、早く、効率的に建造することができた。イギリスの工業が大きなリードを築いていたからである。もはや、そうではなくなっていたのだ。一隻の戦艦の設計と建造には、五年の歳月が必要であった。同じことをアメリカは、三年半で行っていた。そして、海軍本部が、戦艦の建造を促進させるか、拡大させようとするならば、その分、他の軍艦や商船の建造が遅れることになるのであった。極端な物質主義者であったフィッシャーの下、一九一四年までのイギリスの軍艦は、もっとも大きく、もっとも速く、もっとも優れた武装を備えていたが、もはや、そうではなくなっていた。〔プリンス・オブ・ウェールズなどの〕新しいキング・ジョージ五世級戦艦は、条約で定められた規準に則り、革新を妨げるような建造上の問題に直面したので、主砲は、一四インチ砲であった。これに対してドイツ、フランス、イタリアの艦船は一五インチ砲、アメリカの艦船は一六インチ砲、日本の大和型戦艦にいたっては、一八インチ砲を備えていた。さらには、戦艦よりも小さなクラスにおいて、新しく建造された場合も、古い艦船を改修した場合も、潜水艦に対する防御が不十分であり、〔戦艦も含めた〕すべての軍艦の対空防備が示していたこととは、この新しい兵器〔航空機〕の危険性が十分には認識されていなかった、ということである。雷撃機〔魚雷を発射する飛行機〕について述べるならば、特にそのことがいえる。

最後に述べた点は、戦間期、海軍航空部隊が、他国ほどには顧みられていなかったことでも、確認されるものである。[*50] そうなったのは、ある程度において、経済を優先せよ、との厳しいプレッシャーがあったからであり、伝統を有し、当時にあっても未だ大きな重要性を保っていた水上艦隊や造船所を残しておきたい、という意向があったからなのであったが、さらに大きな理由は、イギリス空軍への対抗心であった（イギリス空軍が、空母艦載機の運用をあきらめたのは、一九三七年になってからやっと、なのであった〔一九三七年までは、空母そのものは海軍が運用し、そこに載る艦上機は空軍が運用していたが、一九三七年以降は、海軍が、空母とその艦載機を一体的に運用することとなった〕）。海軍本部は、そうすることが時代に合わなくなり、それどころか、かなり危険だ、という時代に入ってからも、エアパワーに対する猜疑心を持ちつづけていたのである。戦争中にアメリカの航空母艦を購入するまでは、海軍航空で用いられる航空機は、陸上を発着する航空機に比べ、常に、速度が遅く、性能が低いものであった。海軍航空について、一九三九年から四五年までアメリカの助力に頼ることになったことは、戦間期、イギリスがこれをいかに軽視していたかの反映である、と付け加えてもよいかもしれない。航空母艦の建造も、同様に、滞っていた。一九三九年の時点で、航空母艦として設計された艦は、アーク・ロイヤルただ一隻であった。アーク・ロイヤルに加えて、他艦種から改修した艦が四隻（イーグル、カレイジャス、グローリアス、フューリアス）あり、軽空母のハーミーズがあった。だが、おそらく、最大の失敗は、戦略の領域における失敗であった。高速空母機動部隊の組織化についての進歩がほとんどなかったのである。高速空母機動部隊は、それ自体が攻撃能力を備え、離れた場所の特定の海域まで出動して、敵艦隊を活動不能にしたり、制空権（そして、これに伴い、制海権）を獲得したりできるのであった。アメリカと日本は、規模の大きな海軍航空部隊を育成する一方で、この武器をどう使うかについて、新しい戦術を編み出したのであった。だが、〔イギリス〕海軍本部はといえば、開戦の時点で、未だに航空母艦を、対潜哨戒の目的で、単独で用いるか、巡洋戦艦との組み合わせで、敵水上攻撃部隊を発見するために用いるか、そのどちらかなのであった。一九四〇年のフランスの戦車と同様に、決定的な弱点は、航空母艦の集団での使用と、その実際の配備にあった。航空母艦を、主力兵器ではなく、未だに補助兵器とみなしていたのである。

イギリスに、このような軍事力の穴があることがしだいに明らかになってゆく間――軍艦の建艦計画が、きちんと動き出したのは、一九三六―三七年度になってからようやくなのであった――政府の戦略上の計画は、修正を必要とし、政府の外交政策は、現存の軍事力と、より調和したものにしなければならないのであった。その結果が、「宥和」として知られる政策なのだ。「宥和」政策には、また、別の起源もいくつか存在した。楽観主義的な思いこみ、思い違い、ヴェルサイユ条約に対する罪悪感、国内の平和主義への恐れ、などである。これらが戦間期のイギリスのリーダーたちに影響を与えた、ということについては、議論の余地がないだろう。[*51] だが、戦略上の弱さが、実際、非常に大きな役割を果たしたということも、かなり明瞭なのである。防衛上の助言者たちについていうならば、特にそのことがいえる。彼らは、国内の雰囲気により、政治家たちほどの影響を与えることはできなかったのである。

たとえば、海軍本部が抱いていた大きな恐れに関して述べるならば、彼らが一九二二年以降採用していた基本戦略は、もはや、成り立たなくなっていたのである。この基本戦略とは、修正された二国標準論である（アメリカ海軍は、当然、今や、〔想定敵国から〕除外されていた）。この二国標準論の想定では、仮にイギリスが日本の侵攻に対応するために極東に艦隊を送った場合でも、ヨーロッパで〔イギリスに次いで〕二番目に強い海軍国の海軍を抑えられるだけの戦力がヨーロッパに残っている、ということになっていた。ヒトラーの登場と、日本が満洲を押さえたことにより、こういう事態は、〔非常に可能性の低い仮想から、〕より起こり得るものとなっていた。だが、不幸なことに、すでに見てきたように、イギリス海軍は、この戦略を実行に移すために必要な実際の戦力を持たず、「主力艦隊をシンガポール」に送るという計画は、ますます現実離れしたものになっていたのだ。[*52] 実際、海軍本部が一九三五年の英独海軍協定を政府に対して強く推していたのは、二国標準論の状態に戻りたい、という、強い欲求があったからなのであった。たしかに、これを批判する者たちが述べているように、英独海軍協定によって、その後、ドイツに対する「ストレーザ戦線〔イタリア、イギリス、フランスによる連携〕」が破られ、ドイツに、ヴェルサイユ条約で制限されていた三倍の海軍力を保有させることになったのであるが、当時としては、ベルリンに、イギリス海軍の三五パーセントの艦隊の保有を許す（潜水艦については四五パーセント）ことによって、極東権益の防衛がより現実的になる、という考え方が、存在したのであった。この時、ドイツ人たちは、自分たちが主な利益を得た、と感じていた。なぜなら、ドイツ人たちは、海軍協定によって、この先何年間か、邪魔されずに海軍を拡張することができ、協定で許されている限界まで達したら、その時に破棄すればよい、とみなしていたからである。ドイツ海軍の確実な拡大は、〔イギリス〕海軍本部をも驚かし始めるほどのものであり、これが、〔イギリス海軍の〕ヨーロッパ外への展開を妨げるものとなった。チャーチルは、この協定の結果どういうことになるかについて、まったく間違った予測をしていたわけではなかった。こう述べていたのだ。「イギリス艦隊は……だいたいのところ、北海に錨を降ろすことになるだろう」[*53]。

しかしながら、この協定が結ばれるや否や、この協定が大きく依存していた戦略上の想定が、別の出来事によって、吹き飛んでしまったのであった。アビシニアに対するイタリアの戦争〔第二次エチオピア戦争〕と、ムッソリーニがしだいに枢軸へと近づいていたことである。それまでロンドンにおいては、たとえイタリアからの援助は期待できないにせよ、イタリアとの友好は、常に、前提になっていた。それが今や、アビシニアへの侵攻と、国際連盟の原則を支持することを必要とするイギリス政府の立場によって、英伊二国の関係は、急速に離れたものとなり、イギリスが有効な制裁を加えることに固執した場合には、戦争の可能性さえ、見えるようになったのであった。最終的には、ここで危険を冒すのは賢明なことではない、という考え方が勝り、ホワイトホールは、制裁をせずに、その場をやり過ごすこととなった。もっとも、そうはいうものの、国際連盟は、このことによって、世界平和維持のための機関として、役立たずだということが、ふたたび、確認された。だが、マーダー教授が述べるように、この意気地なさは、「戦略と艦隊の能力を熟慮した結果なのであった」[*54]。イギリス海軍は、イタリア艦隊に対して、それぞれ単独では勝っており、スエズ運河を閉鎖することで、アビシニア作戦を締め付けることもできたが、海軍本部は、多くの要因により、慎重にふるまったのだった。狭い海域にイタリアが航空攻撃を仕かけてくるという可能性は、地中海艦隊を悩ませるものであった。殊に、マルタ、エジプト、アデンに対空砲の数が少なく、最大でも、二五分間の砲撃しかできない数の砲弾しかなかったので、そうなのであった。そこで、地中海艦隊は、マルタからアレクサンドリアまで撤退したのであった（海軍上層部が、エアパワーについて真に認識した最初の機会といえるのではないだろうか？）。そうはいうものの、この地域の航空兵力を強化することは、ブリテン諸島をドイツの脅威に晒すことになるのであった。石油禁輸を行うことは、アメリカを怒らすことになるかもしれず、フランスは、イタリアを、ドイツの側へと追いやることを望んでいなかった。なかんずく重要なことに、海軍大臣のモンセルが述べていたように「わが国は、日本を見逃すことはできない」のであった。地中海への関与——もっと悪い場合には、地中海における軍艦の喪失——によって、中国と東南アジア全体を、日本の拡大に晒すことになりかねないのであった。

それゆえ、内閣は、イギリスは世界にまたがって権益を保有しているものの、それらを防衛するのに十分な武力を持たない、ということを、改めて、認識させられたのであった。イギリス海軍の人員の不足は、深刻なものであったので、地中海に追加の軍艦を配備した後、ドイツの新式のポケット戦艦〔小型戦艦〕に備えるため本国海域に残された艦船は、わずか三隻となった。はるかに強力な日本海軍に対処するための戦力は、何も残らなくなるのであった。挙句の果てには、ヒトラーが、ロンドンの苦境を利用し、〔ピエール・〕ラヴァル(Pierre Laval)〔フランス首相〕が常にそうなると予期していたように、ラインラントへ進出したのであった。[*55] イギリスは、フランスといい争っている間に、〔独伊日という〕三つの、敵意を持つ激しやすい侵略諸国と対峙するという、恐ろしい状況に直面することになったのだ。これらは三国とも、自分がふたたび動き出す前に、西側民主主義諸国が、目を自分以外に向けることだけを望んでいた。

この新しい展開の最初の結果として、陸海軍の参謀長は、ますます熱心な宥和主義者となった——倫理的な宥和ではなく、戦略としての宥和である。彼らにとって、目下最優先されることは、イギリス帝国の防衛システムに現れていたありとあらゆる脆弱性を立て直すことであった。そうなった原因として、彼らは、それをやっても無駄だとは知りながらも、それまでの一五年間を指していた。宥和を選択した政治的な論拠は、明快なものであった。彼らは、一九三七年、次のように述べていた。

> わが国の軍が十分強力で、ドイツ、イタリア、日本に対して、同時に、わが国の貿易、領土、重要な権益を

守ることができる、そのようなことが可能になる日がやってくるとは、とうてい思われない……わが国は、帝国防衛という観点から、いかなる政治的行動や、国家間の行動も、軽視してはならない。これらの行動によって、潜在的な敵の数を減らすことができるし、同盟国となり得る国々から、支援を得ることもできるのである。*56

このようなわけで、後者の主張により、イギリスは、アンシュルス〔オーストリア併合〕を阻止することができなかったのであった。つまり、イギリスは、チェコスロバキアを支援できるだけの力を有してはおらず、アンシュルスの阻止に動いたならば、イタリアと日本に機会を与えるだけである、という判断であった。ヨーロッパへの関与に関するフランスとの参謀間の話し合いは避けるべきである、とされた。極東においては、日本を刺激してはならない、とした。つまり、結局のところ、彼らが唱えていたこととは、一九〇二年から〇七年までうまくいった外交政策を繰りかえすべし、ということであった。海外でのまかないきれない関与から、イギリスを引きはがす、ということであった。今となっては、こうした政策の唯一の問題は、ヒトラーも、日本のリーダーたちも、自分たちの野望を放棄するような「取引」をする意志を持たない、という点であり、もっとも可能性のあったムッソリーニとの関係改善《ラプロシュモン》も、イタリアの地中海支配を意味するのであった。当時、イギリスの同盟国となり得る相手国は、衰退しつつあったフランス、それにニュージーランド、もしかしたら、オーストラリアだけであった。カナダと南アフリカですら、〔一九三八年九月末の〕ミュンヘン会談の頃までは、あてにならない友好国なのであった。

二つ目の帰結は、一つ目の帰結からの流れとして生じたものであった。一九三〇年代末、イギリスは、極東に対する戦略上の義務〔植民地や自治領を防衛する義務〕を、誰にもいわず、静かに放棄したのである。もちろん、この地域に対する関心は、ワシントン条約直後の時期よりも高まっており、この地域におけるイギリスの力の回復を見せつけるための、形だけの小さなジェスチャーもいくつか、ゆっくりと行われた。また、参謀長

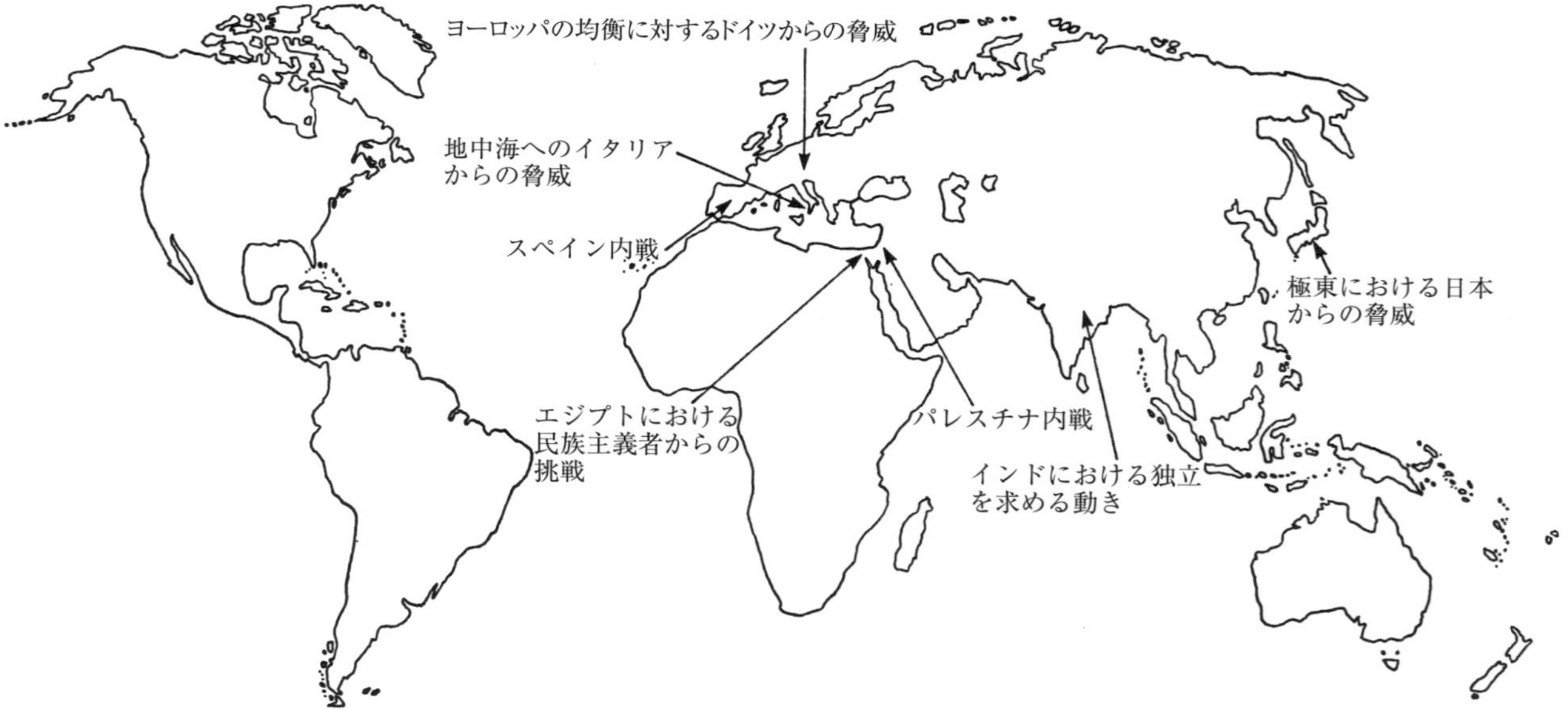

地図10　1930年代の世界規模でのイギリスの防衛上の問題

会議は、〔この年の五月から六月にかけて開催された〕一九三七年の帝国会議の時点では、「イギリス連邦の存続においては、本国の保全とシンガポールの保全が鍵となっております」と断言しつづけており、「極東に艦隊を送る場合でも、地中海におけるイギリスの国益が犠牲にされることはありません」と保証していた。[*57] イタリア海軍は、フランスによって抑えられたら、という期待があったのである。だが、一九三九年二月までに、ヨーロッパの状況が相当に悪化し、ヨーロッパと極東の優先順位が入れ替わったのであった。参謀長会議は、極東に艦隊を送ることができるかどうかは、「イギリスの資源とヨーロッパにおける戦争の状況次第である」と認めることを、余儀なくされた。いい換えるならば、まだ開戦もしていない段階で、極東は、あきらめたのである。そうはいうものの、このことが、明確な言葉によってオーストラリアとニュージーランドに伝えられることはなかった。それゆえ、一九三九年九月時点で、中国を拠点とするイギリスの海軍戦力は、巡洋艦四隻、航空母艦イーグル、駆逐艦部隊一つ、潜水艦部隊一つ、とそれだけの構成であった。これに、明らかな支援を行い得るのは、東インド〔セイロン〕拠点、オーストラリア拠点、ニュージーランド拠点のいくつかの巡洋艦と駆逐艦だけであった。だが、ここにも大きな皮肉が存在したのであった。海軍本部は、主力艦を、シンガポールにではなく、アレクサンドリアに集めたにもかかわらず、軍艦は、時に、地中海を通過できたのに、商船は、ケープまわりの、はるかに長距離の航路を通ることを余儀なくされることになるのであった。地中海海域が〔極東に〕優先されたのであったが、これが意味したことは、地中海の安全が確保された、ということでは、まったくなかったのだ。

世界中に散らばるイギリス権益に対する、この恐るべき脅威の連鎖――特に、一九三八年のヒトラーの行動によって明らかになってきたドイツの脅威――の三つ目の帰結として、財政上の理由による再軍備反対が、覆されたのであった。もっとも、大蔵省とネヴィル・チェンバレンは、かなり強く抵抗した。所得税は、一九三四年には、一ポンド〔二四〇ペンス〕につき、四シリング六ペンス〔五四ペンス〕であったものが、徐々に引き上げられ、一九三九年には、七シリング六ペンス〔九〇ペンス〕になり、一九三七年には、四億ポンドの〔を上限とする〕国防公債を発行する権限が与えられ、一九三九年に、その額は、二倍になった。だが、イギリス空軍には、引きつづき優先が与えられる一方で、イギリス海軍は、別の点において、苦しみつづけた。効果を発揮させるには「ゴーサイン」が出されたタイミングが、単純に、あまりに遅過ぎたのである。一九三八年なかばになっても、内閣は、財政上の問題は考慮されなければならないとする決議を行い、海軍本部が提出した、二国標準を実質的に実現するための建艦計画を退けたのであった。一九三九年八月になって、ようやく、反対は取り下げられたのであった。ところが、この時期になると、ドイツ一国と戦うという、より切迫した緊急性が、日本とヨーロッパの敵国に同時に対抗するために一二隻の戦艦から成る艦隊を築く計画に、勝ることになったのだ。ドイツに対しては、イギリスは、主力艦においては優位にあったが、Uボートの脅威に対処するための護衛艦が圧倒的に不足していたのである。その結果、一九三九年から四一年にかけては、小型艦艇の建造が最優先されることになり、長期的な建艦計画は、先延ばしされつづけたのであった。[*58] 制海権が、今も、主力戦闘艦隊によって決せられるものだとすれば――あるいは、空母部隊によって決せられるものだとしても――イギリスは、制海権を、確実に失いつつあった。

実際、開戦の時点におけるイギリス帝国の有効な海軍力は以下の通りであった。戦艦と巡洋戦艦合わせて一二隻、航空母艦六隻、巡洋艦五八隻、駆逐艦一〇〇隻、小型護衛艦一〇一隻、潜水艦三八隻だけである。たしかに、まもなく、いくつかの改修艦が加わることになったものの、ビィーティーが一九二二年に予測していた通り、イギリス海軍の大部分は、旧式艦によって占められていた。「〔一九三五年の時点で〕一九四二年までには、七隻の戦艦、二四隻の巡洋艦、三八隻の駆逐艦、二隻の航空母艦、それから多数の小型艦が老朽艦となり、代替の時期を迎えることになる、と述べられていた……」[*59] 加えて、一九三六年以降、新しい軍艦の建造が、許可を得ていた。五隻のキング・ジョージ五世級戦艦（とそれにつづく四隻の一六インチ砲戦艦〔ライオン級、結局未成に終わる〕）、六隻の航空母艦、二一隻の巡洋艦、三〇隻の各種艦艇、二〇隻のハント級駆逐艦である。だが、これらの大部分の就役は、早くても、一九四〇年、あるいは一九四一年になるのであった。一見したところ、これは、ドイツの水上艦隊を抑えるには、十分なように見える。ドイツの水上艦隊は、二隻の巡洋戦艦、三隻のポケット戦艦、一隻の重巡洋艦、五隻の軽巡洋艦、一七隻の駆逐艦によって構成されていたからである。だが、こうなったのは、ドイツ海軍にとって戦争が五年早く来過ぎたからだ、という点は明記しておく必要がある。当時、巨大な二隻のビスマルク級戦艦、一隻の航空母艦、それにたくさんのUボートが、すでに建設途上にあった。それのみならず、一九四〇年代なかばに向けた有名な一九三八年の「Zプラン」が考案されていたのである。一三隻の戦艦、四隻の航空母艦、三三隻の巡洋艦、二五〇隻のUボートから成る計画である。すべてが最新設計であった。これに対して、イギリス海軍の艦隊は、計画中の艦船を含めても、対抗しがたいものであった。

さらには、拡大途上のイタリア海軍も存在した。イタリア海軍は、（一九四〇年の数字）六隻の戦艦、七隻の重巡洋艦、一二隻の軽巡洋艦、六一隻の艦隊型駆逐艦、一〇五隻の潜水艦によって構成されていた。これに対してフランス艦隊は、戦艦と巡洋戦艦合わせて五隻、航空母艦一隻、巡洋艦一五隻、駆逐艦七五隻、潜水艦五九隻という構成であり、イタリア海軍に対抗するには不十分な戦力であった。すでに述べたように、このような状況があったために、イギリスの戦闘艦隊は、かなりの戦力が、アレクサンドリアを拠点としなければならなかったのである。イギリスの海軍力は、明らかに、ヨーロッパと大西洋の海域だけで、すでにいっぱいいっぱいであった。だが、最大の海軍上の脅威は、まだ、その外にあった。日本である。日本は、精力的な建艦政策によって、一〇隻の戦艦、一〇隻の航空母艦、一八隻の重巡洋艦、一八隻の軽巡洋艦、一一三隻の駆逐艦、六三隻の潜水艦から成る最先端の艦隊を生み出していた。さらに、一九四一年の極東における開戦までには、建造途上にあった巨大な大和型戦艦に代表されるような、大規模な増強が行われることになるのであった。[60] 日本海軍を相手にすることは、たとえイギリス海軍の全戦力を投入したとしても、相当困難な戦いとなったことであろう。これとの関連において、アメリカ人が「両洋海軍（Two Ocean Navy）」——二国標準海軍そのものだ——と呼んだアメリカの建艦計画について見ておくことも、意味があるだろう。一九三八年五月のヴィンソン海軍拡張法の下、総計で一一億五六五四万六〇〇〇ドルがアメリカ海軍に投じられ、艦齢の若い一八隻の戦艦、八隻の航空母艦、四五隻の巡洋艦、一五〇隻の駆逐艦、五六隻の潜水艦、さらには三〇〇〇機を擁する海軍航空隊から成る艦隊が築かれることとなった。さらに、ここに、未だに使用できる多くの旧式艦が加わることもできたのである。だが、それだけではあきたらず、戦争が近づくにつれて、確実に増額されていった海軍への予算割当を利用して、翌年の夏には、さらに多くの新造艦が発注されて、さらにその後、八隻の一六インチ砲戦艦が建造されることになっていた。[61]

さらには、一九三九年までに、シーパワーは、明らかに、エアパワーに依存するものとなっていた。だが、イギリスとその敵国の航空戦力、また、イギリスとその敵国となり得る国の航空戦力を比較した場合、全体の構図は、イギリスにとって、さらに危うくなるのであった。開戦の時点におけるドイツの航空戦力は、三六〇九機であり（輸送目的の航空機を除外した数）、イギリスの一六六〇機をはるかに凌駕していた。そして、イギリスの航空機の多くは、「新しい規準を満たさないもの」〔つまり、古いタイプの機〕であった。また、フランスの航空機一七三五機を計算に含めた場合も、ドイツが勝るのであった。フランスの航空機の大部分は、ひどいコンディションであった。ここで公式史家の言葉をふたたび引用してみよう。彼は「数字を横に置いても、状況が進行するにつれて、ドイツ空軍は、イギリスとフランスの航空戦力を合わせたものよりも、実際、かなり強いことが、やがて、明らかになってゆくのであった」[62] と述べている。ここに必然的に加わることになるのが、およそ一二〇〇機（一九三九年時点）の航空機を擁するイタリアの航空戦力の脅威と、一八六五機（一九三九年時点）の一線級の航空機を擁する日本の脅威であった。日本の航空戦力のかなりの部分は、よく訓練されており、（戦艦に対して）脅威となる海軍航空隊なのであった。（ここでふたたび取り上げるべきは、アメリカである。アメリカは、一九三八年末までに、近い将来に一万機から成る航空戦力を持ち、ゆくゆくは二万機の一線級の航空機を持つことを計画するようになっていた――この数字は、後に、五万機まで引き上げられるのだ。）

それゆえ、開戦の時点におけるイギリスの海軍上の位置は、以下のようにまとめられるだろう。ドイツ海軍の水上部隊に対しては――フランスとの同盟により――十分な優位にある。もしイタリアと戦うことになっても、イタリアに対しても、同様である。だが、極東におけるイギリスの立場は、完全に無防備の状態にある。潜水艦と護衛艦について見た場合は、特別に脆弱な状態にある。海外への依存がイギリスの真のアキレス腱になっているという第一次世界大戦の教訓があったにもかかわらず、そうなっていたのである。航空戦力については、ドイツだけを相手にした場合でも、イギリスは、かなりドイツに劣るのであった。フランスからの支援を計算に入れた場合でも、状況は、同様であった。戦艦だけを計算に入れるという古い「ブルーウォーター」派のやり方で海軍力を計算し、その上、日本の脅威について無視した場合は、満足な結果が得られるのであった。だが、当時、時代は、一九世紀なかばではなく、一八九五年でもなく、一八一五年でもないのであった。

いずれにせよ、たとえイギリス海軍が、海軍本部が望むだけの力を備えていたとしても、根本的な問題が、未解決なまま残るのであった。海軍力だけで、どのようにしたらナチスのような敵を打ち倒せるのだろうか？　という問題である。第一次世界大戦が、すでにその答えを出していた。打ち倒せないのだ。さらに、戦間期のいくつかの例も、このことを示すものであった。ラインラントの再占領、「レイプ」・オブ・オーストリア〔オーストリア併合〕、ズデーテン地方の獲得、チェコの残された部分の最終的な占領、の四例である。この四例は、どの例においても、たとえ砲艦外交による脅しを行っていたとしても、それだけでは、シュレースヴィヒ・ホルシュタイン危機の際のパーマストンの大言壮語と同様に、なんの効果も生まなかったであろう。〔イギリスの国際政治学者F・S・〕ノーセッジ（F. S. Northedge）教授が、「この時期のイギリスの海軍力のもっとも注目すべき弱さは、おそらくは、ライバル諸国との関係における実際の戦力の弱さではなく、当時存在していた政治上の不均衡を是正する上での関係のなさであった」[*63]と述べているが、教授の見方は、たしかに、正しいだろう。ドイツの拡大を防ぐ唯一の手段は、強力な空軍力を持ち、大陸で、フランスの強硬な政策を支えるために、陸軍上の強力な関与を行うこと、であった。だが、このような政策は、ミュンヘン会談以降になるまで、一九三〇年代のイギリス政府とイギリス国民にとって、倫理的にも、政治的にも、受け入れることができないものであった。「二度と〔戦争を〕繰りかえしてはならない」というのが、当時の言葉であった。一九一四年の陸上での大戦争の味は、国家にとって、とても受け入れられるものではない、との警句であった。ここでも、チェンバレンは、国民の全般的な空気を捉えた言葉を残している。彼は、一九三六年、「この次の戦争は、もし万が一それがやって来るのであれば、先の大戦のようなものとはならないはずである。わが国の資源は、強力な陸軍を構築するよりも、空や海へと投入する方が、より多くの見返りが得られるはずだ」と記述していた。ついでに述べるならば、チェンバレンは、こうした見解を、一九四〇年にいたるまで、繰りかえすこととなるのだ。[*64]一七九七年の場合と同様に、イギリス政府は、同盟国に対して、陸軍ではなく、海軍と支援金を提供することを考えていたのである。それゆえ、空軍、さらには、海軍までも、予算の大幅な拡張が認められるようになっても、陸軍の拡張には制限がかかったままなのであった。一九三七年の時点で、「戦争の際に同盟国となるであろう国の領土の防衛」は、イギリス軍の四つの目標のなかで、もっとも優先度が低い目標である、と謳われていた。一九三八年の時点で、参謀長会議は、フランスに陸軍上の協力を提供することについて、冷淡であった。単純に、大陸関与の要請が届いたとしても——そうなることは、避けられないことであったにもかかわらず——「提供できるものなど、何もない」からなのであった。

だが、翌年の二月には、内閣全体が、恐怖心から、「不関与」政策を、あっさり放棄することを余儀なくされるのであった。イギリスがフランスを戦場において効果的に支援しないならば、ヒトラーが支配する大陸にフランスが屈服することになるという（マスメディア上に溢れてきた）恐怖であり、ドイツが全ヨーロッパを飲みこむことになる、という恐怖であり、イギリスが、海峡の向こう側への関与を控えた場合、やがては、イギリスそのものも圧倒されることになる、という、エリザベス一世からウィリアム三世、ピット、グレイへと受け継がれてきた重苦しい恐怖なのであった。[*65]

一九三九年の春に採用された方針は、それまでの政府の政策と比べたならば、たしかに、印象的なものであった。ポーランド、トルコ、ギリシャ、ユーゴスラビアの領土に保証を与え、フランスと陸軍上の話し合いを行い、野戦軍六個師団の派遣の準備を行い、国防義勇軍（The Territorial Army）の規模を一三個師団から二六個師団へと倍増させ、限定的な形の国民徴兵制を導入したのである。徴兵制が平時に導入されたのは初めてであった。だが、ドイツに対する陸軍上の抑止という観点から見れば、これらは、とても、決定的と呼び得るものではなかった。ドイツは、今や、前年とは異なり、チェコの三四個師団を抑えることから解放されており、〔一九三九年八月二三日に〕モロトフ＝リッベントロップ協定〔独ソ不可侵条約〕が結ばれた後は、ロシアのいかなる脅威からも解放されていたのである。ヒトラーは、時代遅れのポーランド陸軍と、五四個師団を擁するフランス陸軍に対して、九六個師団を投入することができた。フランスは、その戦力の一部を、イタリアの七〇個師団に目をやるためにも向けなければならないのであった。さらに、極東では、一九三九年の時点で、日本が四一個師団を擁しており、日本陸軍の規模は、急速に拡大中であった。別のいいかたをすれば、イギリス遠征軍は、国防義勇軍の師団がいくつか加わったところで、戦力というよりも、フランスに対する政治上のジェスチャーであり、フランスに対する道義上の贈り物なのであった。イギリスは、陸の上では、ちっぽけな存在であった。内閣は、戦争が始まった後も、数字について、見直す必要は認めなかった。大陸に送られることが計画されていた三二個師団は、ドイツ陸軍の五分の一にも満たないものであったかもしれないが、これを準備するだけでも、大変なことであることが、分かってきつつあった。唯一の慰めは、この戦いは長いものになりそうだ、ということであり、そうなったら、連合国の方が、持久力が上であることが示せるだろう、ということであった。戦略の専門家たちは、海上封鎖という伝統的な経済上の武器を用い、世界にまたがるイギリス帝国とフランス帝国からの資源の投入を確実に拡大させて、イタリアが参戦する場合には、〔ドイツよりも弱い〕イタリアとの交戦を優先させて、大き過ぎる犠牲を払わずに、最終的な勝利を達成する最善の方法を発見することを、望んでいたのであった。[66]

ドイツの地理上の位置を考えると、海上封鎖に大き過ぎる望みを託していた誤りは、明瞭であった。このことは、第一次世界大戦によってすでに証明されたことであり、当時の大国間の政治状況が示唆していることでもあった。

> 諸隣国との比較において、一九三九年時点のドイツの国力は、非常に大きなものであった……長い期間に及ぶ領土拡大の結果、ドイツの基本的な生産力は、過去数年間で、拡大していた。オーストリアから鋼鉄と石油を得、チェコスロバキアから鋼鉄と武器を得、〔フランスに隣接する〕ザール地方の炭鉱を得、これらすべてによって、力が大きく拡大していたのである。一九三八年、大ドイツは、二二〇〇万トンの鋼鉄を生産していた。ここでも、イギリスとフランスの鉄鋼生産量を四分の一上回っていた。ドイツのザール地方、シレジア地方、ルール地方における石炭資源は、フランスとイギリスの石炭資源を、はるかに上回るものであった。ドイツの工作機械工業は、ヨーロッパ最強であった……[67]

そして、ドイツは、手にしていないものは、近隣の中立国から、あるいは、さらなる拡大によって入手できるのであった。だが、このイギリスの錯覚も、大きなものではあったものの、先行きの見通しについての誤りと比べるならば、霞んでしまうものであった。連合国、殊にイギリスは、一九一四年の場合と同様に、産業を戦争に適合させ、それまで蓄積してきた資本の貯えの一部を整理するのに十分な時間を持っているので、長期的な視点で見れば、財政面から見ても、工業力から見ても、相手より強い、と見誤っていたのだ。〔トーマス・〕インスキップ（Thomas Inskip）が述べていたように、「第四の軍〔経済的持久力〕」についての自信は、すべての中でも、もっとも間違った自信であった。

　戦間期のイギリスの防衛政策に関する皮肉で最後に述べるのは、大蔵省についてである。大蔵省は、当時、「再軍備派」の人々にののしられ、その後の歴史書においては、ほぼ一致して、さんざんな書かれようであるが、実際のところ、凶事の予言者としては、完全に正しかったのである。陸海空軍に大規模な予算をつぎこんだ結果どうなるかについての大蔵省の予測は、正しかったのだ。政府の支出の大幅な増額と、莫大な借り入れが、インフレーションを引き起こしたのである。工作機械、鉄鋼、航空機、計器類の多くは、弱体化したイギリスの産業が、もはや生産できないものとなっていたが、これらを海外に大量に発注することで、輸入量を激増させたのである。だが、平時の経済から戦時の経済への確実な移行によって、輸出に回せる商品は、急速に減少していたのであった。〔戦争によって〕しだいに保護主義へと向かう世界にあって、国際貿易や国際金融の全般的な規模は、イギリスが、大きく拡大した貿易赤字を「貿易外収入」で埋めようと望めるものではなくなっていた。もちろん、大蔵省の一九一九年以降の緊縮政策によって、正常通商という原則と均衡財政という原則が重視され過ぎ、他のすべての考え方が顧みられなくなった、というのは、事実である。もう少し防衛費を割いていたならば、戦争がやって来た時の陸海空軍の埋め合わせは、もっと小さく済んだであろうし、失業率は、あれほど大きなものとはならず、資源が無駄にされることもなかったであろう。だが、一九三九年には、防衛費は上に向かって急上昇し、その結果、戦争の初年度だけでも、貿易収支の赤字幅は（予測値で）四億ポンドに達しそうな勢いであった。ダウニング街一一番地の批判は、もはや、有効ではなかった。一九三九年四月、一連の政治的行動、外交的行動によって、イギリスは、ふたたび〔ヨーロッパ〕大陸に関与し、ドイツとの大規模な長期にわたる戦いを見越して、陸海空軍すべてを急速に拡大させる、ということが示されたのであった。この時大蔵省は、次のように冷徹な指摘をしたのであった。「もし、わが国が、一九一四年のように、長期の戦争を遂行できると考えているとすれば、われわれは、顔を頭にうずめているのである[*68]〔何も見えていない、ということ〕。」

　別のいいかたをすれば、参謀長会議と内閣が、与えられた状況下においてイギリスにとっての唯一の解であるとして採用した政策――持久力に重きを置く長期戦の政策――は、大蔵省にとっては、最悪の悲劇だったのである。戦いが近づいてくると、輸出と再輸出、貿易外収入が急速に縮小し、その一方、輸入品への需要が高まった。だが、戦争に参戦するという苦しい決断を最終的に行う前の段階においてすでに、イギリスは、かなりの早さで、破産に向かいつつあった。イギリスは、武器の生産に力を入れれば入れるほど、戦争の遂行に、力を入れれば入れるほど、その分、最終的な財政破綻が近づいてくることになるのであった。かつて「世界の工場」と呼ばれ、ナポレオンを打ち倒すにあたって、自国の産業力と財政力が最大の力となった国にとって、当時の状況は、陰鬱なものであった。今や、イギリス経済は、イギリスの支えとなる「第四の軍」どころか、イギリスのアキレス腱ともなりそうな状況なのであった。

第一一章　幻想の勝利（一九三九―四五年）

われわれの目下の敵に対する戦争が成功裡に終結する結果、国家間の相対的な軍事力の関係が大きく変わった世界が生まれることになる。この変化は、それ以降の一五〇〇年間に生じたいかなる変化よりも、ローマの滅亡によって生じた変化に近いものとなろう……日本が敗北する後、第一級の軍事大国は、アメリカとソヴィエトだけとなる。米ソともに、地理的な位置と大きさ、それから軍需面での巨大な潜在性の組み合わせによって、そうなるのである……イギリス帝国は、絶対的な意味においても、アメリカ、ソヴィエトとの相対的な関係においても、経済的にも、軍事的にも、立場を後退させて戦争を終えるだろう。

戦後世界についてのアメリカ陸軍省の予想[*1]

M. Matloff, *Strategic Planning for Coalition Warfare 1943—1944*（Washington, D.C., 1959）pp. 523—4 からの引用。

その戦いぶり、また、勝利した戦いという観点から見れば、第二次世界大戦におけるイギリス海軍の働きは、第一次に比べ、だいぶましなものであった。[*2] そうなったのは、ある程度のところ、前の戦争から多くの教訓を得たことによる。特に個人のイニシアティブを解放したことである。パウンド、ハーウッド、トーヴィー、カニンガム、フレーザーといった海軍士官たちは、当時の海軍本部の、〔ドイツ〕大洋艦隊に対しての数の上での優位の維持と、艦隊戦術へのあまりにも厳格なこだわりが、戦闘能力の妨げになっていると考えており、後に自分たちが艦隊司令官になると、同じ戦術の繰りかえしを避けようと、努力した。[*3] さらには、これらの士官たちは、自ら積極的に考え行動することを奨励する海軍大臣〔チャーチル〕を最初からトップとして頂き、この人物は、首相という立場に立った後も、同じ姿勢をとりつづけたのである。*4
中でも重要なことに、イギリス海軍は、一九一四年から一八年までは、艦船と人員の数において圧倒的な優位に立っていたので、かなり受動的な戦略を採用することができ、数の優位から利益を得ようとしたのであったが、圧倒的な数の優位は、もはや存在しないのであった。海軍とイギリスという国家は、戦間期の経済上の方策、それからイギリスの弱った財政力と産業力から来る能力の低さによって、再軍備期の数年間、艦隊の欠落をいくぶんか是正する以上のことは行い得ず、このことによって、おそらく、一七七八年以降でもっとも脆弱な状況下に置かれることとなった。地球上の各地で、兵力が薄くなり、緊張が強いられる中、イギリス人たちは、自分たちの生存のために戦っていた。このようなひどい状況下において、イギリス人たちは、驚くべきことに、より快適な状況下においても発揮することが難しいような独創性や強靭さを見せたのである。

しかしながら、〔一九三九年九月のヨーロッパでの戦争の〕開戦後しばらくの間、海軍の状況は、一九一四年の状況に似ているようにも見えていた。イタリアと日本は、未だ中立状態にあった。イギリス＝フランス艦隊は、生まれて間もない〔エーリヒ・〕レーダー（Erich Raeder）の海軍に対して、決定的な優位を得ていた。今回もまた、規模に劣る敵艦隊を決戦へと誘い出すのはどうしたらよいのか、ということが、戦略上の基本的な問題であるかのように思われた。歴史は繰りかえす、という観念を抱きながら、イギリス海軍の主力艦隊は、スカーパ〔・フロー〕に結集し、海上封鎖のための警備行動が始められ、フランスへと渡る遠征軍の護衛が行われた。海外拠点においても、こうした観念は共有されていた。数少ないドイツの通商破壊船を求めて、数多くの任務部隊が探し回っていたのである。一九三九年一二月の〔ラプラタ沖海戦における装甲艦〕グラーフ・シュペー〔ドイツの海軍士官。第一次大戦中、イギリスを苦しめ、最後はフォークランド沖海戦で、ダブトン・スターディー率いるイギリス小艦隊と対決し撃破され、乗艦シャルンホルストと運命をともにした人物名に由来〕の敗北が反響を呼んだ。艦の名前と沈んだ場所〔南米ウルグアイのモンテビデオ港沖〕が意味を持つからであった。フォークランド沖海戦でのスターディーの成功が鮮やかに蘇ったのだ。

一九四〇年の初夏、この、第一次世界大戦に似ているという幻想は、木っ端みじんに打ち砕かれた。ドイツは、デンマークとノルウェーへの侵攻に成功したことによって、連合国側の計算をひっくり返したにとどまらず、第一次世界大戦においては〔ドイツ〕大洋艦隊を抑える防壁の役割を果たしていた北海への玄関口を突破したのであった。今や、大西洋そのものが、ドイツ海軍に開かれたのである。〔ヴォルフガング・〕ヴェゲナー（Wolfgang Wegener）らの〔ドイツの〕戦略家たちが、戦間期に、予測し、奨励していた通りの事態となったのであった[*5]。ドイツ国防軍の力が西に向かって解き放たれると、事態は、さらに悪くなった。ドイツ国防軍は、ベルギーとオランダを制圧し、フランスをひねりつぶし、イギリス軍をイギリス海峡沿岸まで追い詰めたのであった。イギリス軍は、とっさの機転という奇跡によって、危機を脱出し、故郷へと帰りついたのである。ダンケルクでも、ノルウェーやクレタ島周辺海域と同様に、海軍は、空からの攻撃によって、かなりの損失を被った。だが、戦略的に見れば、状況は、さらに一層深刻なものであった。低地諸国は、「イングランドに向いたピストルの銃口」のような位置関係にあるので、歴代のイギリス政府は、ほぼ四世紀にわたって、この地域の独立を維持しようと奮闘してきた。それが今や、ナポレオン以降で最強のヨーロッパの支配者の手に渡ったのである。また、フランスの大西洋岸の港も同様であった。つまり、ヒトラーは、その南端から北海に出る出口をも確保したのであった。今や、イングランドへの侵攻が現実的に可能になったのである。それなりの戦力を持つフランス海軍は、援軍となるどころか、良くても中立であり、実際、敵がこれを手中に収めるかもしれないという、大きな危険性が存在した。また、機を見るに敏なムッソリーニは、フランス同様の戦力を持つイタリア海軍を、ヒトラーの側へと加えたのであった。後の二つの出来事が意味することとは、イギリスと対峙する海軍の均衡が大きく変わった、ということであった（一五隻の主力艦、三七隻の巡洋艦、二〇〇隻近くの駆逐艦と魚雷艇、二〇〇隻の潜水艦）。

地中海は実質的に閉鎖され、エジプトは、深刻な危機に晒されることとなった。同時に、Uボートの脅威が、一九一四年から一八年までの間と同様の荒々しさで解放され、同様の深刻な被害をもたらしたのであった。イギリスにとって死活的な輸入路が、Uボートによって切断されてしまうかもしれない、という危機が存在したのである。また、ナチスが一九四一年六月にソヴィエトへの攻撃〔独ソ戦〕を開始し、チャーチルがそれに反応したので、海軍は、さらなる船団護衛の任務――相当に過酷な任務であった――を引き受けることとなった。その間、極東では、日本からの脅威がさらに増していた。

戦略的な状況は、参謀長会議が戦前に予想していたものよりも、さらに一層深刻なものとなっていたにもかかわらず、イギリスの海軍力は、驚くべきことに、なんとか持ちこたえていた。ジブラルタルに「H艦隊」が設置され、これによって、イタリアの脅威は、効果的に、無力化された。フランス艦隊がドイツの手に渡ってしまうかもしれない、という事態は、回避された。これを避け得たのは、ある程度のところ、オランとダカールに停泊する〔フランスの〕艦艇に対して攻撃を行ったからなのであった。この攻撃は非常に激しいものであり、その激しさに匹敵し得るのは、一八〇一年と一八〇七年のデンマーク艦隊に対する攻撃くらいだろう、というものであった。商船に対するUボートや航空機による攻撃によって、マルタ、ロシア、ブリテン諸島へと向かう海路が完全に断たれることはなかった。〔戦艦〕ビスマルクの勇壮な航行に見られるような、ドイツの水上艦隊による時折の襲撃も、同様に、封じこめることができた。もっとも、これは、大きな犠牲を伴うものであり、時にはイギリス側が大きな損失を被るものであった。中でも最悪の出来事は、無防備の状況に置かれていた極東のイギリス権益に対する日本の攻撃であり、ひどい惨劇となった。〔戦艦〕プリンス・オブ・ウェールズと〔巡洋戦艦〕レパルスが沈められ、ABDA軍〔豪英蘭米軍〕は散り散りになり、香港の港とシンガポールの大きな基地[*6]は陥落し、マラヤ、ボルネオ、ビルマという貴重な植民地が失われ、〔ジェームズ・〕サマビル（Sir James Somerville）の艦隊が〔セイロンの〕トリコマリから撤退させられたのであった。だが、ついに、アメリカが参戦し、海軍上の支援を行うのみならず、財政上、工業上の、資源供給源となることになるのだ。長期的な視点で見れば、チャーチルが真珠湾攻撃の報を受けて、「ようやく救われた、という思いで、感謝の気持ちを持ちながら眠り」につくことができたのには、それなりの理由があったのである。[*7]

だが、アメリカが参戦しても、海軍の戦いが、一九四二年と一九四三年、一九四一年と同様に厳しいものである、という点は、変わりなかった。特に大西洋の戦いである。大西洋の戦いは、またも、もっとも重要なものとなっていた。イギリスは、もしここで負けたら、イギリスそのものが敗北となるのであった。だが、連合軍は、一九四二年だけでも、およそ八〇〇万トンの商船を失っていたにもかかわらず、海上のコミュニケーション路は保たれていた。そして、この年、英米の海軍力は、侵攻軍を北アフリカまで護衛することで、敵への反撃を行ったのであった。その後、英米の海軍力は、シシリー島への攻撃、イタリア南部への攻撃、そして最終的には、フランス本土への攻撃を支援した。太平洋戦線においては、戦いのほとんどを行っていたのはアメリカ海軍であった。だが、一九四五年までには、イギリス太平洋艦隊も、太平洋での行動を活発なものにし、日本への侵攻に加わる準備を行っていた。一九四一年五月までに、イギリス海軍は、それまでの戦いにおいて各種艦艇の合計で四五一隻の軍艦を失っていた中、一〇六五隻の軍艦、二九〇七隻の小型船舶、五四七七隻の上陸艇、八六万三五〇〇名の人員を数えるまでの巨大な規模に拡大していた。イギリス海軍は、今回の戦争でもまた、戦いの初期の段階においては、それまで国が海軍をおろそかにし、倹約していたことの結果として、苦しんだが、それでも、なかなかよく戦い、最終的には、勝者として、この戦争を終えた。オーク材の魂は、打ち破られることなく残ったのだ。栄光ある伝統が、一層増進したのである。ドイツ帝国、イタリア帝国、大日本帝国が崩壊したことにより、イギリスの海軍上の地位は回復され、一層強固なものとなった。

本当にそうだったのだろうか？　ここまで見てきた海上戦争の概略は、たしかに簡潔なものであるかもしれないが、艦艇や人員や海戦に重きを置いた典型的な記述である。果たしてこの記述は、イギリスのシーパワーという、より抽象的なものの研究として、十分なものといえるであろうか？　明らかに、不十分だ。単純に「海上での戦いの経緯」を描くことによって、われわれは、何が起こったのかを知ることができる。だが、それだけなのだ。ここでも、われわれは、伝統的な記述よりも、扱う対象を広げて――そして、深めて――海上覇権の背後にあった各種の要因を精査しなければならないのである。こうした作業を行うと、〔イギリスの勝利という〕構図は、より暗澹としたものに見えてくるのだ。イギリスのシーパワーは、第二次世界大戦の終結によって立場を強化したどころか、この戦争によって激しく打ち砕かれたのである――打ち殺された、と書いても、いい過ぎではないだろう。早くも一九世紀には現れていた兆候に、最大級の止めが刺されたのである。

　戦略的な観点において、この戦争において海軍が行った唯一のこと――行うことができた唯一のこと――は、第一次世界大戦の時と同様に、イギリスと外部世界とを結ぶ海上航路を保とう、としたことであった。これは、海軍の役割として、死活的に重要なものであった。チャーチルの言葉を用いるならば、これは、勝利のための「基盤」なのであった。そうはいうものの、基本的には、これは、消極的で、防御的な貢献にとどまるのであった。だが、ここでも、第二次世界大戦以前の戦いと比べると、バランスがより大きな争点であった。地中海と極東の航路は切断された。大西洋の航路も、時折、一時的に閉ざされた。早期から、護送船団方式を採用していたにもかかわらず、大西洋での喪失は、一九一四年から一八年までよりも大きなものであった。同様に明らかであったことは、イギリスがUボートの攻撃をなんとか生き抜いたのは、新しい武器や対抗策があったからで、これらの武器や対抗策は、制海権を維持するためのイギリスの伝統的な方策とはほとんど関係のないものであった。大西洋の「ギャップ」を埋める航続距離の長いアメリカ製のリベレーター〔B-24爆撃機〕の導入、これまたほとんどアメリカ製であった護衛航空母艦の導入、ドイツの潜水艦建造を遅らせる原因となった戦略爆撃作戦の導入、そして、沈められる数に遅れをとらないように新しい商船を進水させていったことである。新しい商船の進水において、アメリカの生産量は、圧倒的なものであった第一次世界大戦時の生産量に並ぶものであり、やがて追いこすものであった。たしかに、潜水艦を発見する新しい方法を開発し、骨の折れる船団護衛の任務を行い、敵との激しい交戦を行ったのは、圧倒的に、イギリス海軍であった。だが、イギリス海軍が、イギリス人以外の助けや、海軍の外からの助けを借りずにこれらのことができたかどうかは、あやしいものである。

十分予測できたことには、新しい要素の中でももっとも重要なものであったのはエアパワーであった。この事実は、何をもってドイツのUボートを沈めたかによって、あるいは示せるかもしれない。連合国の船舶によって沈めた数が、二四六隻、連合国の航空機によって沈めた数が、二八八隻である（〔造船所などへの〕爆撃によって沈めた数を除いた数）[*8]。第二次世界大戦によって、この革新的な武器の時代が完全に到来し、フルに活用されるようになったのである。航空機が陸上や海上の戦場に対して支配権を得るようになるとした〔ジュリオ・〕ドゥーエ（Giulio Douhet）、ミッチェル、トレンチャードらの予言が現実のものとなったのである。これによって、本国と海外とを結ぶコミュニケーション路である「広い大通り」を支配することが制海権であるとしたマハンの教義が無効になったわけではない。だが、その制海権を維持する役割を担っているのは海軍だけである、と海軍が主張できる時代は終わったのである。そして、大洋上の海路を支配する究極的な力が戦艦艦隊であるとする、海軍本部で確立されていた信念は、時代遅れに見えるようになり、それどころか、間違っていて危険なものに見えるようになったのであった。

開戦の時点において、チャーチル、アイロンサイド、パウンド、〔トーマス・〕フィリップス（Thomas Phillips）といった陸軍や海軍の専門家たちが、水上艦艇への空からの脅威をどれほど軽視していたかについては、驚くべきものがある。たとえば、ノルウェー作戦では、躊躇なく「小艦隊を、偵察も行わずに〔ドイツに占領されていた港町〕トロンハイムへと送りこみ、この小艦隊は、確実に爆撃を受けることになった。[*9]」本国艦隊への航空爆撃によって、こうした態度は再考を余儀なくされた。そして、その結果、ノルウェー中部とノルウェー北部から最終的に撤退することとなった。

〔スコットランドの北に位置する〕オークニー諸島を基地とした〔イギリス〕艦隊航空隊（the Fleet Air Arm）は巡洋艦ケーニヒスベルクを沈めるという見事な戦果を挙げ、主要な軍艦を航空攻撃によって沈めた最初の例となった。そうはいうものの、この戦果は、ドイツ空軍が、〔イギリス〕海軍の活動全般を封じこめていたのと比べるならば、比較にもならない、ささいなものであった。伝統的に、海上からの上陸は、陸上からの敵のすばやい反撃の危険性を伴うものであったが、それが今や、上空からの攻撃も撃退しなければならなくなったのだ。ドイツの空軍力による封じこめについて記述した、イギリスの公式戦史家は、次のように結論せざるを得なかった。「ドイツのエアパワーによる脅威は、水路やフィヨルドといった狭い海域にある小型艦艇に対して、効果を発揮するものであり、この脅威によって、海軍力での優勢を、わが国が慣れ親しんだやり方で生かすことを阻まれたのである……」[*10]

　エアパワーの教えは〔一九四〇年五月から六月にかけても〕ダンケルク〔の戦い〕において繰りかえされた。この戦いでは、無数の小型船舶によって、戦略目的を見事に達成した〔ドイツに追い詰められていたイギリス兵たちを本国へと脱出させた〕ものの、駆逐艦や、他の艦種の軍艦が、大きな犠牲を被った。ドイツ空軍は、〔一九四一年五月から六月にかけての〕クレタ島沖でも、ふたたび、優位にあった〔「クレタ島の戦い」〕。〔イギリス〕海軍は、空からの爆弾の嵐の中で作戦を行い、巡洋艦三隻と駆逐艦七隻が沈められ、戦艦二隻、航空母艦一隻、巡洋艦六隻、駆逐艦七隻が大きな損傷を被った。これは、地中海艦隊の大半にあたる数であった。だが、非常によく訓練された航空機搭乗員がイギリス海軍の軍艦にどれほどの被害を与えられるのか、そのことが、もっともひどい形で示されたのは、極東での戦争が始まって、最初の数カ月間であった。一九四一年一二月一〇日、新鋭の戦艦プリンス・オブ・ウェールズと巡洋戦艦レパルスが日本の航空機の攻撃を受けた。二艦は、激しい回避行動をとり、対空砲を猛烈に浴びせたにもかかわらず、わずか数時間の内に爆撃と雷撃によって沈んだ。この時イギリス艦隊を指揮していた提督が、誰あろうトーマス・フィリップスであったことは、皮肉として、強烈なものであった。フィリップスは、航空機による脅威をもっともあざ笑っていた提督の一人なのだった。そして、一九四二年四月初頭、日本の空母部隊がセイロン島とインド南部を攻撃し、サマビル率いる東洋艦隊に、アフリカまで撤退することを余儀なくさせ、この海域に残ったイギリスの船舶は、いかなるものも始末された。この内、特に目を引くのは、軽空母のハーミーズ、巡洋艦のコーンウォールとドーセットシャーである。ドーセットシャーは、最初の攻撃開始からわずか八分間で、九発の命中弾を受けて沈んでしまった。もしもビィーティーが生きていてこの攻撃を目撃したとすれば、自分の目で目撃した光景は、信じがたいものであっただろう。

実際のところ、第二次世界大戦の多くの海戦の中から、航空機の使用が決定的な影響を及ぼさなかった戦いを見つけることは、難しいのだ。イギリス海軍の、ドイツに対するものとしては、ラプラタ沖海戦、バレンツ海海戦、北岬沖海戦が挙げられ、太平洋における日米間のものとしては、〔一九四二年一一月の〕第三次ソロモン海戦、〔一九四四年一〇月の〕スリガオ海峡海戦が挙げられるかもしれない。これら特別な事例を除けば、イギリス海軍にとって、エアパワーの役割は、戦術的にも、戦略的にも、とてつもなく重要なものであった。大西洋、地中海、北極海における船団護衛の成功は、エアパワーに依存したものであった。タラントのイタリア艦隊は、エアパワーによって、大きく損なわれた。〔戦艦〕ティルピッツによって長くつづいた脅威は、エアパワーによって除去された。〔戦艦〕ビスマルクの撃沈においても、わずかな数の貧弱な〔旧式の、という意味〕ソードフィッシュ雷撃機が、大きな役割を果たした。そして、戦争の間に、より新しく、より性能のよい航空機、航空機用照準、爆弾が開発されるにつれて、軍艦に対する危険は、その分、増した。

もちろん、海軍本部は、戦争の初期におけるひどい失敗を経験した後、この新しい傾向の重要性を十分な速さで認識し、イギリスの航空母艦を最大限活用するようになった。ロスキル大佐は、次のように記述している。

〔空母〕アーク・ロイヤルは、〔一九四一年〕五月二一日、地中海のかなり内側からハリケーン〔戦闘機〕をマルタまで飛ばすことに成功し、その六日後、艦載する雷撃機をブレストの西五〇〇マイルまで飛ばして〔戦艦〕ビスマルクを大きく傷つけるという成果を示した。マリタイムパワー〔海洋パワー〕の柔軟性を示すものとして、これ以上の格好の事例は、なかなかないであろう。[*11]

ここでの唯一の問題とは、これを、「マリタイムパワー」の発露と捉えてよいものなのか、それともシーパワーとエアパワーが混合した新しいハイブリッドなパワーの発露と捉えるべきなのか、ということであった。こうした戦闘が、陸上から飛び立つ航空機の航続距離で行ける範囲で起こる際には、海軍本部は、これを完全にコントロールすることはできず、また、これを活用するためには、海軍の伝統的な武器や主張を捨てなければならないのであった。いずれにせよ、一九四二年までには、海軍の上層部は、航空母艦の重要性を認識するようになり、五五隻から六二隻の航空母艦を保有しようと決意するようになった。[*12]しかしながら、弱体化していたイギリスの造船業のために、イギリスは、終戦までに、〔六隻の〕イラストリアス級艦隊空母を完成させ、六隻の軽空母を建造する以上のことはできなかったのである。

航空母艦の興隆、そして、その結果として、戦艦の衰退ぶりがもっとも鮮明に現れたのは、太平洋戦争においてであった。これは、ある程度のところ、アメリカの戦闘艦隊が「屈辱の日〔真珠湾攻撃の日〕」に大きな損失を被り、アメリカが、この戦争の初期の段階において、航空母艦だけに頼らざるを得なくなったので、そうなったのである。そして、〔一九四二年五月の〕珊瑚海海戦と〔同六月の〕ミッドウェー海戦が、真珠湾の教訓の確認となった。その結果、強力な空母任務部隊（carrier task force）が生み出されて、太平洋中央を進むニミッツの前進の先兵となった――この先兵が、敵がいる島嶼群を孤立させ、地上、もしくは海上を基地とする敵の航空戦力をひねりつぶし、敵の海軍拠点（トラック島）を破壊し、フィリピン海やレイテ湾での戦いのように、どこで攻撃を仕かけてこようが、敵の艦隊をたたきつぶしたのである。この戦争の後半では、〔マーク・〕ミッチャー（Marc Mitscher）率いる一六隻かそれ以上の航空母艦から成る部隊が、一〇〇〇機以上の新しいタイプの航空機を、敵攻撃目標に向けて発艦させて、その一方で、戦艦は、侵攻攻撃に先立ち砲撃を行う役割を果たす艦へと、格下げされたのであった。それゆえ、史上最大の戦艦、七万二〇〇〇トンの大和が、沖縄への「特攻」攻撃に向かう最中、航空母艦から発艦した爆撃機と雷撃機だけによって圧倒されたことは、きわめて象徴的なことであった。大和も、〔ドイツの戦艦〕ティルピッツと同様に、その主砲を、敵戦艦めがけて発射することはなかった。〔アメリカの海軍史家サミュエル・〕モリソン（Samuel Morison）は、「大和とともに」、「五世紀に及ぶ海戦の歴史が終焉を迎えた」と記述している。この五世紀の時間が、イギリス海軍が盛衰した時代と重なるということは、まったくの偶然というわけではないのだ。去りゆく者が、新しい者に道を譲る際、その道は、一本だけではないのである。

　だが、第二次世界大戦は、制海権はそれに先立つ制空権しだいである、ということを証明した戦いであったかもしれないが、この戦いによって同時に示されたことは、マリタイムパワーは、もっと前からのライバルであった大陸のランドパワーに対して、優位と効率の良さを持たない、ということなのであった。いうまでもなく、大きく拡散した大日本帝国に対するアメリカの作戦では、結論は異なるものであった。だが、イギリス人は、〔ドイツと日本という〕二つの主要な敵の間にあった、基本的な地理上の対照性を理解することはなかったようである。そのため、ドイツに対してイギリス海軍が果たした戦略上の役割は、一九一四年から一八年までの役割を、単に繰りかえすことになった。現状維持、という役割である。実際のところ、現状維持を達成するのは、前回よりも、より難しいものとなっており、これには、より英雄的な働きを求められるのであった。たとえ、基本的な条件は変わっていなかったとしても、不利が、より大きくなっており、船団の航路は、より危険なものになり、空からの攻撃を、より頻繁に受けるようになっていたからである。他のすべての要素においては、海軍の役割は——また、海軍が成し遂げることは——繰りかえしになるのであった。敵が保有する植民地への侵攻は、必要とはされていなかった（イタリアの植民地は除く）。だが、仮にドイツが海外領土を保有していたと仮定したとしても、それらの領土の獲得が、戦争の成り行きに何らかの大きな影響を及ぼせたのかは、疑問である。そうはいうものの、海上封鎖と上陸部隊の輸送と援護——周辺部への奇襲的な上陸であろうが、大規模の戦略的な上陸であろうが——は、重要な海軍の役割として残っていた。だが、海上封鎖での海軍の役割も、上陸部隊の輸送と護衛における海軍の役割も、戦争の行方には、一般に想像されるほど決定的な役割とはならなかったのである。

第一次世界大戦の経験、ドイツの一九三九年までのヨーロッパにおける軍事上、経済上の支配的な位置、ドイツが中立国と国境を接しているという事実、これらの観点を考慮に入れると、イギリスの指導者たちが、海上封鎖の威力について、どうしてあれほどの自信を持てたのか、理解しがたい。信じがたいことに、長期的な威力にさえ、自信を持っていたのである。前の章で見たように、開戦の前、参謀長会議は、海上封鎖について、自信を表明していたのである。ポーランドがあっという間に侵攻されても、「わが国が主な手段とする」経済上の圧力によって「最終的にドイツを倒せる」[*13]とする考え方が影響されることはなかったのである。アメリカの中立法は、「公海航行の自由」をめぐる議論を無効にするという政治的効果を持つものであったのだが、これによってさらに有利な立場になる、と判断されたのであった。その結果、ホワイトホールは、ドイツとの戦いの見通しについて、考えられないほど楽観的な見通しを持つようになり、その唯一の結果は、まやかし戦争〔開戦を宣言したものの交戦が行われない状態――ヨーロッパの西部戦線において一九三九年九月から一九四〇年五月までつづいた〕の期間を終わらせる気持ちをなくした、ということなのであった。チェンバレンはこのように述べていたのだ。「わが国が行わねばならないこと、それは、和平の申し出を退け、封鎖を継続することである」「わたしは、殺戮が必要だとは思わない」「最後は、連合軍が勝利を収めることになるのだ……」[*14]。遠征軍をフランスに関与させていたとはいえ、大規模な塹壕戦に対する伝統的な恐怖が根強く残っているのであった。これが、一九一八年から一九年までのドイツに対する「食糧封鎖（The Hunger Blockade）」が過大に評価されていたこととあいまって、イギリス人は、ドイツの資源がなくなり、士気が下がるまで、敵の巨大な陸軍と戦う必要はない、と考えるようになったのであった。

この点における計算違いは、巨大なものであった。ロンドンの敵の陸軍力に対する評価は、敵の経済〔持久〕力に対する評価と、著しく対照的なものであった。この二つは、密接に混ざり合っているものであり、それぞれ別々のものとして切り離せるものではない、にもかかわらずだ。イギリスが第二戦線を開くことを躊躇し、それを言い逃れしていたことに対するロシア人やアメリカ人の多くの批判は、否定できない事実ではあるものの、ロンドンの態度は、容易に理解できるものである。〔ヨーロッパ〕大陸を完全に支配していたはるかに大きなドイツ陸軍に対して、はるかに小さなイギリス帝国軍が対峙することは、制空権と兵站の問題をいったん脇に置いたとしても、自殺行為であっただろう。そして、早期の侵攻を求める同盟国からの圧力にチャーチルが抵抗していたことは、正しい判断であった。しかしながら、ドイツがこのような支配的な地位にあり、ヨーロッパの大部分の運命と経済とを握っていたからこそ、イギリスは、ナチスの支配が海上からの圧力だけで倒せるなどという望みに対して、慎重になるべきだったのである。マハン流のやり方は、マッキンダー流の拡大計画を採用している国に対しては、効果を生まないのであった。

イギリスの専門家たちは、ドイツは海上封鎖の圧力を受けやすい、と表面的な印象から判断していたように思われる。ドイツも、他の近代工業国家と同じように、外の世界と広範な貿易を行っており、ドイツの戦時経済は、いくつかの死活的に重要な天然資源に依存するものであったからである。[*15] ドイツの鉄鋼生産に必要な鉄鉱石の六六パーセント以上は、海外から輸入されるものであった。同様に、亜鉛の二五パーセント、鉛の五〇パーセント、銅の七〇パーセント、錫の九〇パーセント、ニッケルの九五パーセント、ボーキサイトの九九パーセント、石油の六六パーセント、ゴムの八〇パーセントが、海外から輸入されるものであり、食料についてさえ、一〇パーセントから二〇パーセントを輸入によって賄っていたのである。ドイツは、同様に、綿花、羊毛、水銀、雲母、硫黄、マンガンについても、輸入に大きく依存していたのであった。こうした事実を考え合わせると、「政府も国民も、海上封鎖を、イギリスの主要な攻撃手段であるとみなしており、これによる決定的な結果、あるいは少なくとも、劇的な結果を当てにしていた」[*16]と知っても、おそらくは、驚きではないであろう。だが、これは、ドイツが島国であった場合にしか成り立たない想定なのであった。ドイツのリーダーたちが、事前の措置をしっかりととらなかった場合、ドイツが、これらの資源を、友好的な中立国や占領した地域から得られなかった場合、ドイツの軍が激しい戦闘に従事することでこれらの資源を使い果たしてしまい、ドイツの生産性が追いつかなくなる場合にだけしか成り立たない想定なのであった。しかしながら、戦争のかなり後半になるまで、これらの想定が成り立つ事態は成立しないのであった。そして、いずれにせよ、この段階までくると、海上封鎖への依存はすでに放棄されており、より直接的な手段が採られるようになるのであった。

ヒトラーは、自らの侵攻政策の開始当時から、海外からの供給品が途絶えてしまうかもしれない、という危険性を認識しており、四カ年計画や他の手段によって、想定される封鎖の影響を受けないようにしよう、と努力していたのだった。広く宣言していた通り、ヒトラーの目標は、自給自足経済であり、他の国々への依存から完全に自由になることであった。そうであったので、彼の考え方は、イギリスの姿勢に影響を与えていた、国際的な経済相互依存という自由主義の概念とは、まったく対照的なものであった。ヒトラーは、ある程度において、代用品を生み出すことによって、自らの目標を達成しようとした。それは、高いコストが付随するものであったにもかかわらず、である。主要な製品は、（木材を材料とする）合成羊毛、合成ゴム（ブナ）、（水素化技術を応用した）自動車や航空機用の燃料であった。同様の理由から、それまで利用価値がないとされていた低品質の鉄鉱石が、今や、活用されるようになり、国内の食糧生産が、強化された。第二に、親枢軸国や中立国からの、迅速な材料の供給があった。スウェーデンからは、鉱石が、ルーマニア、ロシア、ユーゴスラビアからは、石油と食料、銅が、ノルウェーからは、モリブデンが、バルカン諸国からは、ニッケルとクロムが、スペインとポルトガルからは、タングステンが、イタリアとハンガリーからは、ボーキサイトが供給されたのであった。この内、イギリス海軍がナチスの経済に大きな打撃を与えられた唯一の例は、スカンジナビア半島に決定的な打撃を与えることで、スウェーデンからドイツへの鉱石の流れを切断したことであった。これが、連合軍のノルウェー政策を正当化する理由付けとなり、チャーチルがバルト海での作戦を強引に押し進めようとした理由も、これによって、少なくとも、ある程度は説明できる。[*17]だが、チャーチルの計画は、ドイツのエアパワーの脅威によって、ノルウェーでの冒険的試みそのものと同様に、取りやめとなった。

最後に述べるのは、征服である。ヨーロッパを奪い取ることによって、〔ドイツ〕第三帝国を富ませ、完全な自給自足経済を築こう、ということであった。ここでも、ヒトラーは、自らの計画について、きわめて明確であった。ロシア、ハートランドが鍵になる、と熱心に語っていたのだ。「われわれは、あらゆる点において、世界でもっとも自給自足できる国家となるのだ……」[*18]と述べていたのである。だが、この大きな目標を達成する過程において、他の多くの国々が略奪を受けることになるのだ。たとえば、一九四〇年の西部戦線での〔ドイツの〕勝利は、敵陸軍を打ちのめした、という単なる軍事上の勝利だけにとどまらず、大西洋への出口を確保した、という戦略上の勝利にもとどまらないのであった。同時に、ロレーヌ地方とルクセンブルクに埋蔵されていたミネット鉱を獲得し、ベルギーに備蓄されていた様々な重要金属を獲得し、フランスに備蓄されていた、ドイツ国防軍がポーランド、ノルウェー、フランスでの作戦で費やした量の総計よりも多い石油を獲得したのであった。また、この勝利によって、スペインとポルトガルのタングステンと鉱石、北アフリカのボーキサイトにアクセスする陸路を確保したのであった。同様に、ノルウェーの獲得によってモリブデンとニッケルの供給源を確保し、ユーゴスラビアとギリシャへの侵攻が、ボーキサイトと他の金属をもたらし、ルーマニアの実質的な獲得によって、石油の状況が大きく緩和されたのであった。占領軍や、その出先事務所は、新たな支配民族《ヘレンフォルク》の一員として、獲得した資源を利用することにあたって、良心の呵責は感じないのであった。これらの地域からドイツの国民所得への「貢献」は、戦争の初期には八パーセントであったものが、一九四二年には、二〇パーセントにまで上昇したのであった。

戦争における実際の作戦がナチスの経済を弱体化させる、という期待も、少なくとも一九四二年を過ぎるまでは、成り立つものではなかった。〔一九四一年一〇月から一九四二年一月にかけての〕モスクワの戦いや〔一九四二年六月から一九四三年二月にかけての〕スターリングラードの戦いまでは、ドイツは、余裕をもって戦争を戦っていたのであった。大砲もバターも、両方を享受しており、電撃戦がこれを可能にしたのであった。イギリスは、戦時生産による増産の結果として、戦前のドイツに相当遅れた状態から、なんとかドイツを抜くまでにいたったのである。一九四二年には、イギリスは、ドイツの一・五倍を実際に武器生産に費やしており、航空機と小火器の生産では六〇パーセントの優位を得、戦車の生産では三三パーセントの優位を得たのであった。だが、この年、東部戦線での敗北とアメリカの参戦が重なって、ナチスの指導者たちは、長期戦のための立て直しの必要性を確信するようになり、ドイツの生産性が、ふたたび抜き返したのであった。〔アルベルト・〕シュペーア（Albert

	1940	1941	1942	1943	1944
ドイツ	10,825	10,775	15,550	25,000	40,000
イギリス	15,050	20,100	23,670	26,200	26,500

Speer）の指導の下、四一一〇万人のドイツの巨大な労働力（参考：イギリスは二二六〇万人、ともに一九四三年）と〔ヨーロッパ〕大陸の半分という莫大な工業的潜在性が、さらに能力を高めたのであった。言葉で語るよりも、航空機生産の統計が、より多くを語ってくれる。[*19]

　同様に、ドイツの戦車の生産は、一九四二年の六二〇〇両から一九四四年の一万九〇〇〇両に増え、同じ期間に、大砲は、二万三〇〇〇門から七万一〇〇〇門に増え、小火器の生産におけるイギリスの六〇パーセントの優位は、一九四四年には、ドイツの一〇〇パーセントの優位にとって代わられた。十分皮肉なことに、ノルマンディー上陸作戦の直前、ドイツはほとんどの種類の武器を、それまでよりも多く備蓄しており、海上封鎖によってドイツの抵抗力をすり減らすという戦略は、かなりバカげたものだと、思われるようになっていたのである。

　だが、イギリスの戦時生産を、立て直したドイツの産業が追いこしたところで、このことは、ベルリンでは、たいした慰めにはならなかった。ロシアとアメリカが、さらなる勢いで生産量を増やしていたからである。一九四二年から四四年にかけて、ドイツの航空機の生産量は、年平均で、二万六〇〇〇機であり、戦車と自走式の大砲の生産量は一万二〇〇〇両であったが、ロシアのそれぞれの数字、四万と三万に比べるならば、はるかに劣る数字であった。[*20]アメリカの戦時生産は、単純に、驚異的なものであった。一九四一年の時点では、まだドイツの七五パーセントであった。そのすぐ翌年には、すでに二・五倍にまでなっていたのだが、アメリカの成長としては、まだまだ初期の段階なのであった。アメリカの航空機生産は、一九三九年の段階では、わずか二一〇〇機にしか過ぎなかったのだが、一九四二年には、四万八〇〇〇機になり、一九四三年には、八万六〇〇〇機、そして一九四四年には、九万六三〇〇機という、圧倒的な数にまで増えたのであった。実際、アメリカは、一九四〇年から四五年までの間に、二九万七〇〇〇機の航空機、八万六〇〇〇両の戦車、一七四〇万挺の小火器、六万四五〇〇艇の上陸艇、五二〇〇隻（トン数ベースで見れば、およそ五三〇〇万トン）の大型艦船を生産したのである。[*21] つまりは、軍事的潜在力という観点においては、アメリカが、実質的に、ライバル不在の立場にあり、ロシアが二位、ドイツが三位、イギリスが、やっとのことでなんとか四位に位置する、そのような位置関係であった。

だが、一九三九年にイギリス人たちが信じていた、海上封鎖の効果とドイツに対するイギリス経済の長期的な優位が幻想にしか過ぎなかったとしても、ナチスの工業力が、一九四四年から四五年にかけて、一気に崩壊に向かったというのは事実なのである。そうなった第一の理由は明らかだ。連合軍相手の長期戦における人的、物的な損失が、今や、ドイツが耐え得る限界を大きく超えることになったのである。このことは、東部戦線については、特にいえることであった。さらには、ドイツ国防軍が、領土を明け渡すことを余儀なくされた。そして、これと呼応するように、シュペーアが、死活的な原材料の供給源を失ったのであった。この傾向は、中立国が、滅びゆく帝国に手を貸すことをしだいに惜しむようになったことによって、さらに加速した。ナチス内のライバル争い、そして工場で働く労働者たちが一九四四年一〇月に戦場へと駆り出されたことは、同様に有害な効果を生んだ。だが、なかでも効果が大きかったのは、〔ドイツの都市や工業地帯などへの連合軍による〕戦略爆撃であった。戦略爆撃は、最初の数年間は失望するような効果しか生まなかったが、一九四四年までには、二〇年前に予言者たちが述べていたような、威力と正確性を帯びたのである。この年の二月、ドイツの航空機工業への爆撃によって、全機体工場と組み立て工場の七五パーセントが被害を受けたのであった。この年、その後、爆撃は、石油施設を目標としたものに移された。これによって、ドイツの戦車、航空機、軍艦が、重要な戦いにおいて、燃料がないために動けない、ということが、しばしば起きるようになった。そして、一九四五年の初め、爆撃は、ドイツの交通システムを目がけたものとなった。これが絶大な効果を生み、炭鉱が、産業から切り離されたのであった。〔イギリスの歴史学者、アラン・〕ミルワード（Alan Milward）は、次のように記述している。「長距離爆撃機の開発」によって、「伝統的な海上封鎖とは、比較にならないほど効果的な経済戦の手段が得られた。」戦略爆撃は、より積極的で、目的が絞られたものであった。「海上封鎖が前提としていた論拠の多くは、ドイツの領土拡大によって無効となった」が、戦略爆撃はそうではなかった。「それ〔戦略爆撃〕は、経済戦における事実上の革命であった」と。[*22]

そうはいうものの、連合国の政治家たちが、この新たな兵器が達成したことに狂喜し、これの使用をますます促進させたとしても——イギリスは、その戦時生産全体の五〇パーセントから六〇パーセントをイギリス空軍に費やしたと推定されている——そのことは、海上封鎖とシーパワーそのものの重要性が低下している、ということを、ますます示すだけなのであった。海上封鎖という伝統的な政策について述べられることは、これを緩めたら、敵に対する圧力が低下するかもしれない、ということがせいぜいなのであった。とはいうものの、禁輸品のコントロールや、資源を供給源で先に買い付けるというやり方は、海軍的な手段よりも、効果があるものであった。そして、この点について、公式戦史家は、次のように結論している。「戦争の全期間を通じて、封鎖による物不足だけによって、ドイツが決定的に弱まることはなかった。ドイツのアキレス腱は、「封鎖ではなく、爆撃機」にやられた、と。[*23]第二次世界大戦において、敵の海軍力による圧力を受けやすい国は、日本とイギリスだけであった。両国とも、海上貿易に大きく依存する島国である。とはいうものの、両国ともに、脅威を与えたのは、水上艦ではなく、潜水艦だった。

また、同様にして、上陸作戦における海軍の重要性も、エアパワーとランドパワーに追いこされた。クレタ島とノルウェーの例が示していることは、上陸作戦は、制空権が確保できた場合にのみ遂行できる、ということであった。ディエップとギリシャの例が示していることは、小規模な上陸部隊は、上陸地点に、すばやく兵力を集められる優勢な敵に撃破されることになる、ということであった。イギリスの参謀長たちがそうみなしていたように、これらが示していることは、西ヨーロッパへの侵攻は大規模なものでなければならない、ということであり、アメリカ人を待つ必要がある、ということであった。だが、実際に実行してみると、オーバーロード作戦〔ノルマンディー上陸作戦の作戦名〕の成功は、連合軍の空での優勢に大きく依存するものであることが明らかとなった。これは、それに先立つ二年間で、確実に築き上げたものであった。上陸侵攻に先立ち、イギリスとアメリカの戦闘機が、敵のコミュニケーション網を破壊したのであった。また、イギリスとアメリカの爆撃機が、大規模な船団を空から護衛し、橋頭保への空からの干渉から、守ったのである。Dデイ〔ノルマンディー地方の海岸への上陸を開始した日、一九四四年六月六日〕の後も、イギリスとアメリカの爆撃機はさらに働き、敵の反撃を封じこめ、敵は、夜間に移動することを余儀なくされたのであった。これと比べるならば、海軍の役割は、はるかに重要度が低いものであった。砲撃による支援は、たしかに、侵攻軍にとって助けとはなったものの、「決定打となったのは、連合軍の航空戦力が、敵をまひさせたことであった……」*24 いずれにせよ、オーバーロード作戦は、間違いなく成功であったにもかかわらず、真に重大なのは、東部戦線でドイツ陸軍が敗れたことであった。東部戦線での損失は、ドイツの死傷者の五分の四にあたり、ソヴィエト陸軍の死傷者は、第一次世界大戦のすべての参戦国の死傷者を上回る数であった。マッキンダーのハートランドをめぐる争いと比べるならば、イギリスが主導した北アフリカとイタリアにおける作戦は、単なる余興にしか過ぎず、正面衝突による大量殺戮を避けるための、チャーチル゠ロイド・ジョージ流の伝統に則ったやり方だったのである。しかしながら、第二次世界大戦が——〔航空機の使用を伴わない〕軍艦だけの能力の全体的な低下を印象づけた以外に——もし何らかのものを示すものであったとするならば、それは、大陸の半分を跨いでいるような強国に対する「イギリス流の戦争方法」の効果、という神話を打ち破った、ということであった。ドイツに対する二つの戦争において、イギリス人は、間接的なやり方を熱心に追求したのであった。

だが、歴史的事実として、近道などというものは存在しないのであった〔過去形であることを強調〕。少なくとも、片方の陣営が、原子爆弾の保有と使用によって近道を生み出すまでは……過去の事例によって示されていることとは、近代的な武器で武装した大規模な陸軍をすばやく打ち負かすことはできない、ということであり、戦時下の経済は、一九四四年と一九四五年のドイツの例が示しているように、もっとも過酷な状況下にあっても、信じがたいほど耐え抜く、ということなのである。「勝利」を達成するには、軍事と経済の両面において、最大限の圧力を継続的にかけつづけることが必要なのである……[*25]

イギリスは、シーパワーの効果を過大に見積もるという計算違いをしていたのであったが、そうなった最大の原因は、これに付随する想定を、間違えていたからである。イギリスは、海上封鎖によって敵の力を確実に切り崩しながら、優位にある帝国の経済的な資源を結集させて、最終的に決着をつけるための準備を進めよう、という腹積もりであった。一七世紀と一八世紀に、海上での圧力と金融による圧力を組み合わせることによって、オランダとフランスの挑戦を挫いたのであったが、二〇世紀のドイツの脅威に対しても同じやり方が通用する、と、間違った想定をしていたのである。この想定は、口先だけの戦略家たちから、参謀長たちにいたるまで、ほぼすべての者が受け入れていたものであったが、さらにその前提となる想定が間違っていたのである。彼らは、イギリスの生産力、原材料を支配する力、そして特に金融を支配する力は、戦争を耐え抜くだけの力を有する、ということを前提にして、この想定を組み立てていたのであったが、そもそもその前提が、間違っていたのである。このような前提は、かつてイギリスが、西洋世界において支配的な地位に昇りつめようとしていた時期には、成り立つものであったが、もはや、成り立たなくなっていたのだ。期待とは裏腹に、原材料の欠乏を経験したのはイギリスの側なのであった。これはある程度のところ、ゴム、錫、サイザル麻、麻、タングステン、硬材〔硬い木材〕の供給元であった極東を日本が支配したからであり、ある程度のところは、ドイツのUボートによる「対封鎖戦」が成功したからなのであった。さらには、これまで見てきたように、シュペーアがドイツの武器産業を立て直すと、イギリスは、敵の武器生産に対抗できなくなったのであった。また、イギリスは、自治領からかなりの援軍を得ていたにもかかわらず、〔ヨーロッパ〕大陸において、ドイツ国防軍に対抗できる規模の陸軍力を投入できるみこみを持たなかったのである。一九四二年五月、武器生産の急速な増加が、イギリスの労働人口による限界に達するようになると、労働大臣は、チャーチルに対して、陸軍にこれ以上の人員を投入すると、産業から労働力が失われ、生産力の縮小につながることになる、と警告したのであった。[*26] 戦争努力を継続し、宣言していたように「どんな犠牲を払ってでも勝利」を得るには、イギリス人たちは、ますますアメリカに依存しなければならないのであった。西側諸国において、ドイツ打倒を可能にするための工業力と人口を有するのは、アメリカだけなのであった。

一九四二年の第二四半期、アメリカの軍事生産は、イギリスに追いついた。一九四三年の末までに、アメリカの航空機生産はイギリスの二倍となっており、アメリカが商船を進水させた数はイギリスの六倍となっていた。そして、一九四四年までには、アメリカの武器の総生産量は、六倍もの大きさになっていた。[*27] やがてイギリスのかなり前を走るスーパーパワーを生み出すことになる、アメリカの、大陸大の資源、大きな人口、より近代化された産業という全潜在能力が、ついに、実感されるようになったのであった。イギリスは、何世紀か前のスペイン、ポルトガル、オランダなどと同様の、衰退しつつある小国、という立場に立ったのだ。第二次世界大戦のヨーロッパ戦線での戦いが、最終的にどうしてあのような結果になったかについては、軍事費の総額を示すだけで、だいたいは説明がつくことなのである。[*28]

	1941	1943
アメリカ	4.5（10億ドル）	37.5
イギリス	6.5	11.1
ロシア	8.5	13.9
ドイツ	6.0	13.8

さらには、アメリカの軍需生産は、他のすべての参戦国を上回っていたにもかかわらず、アメリカの財政を圧迫するようなことは、まったくなかった。一九四三年、ドイツはGNPの六三パーセントを軍事支出に当てていた。イギリスの支出も、大きく異なっていたわけではない。だが、アメリカの軍事支出が、四三パーセントの線を超えることは、一度もなかったのである。[*29] アメリカは、より小さな努力で、より少ない犠牲で、戦争に勝ったのである。イギリス兵たちは、アメリカ兵たちを見て、より良いものを食べ、より高い手当を得て、より装備がよく、何から何まで豊富なことに始終不満を口にしていたが、これは、単に、圧倒的な物質力と、圧倒的な財政力を、直接に投入した結果なのであった。

それゆえ、イギリスの戦争戦略へのチャーチルの最大の貢献は、アメリカからの支援が不可欠であることを最初から見抜き、これを、イギリス帝国の利益にかなう形で獲得すべく、自身の魅力と自身のたくらみを最大限に利用したこと、と述べることは、決して、いい過ぎではないのである。そうはいうものの、日本が真珠湾を攻撃したという報に接した時のチャーチルの反応は、感動的であるのと同時に、いくぶんの哀れさを感じさせるものである。

これで、われわれは、ようやく勝つことができる！　ダンケルクの後、フランス陥落の後、オランでの物悲しい出来事の後、ようやく、だ。侵攻の脅威を受けても、われわれは、空軍と海軍を除けば、ほとんど無防備も同然だった。Uボートとの死闘、大西洋の戦いは、わずかな差で、かろうじて乗り切った。一七カ月を一国だけで孤独に戦い、わたし自身も一九カ月間、激しいストレスに晒された後、ようやく、われわれは、勝ったのだ。イングランドは、生きられるだろう。イギリスは、生きられるだろう。イギリス連邦は、生きられるだろう。帝国は、生きられるだろう。[*30]

だが、イギリスとイギリス帝国は、生き延びたかもしれず、イギリスの歴史は「終焉とはならなかったものの、それは、興隆しつつあった若い強国を戦争へと引きこんだからであり、この若い強国が、状況によって、追いこまれていた、没落しつつあったパートナー国を支えなければならない立場に立たされたからなのであった。

これだけの大きな力の差があった結果として、イギリスは、アメリカからの支援への依存をますます強めていった――一八世紀の大陸国家の内、自らのより良い未来のために、自ら支援金を提供した国々をいくぶん思わせるところがあった。戦争が始まる前の段階においてすでに、イギリスは、自国の武器産業を再建するために、そして、これと並行して航空機の数を増やすために、アメリカの工作機械を大量に輸入していた。だが、一九四〇年夏には、フランスが陥落し、イギリスが侵略を受ける可能性が一八〇五年以降で最大になり、チャーチルが、「最後まで戦う」という政策を引っさげて政権に就く中、アメリカへの注文は、支払いできるかを無視して、何倍にも拡大したのであった。この年の四月から七月までの間に、一九四〇年に一二六〇万ポンドであった鋼鉄の購入金額は、一九四一年には、一億ポンド購入することとされるようになったのである。一九四〇年夏、軍需省は、アメリカに、巡航戦車三〇〇〇両を発注した。九月、軍需省は、重高射砲一六〇〇門、ライフル銃一〇〇万挺、野戦砲一八〇〇門、対戦車砲一二五〇門を発注した。だが、これは、ほんの始まりであった。五五個の陸軍師団を創設し、ドイツの都市を毎日打ちのめすのに必要な、莫大な規模の爆撃機戦力を持ち、実質的に二国標準の海軍を持ち、失われてゆく商船を補充するには、アメリカからの軍需物資の供給を、さらに大きく拡大させる必要があったのである。

イギリス自身が英雄的に犠牲を払ったのは、もちろんであった。イギリスの労働者の労働力と、イギリスの産業の能力を、尋常ではないレベルまで引き延ばしたのである。だが、それでも不十分だったのだ。実際、イギリスは、あまりに頑張り過ぎてしまったがために、戦争の終盤には、自国の生産性が低下することを余儀なくされたのであった。イギリスの航空機の生産量は変わらなかったものの、戦車の生産数は、一九四二年には八六〇〇両であったものが、一九四四年には四六〇〇両にまで下がり、この同じ期間、完成した大砲の数は、四万三〇〇〇門から一万六〇〇〇門へと低下したのである。これに呼応するように、アメリカへの依存が増大したのであった。一九四一年には、軍需品の一〇パーセントがアメリカからの輸入品であった。この数字は、一九四三年には、二七パーセントになり、一九四四年には、二八・七パーセントになったのであった。より細かく内訳を見てゆけば、イギリス帝国全体がこの戦争で用いた内、アメリカ製の割合は、戦車で四七パーセント、小火器で二一パーセント、小陸艇と艦船では、三八パーセント、戦闘目的の航空機で一八パーセント、輸送用の航空機で六〇パーセントであった。だが、〔オーストラリア人の歴史家キース・〕ハンコック（Keith Hancock）と〔イギリスの歴史家マーガレット・〕ガウィング（Margaret Gowing）は、このように書いているのだ。

イギリス人の研究者にとって、おそらく、アメリカの力をもっとも強く見せつけられた点とは、アメリカからの援助が、イギリス人が戦争努力を行うにあたって、決定的なものとなったことであったが、これは、アメリカの戦争努力の中では、ささいな一側面でしかなかった、ということであろう。[*31]

たとえば、ピークであった一九四四年、イギリスに送られた航空機は、アメリカが生産した航空機の一三・五パーセントにしか過ぎず、船舶では六・七パーセント、死活的に重要であった食品では五パーセント、砲弾類は八・八パーセントにしか過ぎなかった。それなりの数がイギリスへと送られたのは、自動車とその部品類だけであったが、それでも、その割合は、二九・四パーセントにしか過ぎなかった。レンドリース法〔武器貸与法〕による武器の貸与が最大の量に達していた一九四三年から四四年にかけての二年間、これにあてられた量は、「全部の種類の武器類を合わせても、アメリカの生産量のおよそ一一・五パーセント」なのであった。[*32] 最後に、新たに設立された海軍建設工兵隊〔シービー（Seabee）〕やB‐29スーパーフォートレスなどの例に代表されるように、アメリカの量的優位のみならず、質的な優位という不吉な兆候も存在したのである。[*33]

この、「あらゆる犠牲を払ってでも」勝利をつかむという計画や、ますます増加したアメリカへの依存の、財政的なつけは、イギリスにとって、破滅的なものであった。独り立ちした強国としてのイギリスの立場は、粉々に砕けた。前の章で見たように、一九三九年の春、大蔵省は、「不吉な前兆」をいっぱいにかかえていた。「一九一四年と比べるならば、状況は、悪い方へと、大きく変わっていた……わが国は、海外からものを購入するため、以前のような財源は持たない……海外から購入した品々の支払いに、われわれはすでに悩んでおり、支払いのためのドルが足りないのだ。[*34]」一九四〇年だけでも、四億ポンドの貿易赤字がみこまれており、金とドルの貯えは、全部で七億ポンドしかなかったので、あと二年以上イギリスが戦争をつづけられるか、疑わしかった。これが、一九四〇年二月時点での、大蔵省の見解であった。八月までには、戦争の規模はさらに大きなものとなり、大蔵大臣は、内閣に対して、国が貯えている金とドルはクリスマスまでにはなくなります、と警告しなければならなかった。[*35] イギリスのリーダーたちの見るところ、問題の根源は、中立法に則りながら、アメリカから、あらゆる軍需品を「入手し、代金」を支払わなければならない、というところにあった。そして、イギリスが、より多く発注すれば、その分、破産が近づいてくるのであった。一九四〇年末までに、発注額は一〇〇億ドルに達していた。第一次世界大戦における負債をはるかに超えており、イギリスの支払い能力を大きく超える額であった。一九四一年、金の緊急輸送と、カナダとベルギー政府からの借り入れによって、なんとか首をつないでいた。イギリスの金とドルの貯えは、わずか一二〇〇万ポンドとなっていた。だが、この年の三月、ローズヴェルトはチャーチルからの懇願に屈し、ナチスの勝利を恐れていたので、議会を説得し、有名なレンドリース法を成立させた。

　レンドリース法は、当時、また、その後の多くの話において、寛大な行為であるとみなされてきた。「もっとも下劣さのない行為」というわけである。レンドリース法は、近年、より厳しい評価を受けている。レンドリース法を厳しく評価するのは、イギリスの歴史家にとどまるものではない。第一に、その名が示すように、レンドリース法の真の主要な目的は、「アメリカの防衛を促進させる」ことにあった。アメリカにとってのブリテン諸島の陥落は、ちょうど、イギリスにとってのフランスや低地諸国の陥落と同一であったからである。この点において、イギリス海軍の将来に対するアメリカ人の不安は、フランス艦隊に対する〔イギリス〕海軍本部の不安と一緒であった。第二に、たとえアメリカが、アングロサクソンの隣国に財政上の「ホースパイプ〔「ホース」のイギリス英語〕」を貸し出すものであったとしても、アメリカは、国内の批判をなだめるために、それなりの埋め合わせを要求したのであった。どの銀行のマネージャーもそうするように、アメリカは、それを必要とする顧客に恩恵を差し出す前に、条件を述べることが必要だと感じていたのである。イギリスの金とドルの保有は、その価格がワシントンが望ましいと考える水準を超えないように、厳格に管理されることとされたのであった。同じような監視が、他のレンドリース法貸与国には課されなかったにもかかわらず、である。レンドリース法による品々は、輸出してはならず、イギリス製の同等品も、海外市場に輸出してはならないとされた。アメリカの商業界を怒らせないために、そのようにされたのであった。その結果、驚くことではないが、戦争の影響をすでに受けていたイギリスの輸出は、激減したのであった。一九三八年の水準を一〇〇とした場合、一九四三年には、二九にまで低下したのである。その影響は、明らかなものであった。公式史家は、このように述べている。「連合国の間で資源を融通し合うという建前の下で遂行されていた戦争」において、「イギリス人は、国家の経済的な生存を危うくするほどの、不釣り合いに大きな犠牲を引き受けたのであった」[*36]、と。A・J・P・テイラーは、「われわれは、健全な家計簿を風で飛ばしてしまった」というケインズの言葉を引きながら、「イギリスは、世界のために、戦後の未来を犠牲にした」と観察している。[*37]〔イギリスの軍事史家〕コレリ・バーネット（Correlli Barnett）は、絶妙な比喩を用いて、次のように述べている。輸出の低下「によって……人工心肺装置につながれた患者のような状態になってしまった、今や、この国〔イギリス〕の生存は、アメリカに依存する状態となったのである。[*38]」

だが、示唆されてきたように、これらの諸条件は、アメリカ財務省の短期的な要請にしか過ぎないものであった。長期的な要求は、さらなる警戒を要するものであったのだ。ワシントンの政治リーダーとビジネス・リーダーたちは、世界の天然資源を自分たちの手でコントロールしたいと欲し、一九三〇年代以降、アメリカの輸出の妨げとなってきた貿易ブロックを解体することを決意し、〔イギリス帝国の〕スターリング・ブロックと、一九三二年オタワで創設された帝国優先のシステムに、終止符を打たせようとしたのである。アメリカ人たち――彼らは、イギリスの産業と貿易業の力を過大に見積もっていた――は、一九三九年以降アメリカのライバルたちに明け渡していた市場を、イギリス人たちが取り返すことがないよう、全力を注いだ。アメリカ人たちは、ヨーロッパの植民地帝国を終焉させ、それに代わって自国の企業が、中東の石油、マラヤのゴムと錫、インドと各植民地の市場を自由に手にすることができるよう、働いたのであった。同時に、同盟国が、アメリカの原材料、関税、勢力圏（特にラテン・アメリカ）に干渉することを防ぐため、同盟国各国に多くを要求したのであった。この目的に向かって、アメリカ人たちは、大西洋憲章、一九四二年のレンドリース協定など、様々な機会をとらえて、「世界の貿易と現材料へのアクセス」を、繰りかえし求め、ロンドンとは、湾岸諸国、サウジアラビア、イランの油田の支配権をめぐってしょっちゅう衝突し、ポンドの残高をコントロールする目的でレンドリースの供給品を減らし、アメリカが支配する国際銀行基金のプランをぶち上げたのである。アメリカの政策は、イギリス政府にとって、警戒を要するものに見えていたため、イギリス政府は、常に、アメリカとの協定文書の中に、「逃げ道となる条項文」を埋めこもうと努力した。「それが必要になった場合に、戦後の支えとして利用できるように、スターリング・ブロックを何とか守る可能性をイギリスに残しておくような条項文」である。だが、ロンドンの立場はあまりにも弱いものとなっていたので、ロンドンが常に自らを防衛することは、不可能となっていた。一九四三年一二月には、イギリスのポンド建ての債務は、金やドルの保有額の七倍になっており、その額は、アメリカの金準備高のわずか八分の一であり、フランスの金とドルの準備高の三分の一であった。アメリカが、イギリス帝国を、主権国家的な単位としてみなしたことがないということは、たとえそれに真っ向から異を唱えることはなかったにせよ、長期にわたって、明白なことであった。英米の不平等な関係を記録してきた歴史家〔ガブリエル・コルコ〕は、次のように書いている。今や、レンドリースによって、イギリス経済は、「終戦時に、アメリカに異を唱えることが、不可能なほどの状態」に、陥れられたのであった。[*39]

実際、一九四五年のイギリスの経済的な状況についてちょっと調べてみるだけで、この戦争が、イギリスにとってどれほどひどいものであったのかが見えてくるだろう。死傷者の数だけを見るならば、第一次世界大戦から改善が見られた、と述べられるかもしれない。[*40]これは、ロシア陸軍と爆撃作戦によって敵の抵抗力が弱まるまで、大規模な攻勢に出ることを避けようと、固く決意していたからなのであった。だが、イギリスの商船の喪失は、合計で一一四五万五九〇六トンに達するものであった。懸命な造船努力にもかかわらず、これによって、商船隊の規模は、一九三九年の七〇パーセントにまで縮小したのである（一方で、アメリカの商船隊の規模は、今や、ヨーロッパの国々全部を合わせたものよりも大きくなっていた）。爆撃によって、家々と産業資産は、広範に被害を受けた。そして、六年間つづいた戦争のための負担が、イギリスの工場を大きく消耗させ、これが、資本設備の大きな減少につながった。爆撃と消耗によって、国内では、戦前のイギリスの国富のおよそ一〇パーセントが失われ、イギリスは、失った世界市場を取り戻すにあたっては、弱い立場となった。レンドリースに付随していた諸条件と、財政的な状況にかかわらず戦争を遂行しようと固く決意していたことが、イギリスの輸出の崩壊につながった。イギリスの輸出額は、一九三八年に四億七一〇〇万ポンドであったものが、一九四五年には、二億五八〇〇万ポンドにまで減少した。同じ期間に、輸入は、八億五八〇〇万ポンドから一二億九九〇〇万ポンドに増え、対外債務は、五倍近く増加し、三五億五五〇〇万ポンドとなり、一二億九九〇〇万ポンドもの資本が清算された。これらによって、海外から得られる実質的な収入は半分になり、収支を均衡させることは、さらに難しくなった。イギリスは、おそらく、戦前の富の四分の一ほど（七三億ポンド）を失い、今では、世界最大の債務国という、誰からもうらやまれることはない立場にあった。

戦争の終盤、イギリス政府は、戦時経済から平時経済への移行を段階的に進めることを計画していた。産業の再編と輸出貿易の立て直しを図ることによって、イギリスを、ふたたび世界で儲けられる国にしよう、と計画していたのである。だが、（一八カ月後と見積もっていたのに反して）ドイツが崩壊した三カ月後に日本が敗北し、これにレンドリースを止めるとのトルーマンの決断が加わったことで、イギリス政府の計画はダメになり、イギリスは非常に弱い立場に立たされ、アメリカからのさらなる支援に依存するしかなくなったのであった。新規の融資を得るための交渉を行うために、ケインズがワシントンへと派遣されたのであったが、アメリカは、もはや、帝国優先やスターリング・ブロックについて、交渉する余地を示さないのであった。[*41] これらの不利に対して、この戦争がもたらした社会の巨大な変化、また、平時での利用に可能性を秘めた新たな産業（電機、航空、化学、自動車）の創設もしくは発展を対置させることは、可能であるかもしれない。だが、権力政治という観点においては――もっとはっきりいうならば、第一級の海軍を保持しつづける力、という観点においては――長期に及んだ戦争が、イギリスに、破壊的な影響をもたらしたのであった。

この戦争は、また、まったく新しい兵器の発明と使用とを刺激したのであった――原子爆弾である。この爆弾は、一発だけで、一〇〇〇機の爆撃機による空襲に匹敵するのであった。将来的には、さらに強力な爆弾の開発もみこまれ、伝統的なタイプの武器は、すべて時代遅れになるようにも思われていた。このような武器が使われるような状況では、ランドパワーも、シーパワー同様に無力なものとなるのである。独り立ちした強国としての地位を守ろうと欲するすべての国々は、このタイプの武器を開発し、もし、それが可能であるならば、それに対して適切な防衛力を構築することが、必須であるかのように思われていた。だが、ここでも、イギリスは、原子爆弾の開発の初期段階では大きな貢献をしたにもかかわらず、やがて、気がつくと、置いてけぼりになっていたのであった。アメリカが、原子爆弾について、独自の研究をすばやく推し進めていた状況に鑑み、〔イギリスの政治家〕サー・ジョン・アンダーソン（Sir John Anderson）が、次のような警告を一九四二年に発したのであった。「この国で行われた先駆的な研究は、その価値が失われつつあり、わが国が、すぐにこれを具現化しないならば、あっという間に追いこされることになる」と述べたのである。だが、莫大な財政面でのコストを別にしても、イギリスは、どのようにしたら、必要な労働力、鉄鋼、電力の確保すらなかなかできない中、気体拡散や重水のための施設を造ることができたのであろうか？　産業上の制約があったので、イギリスは、原子爆弾の開発についての情報を与えると約束したアメリカの度量を信じるしかなく、これを敵に対して用いる際の何らかの発言力をかろうじて確保しておくだけで、精一杯なのであった。そして、これは、戦争は進むにつれて、どんどんと怪しいものになっていった。一九四五年には、イギリスの「同意」は、形だけのものとなり、じきに、ホワイトホールは、もしこの種の兵器を持ちたいのであれば、自国で開発するしかない、と認識することを余儀なくされたのであった。[*42]

この戦争の帰結は帝国にとって、また、一つに統一された帝国という概念にとっても、破壊的なものであった。もちろん、いずれにせよ、帝国という概念も、帝国の実際の機能も、戦間期には、すでに不調をきたしていた。戦略上の観点だけに絞って見るならば、帝国は、イギリスにとって、資産というよりは、大きな負担となっていたのである。そして、帝国という見た目上の単位が存在した結果として、アメリカ人がイギリスの国力を過大に見積もることになったのであろう。アメリカ人は、戦後世界において、自分たちが、イギリスの経済計画に挑戦することになるだろう、と感じるほど、イギリスの国力を、強大なものと見誤っていたのである。だが、一九四五年までには、見た目上の帝国も、はぎ取られた状態になっていた。〔イギリス帝国の〕各自治領と各植民地（アイルランドという、予想通りの例外を除いて）が、西側民主主義を枢軸の脅威から守るため、財政上の貢献、物質上の貢献、人員上の貢献を気前よく行った、というのは事実である。だが、政治的には、この戦争は、ウェストミンスターと、海外〔自治領、植民地〕の紐帯を、多様な面で弱める役割を果たしたのであった。その代表的な例がインドの動揺であった。インドの動揺によって、イギリスは、世界大戦後に、インド人によるインド自治政府を約束せざるを得ない立場に立たされたのである。日本によるビルマ〔現在のミャンマー〕の制圧も、イギリスとビルマの紐帯を弱めることにつながった。実際、〔この戦争の初期に〕東洋におけるイギリス帝国――香港、ボルネオ、ビルマ、マラヤ、そしてシンガポールの有名な海軍基地――があっという間に崩壊したことは、長期的な視点で見れば、人的な損失や武器の損失、ゴム、錫、石油などの原材料を失ったことよりも、おそらくは、心理面でのダメージの方が、はるかに大きかったであろう。次のようにも指摘されているのである。

特にシンガポール〔の陥落〕は、〔イギリス〕帝国の陸軍力と海軍力の見かけ倒しを晒けだした、という点で、象徴的だった。シンガポールが陥落すると同時に、イギリス帝国という枠組みの神秘性や魅惑は、大部分、崩れ去ったのである。三年にわたる日本の統治の後、一九四五年に取り返したのであったが、東洋の植民地帝国が、かつての状態に戻ることはなく、イギリス帝国の栄光が回復されることは、二度となかった。一九四二年二月一五日に〔シンガポール防衛の任にあったイギリス陸軍司令官〕パーシバルが、アジアの一国に屈したことは、単に、一つの戦いの終わりを意味するものではなかった。この日、一つの時代が終わったのである。[*43]

各自治領も、世界情勢の現実を認識するのに遅れていたわけではなかった。アイルランドは、忘れるにはあまりに苦い過去を持っていたこともあり、〔連合国に加わらず〕中立を保っていた。南アフリカが参戦したのは、内閣の危機が起こった後であった。だが、イギリス連邦のもっとも忠実な加盟諸国までもが、イギリスが、もはや、自分たちを守る力を有していないと判断すると、アメリカという新興国に再保険を掛けるのが賢明だ、と感じるようになったのである。一九四〇年八月、カナダは、南側の隣国と、半球の防衛について、片務的な協定を結んだ。オーストラリアのカーティン首相は、一九四一年、アメリカに期待を寄せることについて、「イギリスとの伝統的なつながりや、血縁的なつながりとの関係において、何らの痛みも感じるものではない」と警告を発したのであった。そして、シンガポールが陥落すると、彼の危機感は、一層高まったのである。ニュージーランドですら、アメリカを、「ニュージーランドが含まれる地域において、海軍作戦の遂行に責任を有する唯一の国」とした上で、「その強国〔アメリカ〕との直接的で継続的なつながり」を求めたのであった。[*44] 驚くべきことではないのだが、一九四二年初頭以降、オーストラレーシア〔オーストラリア、ニュージーランド、ならびにその周辺の海域〕での作戦の責任を担うことになったのは、イギリス人の参謀長たちではなく、アメリカ人の参謀長たちなのであった。太平洋における当時の軍事的状況を考慮するならば、この決断は、間違いなく、正しい決断であった。とはいえ、南半球の植民地が（マッカーサーという）アメリカの将軍の指揮下に置かれることをヴィクトリア期の政治家たちが知ったならばどういう反応をするかを想像して、驚愕している様を思い浮かべることは、容易なことである。彼らの死後、二世代も経ずして、このような事態になってしまったのである。

遠方の海域の政治的状況が、イギリスの政治家たちにとって、希望のないものに見えていたからといって、本国の近くが、より希望の持てる状況であったわけでは、決してなかった。一九四四年までには、アメリカの圧倒的な人的優位、物的優位が、急速に弱まりつつあったドイツに対して、やがて勝利を獲得するということは、明らかであるように思われていた。だが、ロシアと西側の、相手に対する猜疑は、確実に増大しつつあり、チャーチルや他の政治家たちは、中央ヨーロッパと東ヨーロッパにおけるナチスの大管区指導者《ガウライター》による圧政は、ソヴィエトの官僚《コミッサール》による圧政にとって代わられるようになる、と結論するにいたった。スターリンの表現を用いるならば、誰がハートランドを支配するかを決めるのは「大きな軍勢」であり、赤軍が、今や、ポーランド、ハンガリー、バルカン半島へと、確実に前進しつつあった。この状況は、一九三九年にポーランド回廊を守ることができなかったのと同様に、イギリスの弱い力では、どうすることもできないものであった。この先起こり得る危機についてアメリカに分からせ、ヨーロッパの自由を、経済的手段と軍事的手段の両方によって擁護することの必要性をアメリカに分からせないかぎり、チャーチルにできることはほとんどなかった。唯一可能なことは、ロシアの拡大に制限がつけられるかもしれないという期待を抱きながら、スターリンとの「取引」の可能性を探ってみることであった。[*45] それゆえ、〔ヨーロッパの〕バランス・オブ・パワーは世界におけるイギリスの立場にとって都合の良いものであり、イギリスは、そもそも、これを守るためにドイツとの戦いに入ったのであったのだが、イギリス史上もっとも消耗させられた戦争が、終わりへと近づきつつある中、イギリスは、〔ヨーロッパ〕大陸のバランス・オブ・パワーの維持から、かつてないほどに離れた位置にいた。アメリカが海外世界〔ヨーロッパ以外〕を支配し、ソヴィエト・ロシアがヨーロッパを支配しようとしていた。何十年か前、トクヴィルやシーリーらが予想した超大国の時代が、ついに、やってきたのである。そして、イギリス帝国は、それら超大国には含まれていなかった。それどころか、イギリスは、ものすごい速さで、二等国へと転落しつつあった。アメリカとの違い――そして、戦争を触媒にしたかつての自らの成長との違い――は、あまりにも明白であったので、公式史家たちは、イギリスの戦時経済についての研究の最後において、次のような指摘を行うにいたった。

ナポレオンの時代と二〇世紀では、技術の発達具合や経済の規模がまったく違ったものであるにもかかわらず、ナポレオン時代のイギリスと二〇世紀のアメリカの間には、驚くほどの類似性が、いくつか見られるのである。両国とも、自国にとっての好機を生かし、戦争という手段を利用して、輸出を拡大させることができた。終戦に際しては、他の国々との比較における相対的な経済力を大きく拡大させることによって、戦争中の努力と犠牲を、ある程度補うことができた。だが、二〇世紀のイギリスは、これらとは、まったく対極的な状況にあった。イギリスは、第二次世界大戦後、戦時中の自国の経済力への過度な負担から生じたつけを克服しようと奮闘していたのであったが、この奮闘は、長期的なものとなろうとしていた。[*46]

戦争の最中にあっても、アメリカ陸軍参謀部は、世界が大きく変わろうとしていることについて、自信を持っていた。じきに、アメリカとロシアが、「第一級の軍事力を持つただ二つの国」となる、と予測していたのである。アメリカ陸軍参謀部は、米ソいずれの場合においても、マッキンダー流の「地理的な位置と広がり、軍需上の大きな潜在性の組み合わせ」がその根拠となる、とみなしていたのであった。同時に、米ソどちらかが優位に立つ可能性はほとんどない、とみなされていた。「この二つの強国の相対的な力、地理的な位置から考えて、どちらかが……もう片方を、軍事的に打ち負かすことは不可能」と、みなされていたからである。この点に関して、アメリカ陸軍参謀部は、さらに一歩踏みこんだ言及を行っていた。「絶対的な意味においても、アメリカ、ロシアとの相対的な関係においても、イギリス帝国は、経済的にも、軍事的にも、立場を失った状態で戦争の終結を迎えるであろう」[47]と、述べていたのである。過去の大きな戦いは、そのすべてが、帝国の盛衰を目撃してきた。今、新しい二つの国々が優位に立ち、三つ目の国が、長い間、自らが支配的な位置にあった国際舞台の中央から立ち去る番がやってきたのである。

　第二次世界大戦が、イギリスの国力に与えた有害な影響を考慮するならば、イギリスは、あれほどの犠牲を払って戦う必要があったのか、さらには、そもそも戦う必要があったのか、という疑問が、浮かび上がってくるだろう[48]。イギリスがこの戦争によって何を得たのかが不明であるために、本章のタイトルは、「犠牲を払って得た勝利」と改めるべきではないのか？　という疑問が、呈されるのである。だが、このような議論は、後付けの判断によって膨らんだ結果であるように思われる。たしかにあの戦争で、イギリスは、非常に苦しい戦いをしたかもしれない。だが、予測のつかないヒトラーの性格、そして、ドイツの侵略が成功した場合にイギリスの人々をどのようにあつかうかについての諸計画を考え合わせるならば、イギリスが被った犠牲は、ナチスの支配下に実際に置かれていた場合の状況、もしくはそうなりそうな危機的状況下での生活と比べるならば、明らかに、よりましなものであったはずである。さらには、イギリス人は、圧倒的に不利な状況において、〔防衛を怠ってきたという〕大失態にもかかわらず、なかなかの善戦をした。もしかしたら、その戦いぶりは、これまでの戦争と比べても、良いものであった、といえるかもしれない。特にイギリス海軍についていうならば、第一次世界大戦に比べて、より高い能力を発揮した、といえるであろう。このイギリス海軍に対して、それにふさわしい賞賛を惜しむことは、しみったれた心持、であろう。

そうはいうものの、勇敢さは、不十分なものであった。海軍力という点においては、また、海軍力という単語によって示唆されることのすべて、という点においては、衰退は、きわめて明瞭であった。それが象徴的に現れていたのは、イギリス海軍の予算と人員であった。イギリス海軍の予算と人員は、今や、陸空二つの軍よりも、小さくなっていたのである。イギリスの真の海洋力は、産業、貿易、財政に依存するものであったのだが、これらは、明瞭に、侵食を受けていたのである。エアパワーが、戦闘艦隊を、大洋から、追い出し、すべての水上軍艦に脅威を与えていたのであった。多くの場合、海軍力だけによってランドパワーを屈させることはできないと、ランドパワーは、自ら証明して見せたのであった。原子爆弾が、強国間の衝突において、すべての従来型の兵器の有効性に、挑戦していた。だが、一九四五年の時点では、これらのほとんどは、まだ、はっきりしたこととはなっていなかった。勝利という状況と、この戦争の影響についての不十分な知識（特に経済的な面）の下で、多くのイギリス人たちが、自分たちの国が、今も世界の軍事強国の一つであると思い、海軍強国の一つであると思っていたとしても、不思議なことではない――表面的な兆候は、すべて、この結論を示していたのだ。イギリスの衰退の真の状況、さらに、より普遍的な、シーパワーの有効性の低下は、その後何年間かは、見えずに隠れたままであった。それゆえに、イギリスにとって、第二次世界大戦での栄光的な勝利は、幻想だったのである。イギリスは、この戦争で、得たものより失ったものの方が多かっただけではない。失ったものが、あまりに大きかっただけでもない。イギリスの人々は、この戦争によって、イギリスが独り立ちした国家としての地位を失ったことに、気がつかなかったのである。そして、その後の将来を考えるならば、幻想の勝利は、あからさまな敗北よりも、あるいは、より悪いものであったかもしれない。

第一二章　道の終わり：戦後世界におけるイギリスのシーパワー

シーパワーが、商業主義の時代であった一六世紀、一七世紀、一八世紀、バランスのとれた経済発展と密接な関係を持っていた、とするならば、この関係は、工業資本主義の時代である二〇世紀には、一層強くなった、はずである……このことを確かめるには、イギリス海軍の、現在の調達品項目を、一世紀前のそれと比べればよい。

〔アメリカの海軍士官〕ジョゼフ・J・クラーク（J. J. Clarke）「商船隊と海軍――マハンの仮説についての一考察（Merchant Marine and the Navy: A Note on the Mahan Hypothesis）」*Royal United Services Institutional Journal, cxii*, no. 646（May, 1967）p. 163.

すでに見てきたように、世界強国としてのイギリスの地位の低下と、その結果としての地球各地におけるイギリスの海軍力の低下は、一八九七年のダイヤモンド・ジュビリーの少し前から始まっていた。だが、二〇世紀、二度の世界大戦があったために、世界から撤退してゆくスピードは、決して、一様なものとはならなかった。一九一四年までには、海外関与の多くから戦略的な離脱を行い、また、ドイツ艦隊の脅威への備えとして、イギリス海軍の大部分をすでに北海に集中させていたにもかかわらず、第一次世界大戦そのものの結果として、イギリス帝国は、拡大することとなった。この新たな拡大は、単純に、イギリスが、その国力で賄い得る範囲を超えたものであり、確実に低下しつつあった強国としてのポテンシャル〔能力、潜在力、将来性〕とは、逆方向のものであった。このことは、一九二〇年代、ワシントンの諸条約〔ワシントン海軍軍縮条約と四カ国条約〕で暗黙裡に確認され、一九三〇年代、参謀長会議と大蔵省によって確認された。当時、参謀長会議も、大蔵省も、一つ、もしくは複数の専制国家と長期の近代戦を行った場合の見通しについて、警告を発したのだった。それにもかかわらず、戦争の急場に直面し、イギリスは、ふたたび、世界規模の戦いへと巻きこまれ、一九四五年の時点で、多くの海外領土と、それらを守るための大規模な軍隊を持ったままの状態に置かれることとなった。だが、ここでも、この堂々とした見た目は、現実の力を伴うものではなかった。イギリスは、自らの生き残りのために、自らの大きさを限界まで引き延ばした状態になっていたからである。その結果、一九四五年以降の時代が、最後の、そして最大の縮小を目撃することとなった。これまで見てきたような諸傾向――イギリスの経済力の相対的な低下、超大国の勃興、ヨーロッパの諸帝国の解体、伝統的な形態のシーパワーのランドパワーやエアパワーに対する相対的な力の低下、財政を海外にではなく、国内にあてよ、とのますます大きくなる国民の声――が、長い間疑問符が付されてきたイギリスの海上覇権に対して、とうとう束になって、最終的に襲いかかってきたのである。[*1]

しかしながら、一九四五年のイギリスの政治家たちと軍事リーダーたちにとって、すばやい撤退の必要性は、三〇年後そうなるほどには、明らかなものとはなっていなかった。[*2] 第一に、イギリスを「三大強国」の一員として数えるような慣習が、未だに残っていた。少なくとも、ヨーロッパ、アジア、アフリカにおいては、特に重要な立場にある、と考えられていたのである。このような態度に対して、イギリスのマスメディアの大半は、異議を唱えず、それどころか、ますます強化させたのであった。フランス、ドイツ、日本など、二等国の仲間に含まれるであろう国々が、この戦争によって徹底的に破壊されるか、少なくとも、ひどい打撃を受けた、という事実が存在したからである。第二に、冷戦の到来とともに、地球各地で、共産主義からの実際の脅威、あるいは想像上の脅威が発生しており、一九三〇年代の宥和政策に対する贖罪感もあって、この二つが組み合わさって、イギリスの防衛力を、一八一五年以降のような、あるいは一九一九年以降のような、縮小期の水準へとすばやく引き下げることを防いだのであった。[*3] 加えていえば、第二次世界大戦は、植民地世界において、ナショナリスト的な動揺が激発するための触媒となり、近代強国を相手にした戦争の勝利から帰ったばかりのイギリスの部隊が、これらに、差し向けられることとなった。熱帯で、現地の革命勢力を相手にした、様々な「平和維持」任務へと、差し向けられたのである。これらの内、最大規模のものを挙げるならば、パレスチナのテロと、インドのヒンドゥー教徒とムスリムの対立が挙げられるが、エジプト、ビルマ、マラヤ、その他の場所で、他にも多くあったのである。勝利したという事実によって、海外に駐留する部隊の数が、増えることとなった。かなりの規模の駐留部隊が駐留していたドイツ、イタリア、オーストラリアの他に、駐留部隊は、ギリシャ、北アフリカの多くの地域、イラク、東アフリカ、インドシナ〔現在のヴェトナム、ラオス、カンボジア〕、シャム〔現在のタイ〕、オランダ領東インド〔現在のインドネシア〕にも駐留していた。こうした点すべてを見れば、戦勝記念日〔イギリスを含むヨーロッパにおいては一九四五年五月八日〕の直後、イギリスが、海外での責任からのすばやい撤退を広範に考慮していたとは、とても考えにくいであろう。

　そうはいうものの、現地の情勢が、イギリスにとどまることを余儀なくさせた場所もあれば、現地の情勢が、イギリスに撤退を余儀なくさせた場所もあった。とどまるか、撤退するか、どちらかを選択することは、殊更に難しい判断であった。終戦から二〇年あまりのイギリスの防衛政策は、混乱し、めちゃめちゃなものとなったが、この混乱とめちゃめちゃさの多くは、生じてきた政治上の問題、戦略上の問題、技術上の問題の複雑さのためであった、と指摘しておくことは、まったく公平な評価であろう。簡単な解決策は、存在せず、重大なリスクを伴わない解決策は、存在しなかったのである。世界は、大きく変わり、世界の中でのイギリスの位置も大きく変わっていた。だが、戦後の混乱が、まだ落ち着いておらず、かつての構造がどれだけ残っているのかが、政治家たちには、はっきりとは見えていなかった。渋々ながら、変化の大きさが——そして、撤退せよとの大きな圧力が——多くの場合、非常にゆっくりと、実感されてきた。かつてソールズブリーは、変化している状況において、過去の政策にしがみつくことほど悲惨なことはない、という格言を述べたのであったが、イギリス政府は、時折、この格言を思い起こすことに、失敗した。イギリス人は、一歩、また一歩と、元の島へと撤退していった――ヨロヨロと撤退していった、とも表現できよう。彼らは、二世紀前かあるいはそのちょっと前、この島を出て、その後、地球の大部分を支配し、大洋の大部分を支配したのであった。

　この撤退劇の、ありとあらゆる段階において、間違いなくもっとも決定的であったのは、一九四七年に起こった出来事であろう。この年、イギリス政府は、長年の約束を守り、インド亜大陸から撤退したのである。だが、この撤退を、帝国主義に反対していたことでよく知られる労働党だけに帰することは、間違いであろう。アトリーや彼の同僚たちは、早過ぎる撤退が引き起こすであろう混乱についての保守党の恐れを共有していたものの、別の現実的な考慮によっても、動かされていたのであった。大蔵大臣のダルトンは、「あなたが、歓迎されていない場所にいて、あなたを歓迎していない人々を押しつぶす戦力をあなたが持っていないとすれば、あなたができるのは、そこを出てゆくことだけだ」[*4]と、述べていた。同じ頃、〔外相の〕ベヴィンもまた、パレスチナから撤退し、ギリシャとトルコへの支援は更新しない、とするイギリス政府の方針を公表していた。だが、インドからの撤退を、美徳とするにせよ、必要性から行った、とするにせよ、一つの点は、明らかであった。インドが二世紀近くもその中心にあったイギリス帝国の終わりが、近づいていたのである。ヴィクトリア期の政治家たちが「東洋におけるイギリスの力の偉大なる源泉」[*5]として慈しんだインドからの撤退と、それに伴う英印軍の喪失によって、イギリスが他の多くの拠点を維持する理由も、人員〔これらの拠点の多くでは、日常の行政や防衛が、インド亜大陸からの人々によって担われていた、例えば警察官〕も、切り崩されたのであった。そもそも、これらの拠点を獲得したのは、〔インドという〕もっとも重要な所有物へのコミュニケーション路を保護するためであった。カーゾンは、一九〇七年に、次のように述べていたのではなかっただろうか。

インドを失うことになり、偉大な植民地を失う日がやってきたならば、それだけで済むであろうか？　一緒に、港も失い、給炭拠点も失い、要塞も失い、造船所も失い、直轄植民地も失い、保護領も失うことになるであろう。失われた帝国の入城門や外塁などとして、不要なものとされるか、あるいは、より強力な敵によって奪われることになるのである。[＊6]

それゆえ、インド亜大陸からの撤退を受けて、「［イギリスの防衛政策の］見直しが行われなかった」[＊7]ことは、驚きなのである。ここでも、伝統的な思考パターン、意志決定が不十分なこと、それに他の問題へ意識が移っていたことが、態度や政策に、何か根本的に変更が加えられることを、防いだのであった。そして、これは、未来に対しては、有害なことであった。世界におけるイギリスの位置について、脱植民地化の過程について、変化しつつあったグローバルな軍事バランスについて、よく考えられた長期的な見通しが存在しなかったので、イギリスの軍隊は、たくさんの「小規模な」戦争を戦うことを余儀なくされ、熱帯の様々な係争地へと動員されたのであった。マラヤ、ケニア、スエズ、クウェート、北ボルネオ、キプロス、アデン、トルーシャル・オマーン、東アフリカ、フォークランド、イギリス領ホンジュラス、モーリシャスへと動員されたのである。場所の数が多いことと、それらが地理的に、あちらこちらに散らばっていることが、イギリスが、その良き時代に築いた、広がり過ぎの帝国を示すもう一つの指標ともなっていた。これらの軍事行動のいくつかは、小規模のもので、現在では、ほとんど忘れられている。それらのいくつかは、かなり大きな規模のもので、現在でも、栄光や痛みを感じさせるものとなっている。それらの戦いのいくつかは、当時としては、非常に成功した、との評価が下され、現地人に対しての、イギリスの防衛力の機動性や、未だかなりのものであった軍事力が、賞賛された。また、その内のいくつかは、屈辱的な失敗である、との評価が下された。だが、成功した戦いといえども、その後には、しばしば、成功を帳消しにするような出来事がつづくのであった。革命勢力のリーダーとしてみなされていた者たちが、国家元首として認められたり、かつての敵国との条約が結ばれて、敵国が、一夜にして、友好国になったりしたのであった。そして、このようなイギリスによる介入の全体としての効果は、かつての砲艦外交への回帰の前触れではなく、限定された期間だけの「安定」を築くという、時間稼ぎのための行動なのであった。これらは、沈みゆく帝国の、死に際の痙攣なのであった。始めの内は、頻繁で、大規模なものであったが、患者の体力が衰え、筋肉が衰えるのに合わせて、ゆっくりと、衰えていったのである。最後の身震いは、感じることができたかもしれない。〔労働党政権の首相〕ハロルド・ウィルソンが、一九六八年一月一六日、イギリスの軍事力を、一九七一年までに、極東とペルシャ湾から撤退させると宣言したのである。後につづく保守党政権によって、これらには、幾分かの修正が加えられたが、これらの修正が、死体を蘇らせるものであったと述べることはできないであろう。

帝国が確実に瓦解してゆくという過程が意味することとは、〔貿易、植民地、海軍という〕すでに時代遅れになっていたマハン掲げるところのシーパワーを支える三つの面の一つであった植民地が、今や完全に失われてしまった、ということであった――そして、海運を盛り立て、保護してきたのは植民地なのであった。これは、単に、すでにかなり進行していた事態が行き着いた結果、に過ぎないことであった。つまり、帝国は、すでに戦略上バラバラになっていたのであったが、そのことが、第二次世界大戦によって、誰の目にも明らかになった、というだけのことなのだ。そうはいうものの、インドに自由を付与することによって、「帝国」防衛という概念そのものが、これで終了、となったのである。帝国は、たしかに、イギリス連邦へと改編されたかもしれない。だが、新しい仕組みは、戦間期の、継ぎはぎだらけの政治的まとまりさえも、保つものではなかったのである。ネルーやガンディー女史の下のインドは、中立国となり、インド洋にあるすべての強国に眉をひそめ、国連を、より意味のある国際議論の場であると認識し、イギリス連邦の一員であったパキスタンと、戦争まで行ったのである。シーリー、チェンバレン、その他が追求した連邦の夢の内、残っているのは、開発援助と文化交流だけとなっていた。オーストラリアとニュージーランドは、一九五一年、イギリス国内に議論や反対を引き起こすことなしに、アメリカと、ANZUS条約を締結することができた。このことは、世界政治の現実を前にしては、神話などは何の役にも立たないという、その程度を示すものであった。[*8] イギリス帝国のようなバラバラに広がった領土によって、一つの有効な防衛ユニットを形成できるなどという考え方そのものが、過去の遺物なのであった。この考え方は、イギリスが財政的に強く、ヨーロッパに関与しておらず、従属国がホワイトホールとのつながりを他の何よりも重視しており、シーパワーが優勢であった時代にのみ、成り立つ考え方だったのである。一九四五年までに、これらの条件は、何一つ当てはまらなくなっていた。

さらには、イギリス連邦の、イギリス本国以外の各加盟国は、自国が位置する地域の政治状況、経済状況、戦略的状況に集中することを望んだのであろうが、これは、イギリス本国も、同様だったのである。とはいえ、ここでも、ロンドンで政策決定にたずさわるエリートたちは、異なる目標の間で、引き裂かれていた。これをもっとも象徴的に表していたのは、チャーチルやイーデンらの楽観的な主張であった。イギリスは、三つの輪が重なる場所にいる、という主張である。三つの輪とは、イギリス連邦、アメリカ、ヨーロッパである。この三つの輪のうち、イギリスでもっとも人気がないのは、ヨーロッパであった。かつての帝国とのつながりは、イギリス人の心の奥底に深く刻みこまれており、これを消し去ることは、容易ではなかった。自治領のリーダーたちがこれを拒絶しても、そうだったのである。アメリカとの関係を表した「特別な関係」という用語は、戦争によって生まれ、おそらくは、その後ワシントンへの依存が増大したことにより、さらに強い意味を持つようになってはいたものの、アメリカとの関係について、イギリス人たちに、誤解を与えるものであった。イギリス人たちのうち、大西洋の向こう側では「特別な関係」はそれほど重んじられてはいないということを知らなかった者たちは、この言葉に、誤解させられたのである。だが、イギリス人にとってのヨーロッパとは、過去一世紀にわたって、トラブルの温床でありつづけ、外交政策の障害物であり、イギリスが、世界情勢の中で行動の自由を確保しようとするあらゆる努力を阻害するもの、なのであった。二度のヨーロッパへの介入――と、それがもたらした有害な結果――によって、イギリスのヨーロッパ政策は、白紙となっていた。大陸は、今や、戦争によって荒廃した状態となり、フランスとイタリアでは、大きな共産党があり、ドイツは、今も信用できなかった。このような状況では、この地域とは政治的に距離を置くことが、イギリスにとって賢明だったのではないだろうか？[*9]

だが、このような主張は、どれほど魅力的な主張であると見えたとしても――共同市場への憤慨が、この問題に対するイギリス人の態度をよく示すものであった――単純に、地理を無視する主張であり、世紀転換点からのイギリスの経験を無視する主張であり、そして、特に、一九四五年の政治的状況、軍事的状況を無視する主張なのであった。「光栄ある孤立」も、〔ヨーロッパ〕大陸にバランス・オブ・パワーが存在し、イギリスのシーパワーが優勢であった時代だけにしか成り立たない主張なのであった。両方の前提が、ともに存在しなくなった以上、イギリスは、態度を改めなければならないのであった。戦間期の「大陸関与」（〔歴史家の〕ハワードが生み出した用語）を避けようとする必死だが無駄に終わった試みは、ランドパワーやエアパワーが影響力を得るにつれて、教訓として、ますます明らかになっていた。さらには、ヨーロッパの中心部へと進出した連合軍の軍事作戦によって、イギリスのリーダーは、事実上の既成事実を突きつけられていた。ヨーロッパの経済とコミュニケーションが回復し、飢餓が回避され、ナチズムが根絶されるのに、ある程度の時間が必要なことは、明らかであったのだ。これらすべてが、早期の撤退の妨げとなっていたのである。中でももっとも重要なことに、ドイツ、イタリア、オーストリアに駐屯するイギリス、アメリカ、フランスの駐屯軍は、今や、赤軍の師団と、隣接している状態にあったのであった。赤軍の師団は、西側がそもそも戦争を戦った理由である自由な民主主義という考え方に敬意を示していない独裁者の下にあり、この独裁者は——ヨーロッパ内でも、外でも——共産主義の勢力圏を拡大させたいという意向を、多くの徴《しるし》によって示していたにもかかわらず、である。〔イギリス〕外務省は、ヨーロッパにとどまるようアメリカを説得し、フランスの復興を支援し、荒廃した大陸の再建を図ることによって、ロシア人の目標を抑えこむことに集中しており、広範な大陸関与から手を引くことなど、どう考えても、イギリスにとって不可能なことであった。

おそらくは当然のことであっただろうが、この基本的な事実を最初に指摘したのは陸軍だった。一九四六年、〔陸軍の〕バーナード・モントゴメリー（Bernard Montgomery）が、「強力な西側ブロック」の創設と、イギリスが、「ヨーロッパの本土において諸同盟国と肩を並べて戦いつづけると約束する」ことを、促したのである。*10 一九一四年や一九三九年にヨーロッパがドイツの手に落ちることを心配した時以上に、今や、西ヨーロッパや中央ヨーロッパがロシア人の手に落ちることを容認できなくなっていたのであった。そして、長距離ミサイルの登場が、イギリスの前線はライン川にあるとのボールドウィンの指摘を、単純に、ますます強化したのであった。この陸軍の主張に対して、海軍本部が異を唱えたことも、また、同様に当然のことであり、イギリスの防衛予算の優先度がどのようになっていたのかを示すものでもあった。一九〇六年から一四年までの論争、そして一九二〇年から三九年までの論争が、ふたたび戦わされることになったのである。だが、今回は、歴史上の先例が、当時存在した力関係の論理と組み合わさり、「イギリス流の戦争方法」という海軍の主張を圧倒したのであった。〔ヨーロッパ大陸への〕関与を避けるための〔海軍の〕長い戦いは、終結ということになったのであった。ヨーロッパの防衛が優先順位の第一にあるとされ、〔一九四八年の〕チェコスロバキア政変やベルリン空輸〔ベルリン封鎖〕の間に高まった緊張によって、この傾向は、さらに加速したのであった。一九四九年のNATOの結成は、このような優先順位を、公式に確認するものとなった。NATO加盟は、イギリスが行った中で、もっとも包括的な軍事上の義務を帯びるものであり、他の何よりも、西ヨーロッパ諸国との戦略上の一致を確認するものであり、アメリカへの戦略上の依存を確認するものであった。NATOと比べるならば、CENTO〔中央条約機構〕[*11]やSEATO〔東南アジア条約機構〕は、重要性に劣り、共産主義への現実的な対抗というよりは、ジェスチャーとしての対抗であり、その後、ホワイトホールで特に重視されることも、ないのであった。

イギリスの防衛力がもっとも遭遇する可能性の高い戦争は陸上での戦争――もしくは、核戦争――であるとすることによって、海軍本部は、その栄誉と、将来への希望について、打撃を受けたのであったが、その打撃が不十分であると示すかのように、さらに大きな衝撃が加わった。陸海空三つの軍を国防省の下で一体化させる、という一九四五年以降の一連の決定（特に、一九四六年、一九六三年、一九六七年の決定）によって、海軍の独立が、決定的に脅かされることになったのである。[*12]もちろん、これには、一九三〇年代の〔内閣の〕帝国防衛委員会や統合国防大臣（The Minister for the Coordination of Defence）の活動が示すような、前触れになるような動きがいくつかあった。縮小傾向にあったイギリスの財源を、もっとも良い形で、バランスのとれた防衛力に投入するため、という差し迫った理由が、この新しい措置の主な理由であったが、これとは別に、それなりの戦略上の理由も存在したのであった。伝統的な二分法では、陸軍が、インドの防衛に関心を持ち、海軍が、帝国の航路の維持に関心を持っていたのであったが、それを引きずったまま、二〇世紀を迎えており、陸海軍の対立は、大陸関与をめぐる辛辣な論争により、さらに深まっていたのだった。ジュリアン・コーベットのような少数の洞察力に優れた著述家たちは、イギリスの過去の戦争において、陸軍と海軍が、どれだけ相互補完の関係にあったのかを示そうとし、陸軍と海軍がバラバラに行動した場合に、役割や戦力が低下した、ということを示そうとしたのであった。[*13]だが、三軍

各軍の予算（100万ポンド）と防衛費全体に対する比率				
	陸軍	海軍	空軍	その他*
1946-7	717（43.4%）	266.9（16.1%）	255.5（15.5%）	414（25%）
1956-7	498.9（32.1%）	342.6（22.5%）	471.5（30.9%）	212.1（13.9%）
1966-7	573.3（27.1%）	586.4（27.7%）	514.0（24.3%）	441.1（20.9%）
1968-9	591.4（26.5%）	674.7（30.2%）	562.3（25.2%）	403.6（18.4%）

*陸海空軍以外の政府による防衛支出と各省庁の防衛関連支出（例、航空、技術、原子力公社、建物、公共事業）

が、統合戦略を持つことの必要性は、第二次世界大戦において、改めて示されたのである。特にDデイ〔ノルマンディー上陸〕などの作戦によって例示されたのである。統合戦略の中で、三軍が、互いに助け合うことの必要性が示されたのだ。航空母艦の存在、空挺師団〔航空機を用いたパラシュート部隊〕の創設、上陸作戦の進化、それらすべてが示していることは、三軍の作戦が、今や、重なり合うようになった、ということなのであった。[*14] だが、統合に向けた議論が説得力のあるものであったとしても、これが意味していることは、海軍委員会が重視していた意思決定権がなくなる、ということであり、海軍が、自らを、「〔陸空より〕上級の」軍とみなすことがもはやできなくなる、ということなのであった。

一方で、戦後の防衛予算をちらりと見ることによって、財政面では、これとは反対の方向性が示されていた、ということが見えてくるのである。海軍の「取り分」が、確実に増えていたのだ。一九三〇年代には、海軍の年間予算は、慣例的に、およそ五五〇〇万ポンドとなっていたという追加の事実を知れば、心配の種とは思えなくなってくる。絶対的にも、相対的にも、提督たちは、かなりうまくやっていた、といえそうなのである。[*15]

ところが、この表の数字をよく検討することによって、これらの数字は、印象的なものではなくなってくるのだ。戦時中と戦後インフレーション、特に武器の価格と賃金のインフレーションを考慮に入れると、一九三九年以前と比較した場合の海軍予算の高騰は、実質的には、ほとんどゼロとなる。さらには、イギリスの防衛政策の歴史を見れば、平時に海軍の予算の割合が増えることは、通常であることが分かるのである。大きな陸軍〔部隊〕が、解散となる、からである。このことが示唆していることとは、平時の陸海軍の重要度の対比、そして戦時の陸海軍の重要度の対比には、ほとんど逆向きともいえる関係性が存在するということなのである。戦後期に海軍予算の相対的な割合が増えたのは、海軍の実際の地位が向上したからなのではなく、陸軍と空軍が急速に縮小されたことが予算に反映された結果なのである。一九五七年のいわゆる「サンディーズ白書（The Sandys White Paper）」は、スエズ動乱の余波の中で作成され、巨大な核抑止力に強い信を置くものであったが、徴兵によって生み出された大きな常備陸軍を批判する内容となっていた。[＊16] イギリス空軍に関していえば、空軍は、有効な戦略爆撃のシステムやミサイル・システムを築くための、いくつかの計画に望みをかけ、それらの計画が順次潰えていったのであった。〔中距離弾道ミサイルの〕ブルーストリーク、〔偵察機、爆撃機の〕アブロ７３０、〔アメリカで開発されていた空中発射の弾道ミサイルの〕スカイボルト、〔爆撃機の〕ＴＳＲ‐２、〔アメリカの戦闘機、爆撃機の〕Ｆ‐１１１である。これらが、イギリスの防衛予算の中で、空軍の予算が増え、そして後に減った理由である。それゆえ、一九四五年以降の混乱期において、予算を基準にして、イギリス海軍の役割や能力を推し量ろうとすることは、間違いにつながる、ことなのである。

今日のイギリス海軍の置かれた位置について、より意味のある調査を行うというのであれば、政府の発行する防衛関係の各種文書[＊17]を通じて、イギリスの各軍が満たすことを期待されている様々な義務や、起こり得る戦争の中での期待される役割について見てみるのがよいだろう。

これら想定される戦争の内、最初に挙がるのは、もっとも恐ろしいものである――核戦争だ。この分野では、水素爆弾の開発があり、大陸間弾道ミサイルの開発があり、ロシアの軍事上、技術上の発展があり、その結果、ブリテン諸島のような、小さく、人口密度が高い場所は、非常な脆弱性を抱えることになった。一九三〇年代、レーダーが開発されて、ハリケーン戦闘機やスピットファイア戦闘機が生み出されるまでは、爆撃機が、同じような恐怖を生んでいた。だが、今日、ロシア人が飛ばす能力を持っている複数の弾頭を持った高速で飛ぶミサイルが多数降り注ぐことに対して、イギリス側に何らかの備えがあるようには、とても見えない。この国を完全に破壊するには、一〇発ほどの水素爆弾があるだけで、十分なようなのである。そして、ソヴィエト軍は、現在の段階で、二〇〇〇を超える数の運搬手段を持っていると推定されているのだ。これに対する明確な結論は、一九五七年の白書の中で、ホワイトホールによって早くも示されていた。

現在のところ、わが国の人々を核兵器による攻撃から、十分に守り得る手段は存在しない。このことは、率直に認めねばならないことである……大規模な攻撃に対する予防対策としては、核兵器による報復という脅ししか存在しない。[*18]

この中にあったのは、恐怖のロジックである。チャーチルが述べていたように、安全は、恐怖によって支えられており、生存は、殲滅に対する互いの脅威に依存するものとなっていた。核抑止によって、東側も、西側も、リスクを冒さずに敵を攻撃することが不可能となったので、実質上の戦略的膠着状態が築かれたのである。この膠着状態は、時折の、不調和によってのみ破られることとなったが、予測される結果が、世界を戦慄させるのであった。将来的には、より永続的なデタント〔緊張緩和〕が行われることが、期待されていたのであった。

だが、このような核保有国同士の東西の合意は、もっぱら、二つの超大国、ロシアとアメリカ次第なのであった。イギリスの役割はといえば、一九四五年以降多くの場面においてそうであったように、周辺的で、限定的なものだったのである。〔原子力技術の国外移転を禁じる法律である〕マクマホン法が成立し、アメリカが原子爆弾に関する情報の共有を拒絶するようになって以降の、イギリスの、独自〔アメリカに依存しない、という意味〕の核抑止力を持とう

	アメリカ	ロシア	イギリス	フランス
大陸間弾道ミサイル	1,054	1,527	-	-
中距離弾道ミサイル	-	600	-	18
潜水艦発射弾道ミサイル	656	628	64	32
長距離爆撃機	443	140	-	-
中距離爆撃機	74	800	56	58

とする努力は、多く書かれていたことであるので、ここでふたたび述べる必要はないであろう。[*19] イギリス独自の核抑止力保有の物語は、プロジェクトの中止、決定の変更という、失望と挫折の連続であり、手段と目的の乖離はますます大きなものとなっている。そして、現在では、より一途なフランスが、より良い結果を生み出しかねない状況となっている。[*20] だが、英仏の力は、核運搬手段に関する最新の数字が示しているように、二つの超大国と比べるならば、小人のようなものなのである。[*21]

実際、V爆撃機の老朽化と、財政的にも、技術的にも可能な形でその後継機を造ろうという多くの試みの放棄は、ポラリス潜水艦を除いた、イギリスの「核クラブ」からの脱退へとつながったのであった〔現在も、イギリスの保有する核兵器は、潜水艦発射タイプのみである〕。このタイプの潜水艦は、複数の核弾頭を搭載したミサイルを一六発、海中に潜ったまま、発射できるのである。これにより、イギリスは、核保有国という位置――そして、イギリス海軍にとっては、自らの栄誉――を、何とか保つことができるのだ〔イギリスの三軍の中で、核兵器発射能力を有しているのは海軍だけ〕。だが、ここでも、当初の想定は、間もなく、厳しい現実によって、切り崩されていたのである。当然ながら、ポラリス・ミサイルは、アメリカの兵器である。イギリスがこれを利用できるのは、一九六二年の特別なナッソー協定が存在するからなのである。ポラリス・ミサイル・システムは、相対的には、それほど費用もかからず、維持費もそれほどではないのだが、ある人が述べるには、もしそうでなかったならば、ホワイトホールは、核抑止力保有をすぐに放棄して、「アメリカ人の善意と、アメリカ人からの支援に、全面的に、依存することになっていたことであろう」。[*22] 一九六〇年代と一九七〇年代の技術が進歩した世界において、イギリスは、アメリカのロケット技術に依存する存在であった。

そして、それは、ちょうど、一九一四年以前、トルコやラテン・アメリカ諸国が、イギリスのドレッドノート級戦艦に依存していたのと同様の状態なのである。さらには、二四時間三六五日、一隻の潜水艦を臨戦態勢に置くにあたって、ポラリス潜水艦四隻の保有だけで十分なのか、という点について、疑問が呈されているにもかかわらず、[*23] ポラリス潜水艦の増加については、何らかの兆しすら、示されていないのである。最後に、ロシアの対ミサイル・システムの近年の発達状況を見ると、ポラリス・ミサイルも、時代遅れにならないようにするのであれば、やがては、より性能の高いＭＩＲＶ〔それぞれ違う目標が攻撃できる複数弾頭〕タイプのポセイドン・ミサイルと置き換わることになるであろう、と思われる。これまた、アメリカ製の兵器である。[*24]

イギリスの軍隊が備えておかなければならない二つ目の軍事的可能性は、西ヨーロッパの陸上の境界の防衛である。大陸関与は、ついに、完全に受け入れられ、五万五〇〇〇人の部隊と一一個の飛行中隊がドイツに駐留することになったのである。アメリカ、西ドイツ、他のヨーロッパのＮＡＴＯ諸国のはるかに大規模な関与と比べるならば、イギリスの関与は、決定的というよりは、一応役には立つ、といったレベルで、この関与の規模を二倍か三倍にしたとしても、ＮＡＴＯとワルシャワ条約機構諸国との間に現在存在する軍事的不均衡に、影響を与えることは、ほとんどないであろう。ワルシャワ条約機構が、戦術航空機、戦車、兵員数で大きく上回っているからである。[*25] ソヴィエトが一九六八年に三〇万人の兵力をチェコスロバキアに投入したことは、重要な中央ヨーロッパにおけるロシアの軍事的能力を、容赦なく見せつけるものであった。北方において、ロシアは、ノルウェーの軍に対して、さらに大きな優位を得ている。そして、南部欧州軍管轄地域におけるＮＡＴＯの、数字の上での優位は、地中海諸国の多くの弱点を覆い隠すものとなっている。いずれにせよ、ヨーロッパの防衛に直接的に関与するのは、陸軍部隊と空軍部隊であり、イギリス海軍の役割は、最小限のものとなっている（ポラリス・ミサイル――そして、核戦争については――この点は、常に、あてはまらない）。ヨーロッパの周縁の海上防衛においてのみ、イギリスは、より大きな役割を担っているのである。

海は分割することができないものなので、おそらくは、海上におけるイギリスの位置について、何らかの評価をする際には、自国の海上コミュニケーション全般を防衛するイギリスの能力と合わせて考えるのが、よいであろう。どちらの場合にも、ホワイトホールとその同盟国は、強大で、今も拡大しつつある、ソヴィエト海軍の挑戦と、向き合っているのである。[*26] 過去二〇年の間に〔一九五〇年代から一九七〇年代にかけて〕、ロシア人は、強力なロシアの陸軍力と空軍力に、シーパワーという新しい要素を加えた。そして、ロシアのシーパワーは、西側では、ある程度において、未だに過小評価されている。「ジェーンズ海軍年鑑」の論説文では、最近、次のように述べられている。

世界地図上の表示として、ソヴィエト軍艦の出現とその動きは、赤い点によって表されているが、その様子は、ミサイルがたくさん出現した時の様子となぞらえることができる。だが、ミサイルの表示は、その後、瞬く間に消えてしまったのに対して、赤い点は、そのまま残った状態である。これは、ソヴィエト社会主義共和国連邦が、シーパワーは、国力であり、国際的にものをいう力であり、核抑止力と並ぶ抑止力であるということを、パクス・ブリタニカの世紀、そして、それにつづくアメリカの海軍力における優勢から学んでいるからなのである。[*27]

現在〔一九七〇年代なかば〕のソヴィエト海軍は、九五隻の原子力潜水艦、三一三隻のディーゼル潜水艦、一隻の航空母艦、二隻のヘリコプター空母、一二隻のミサイル巡洋艦、一五隻の巡洋艦、三二隻のミサイル駆逐艦、六六隻の駆逐艦、一三〇隻のフリゲート、一二五八隻の護衛艦、多数の各種小型艇によって構成されている。これに勝るのは、一五隻の攻撃型航空母艦と多数の水上艦艇を擁するアメリカ海軍だけである。アメリカ海軍は、確実に縮小傾向にあり、たくさんの小型艦艇よりも、少ない数の莫大な費用のかかる新型の軍艦を優先させる傾向があり、ヴェトナム戦争後のアメリカ国内の政治的な空気を考慮に入れると、確実に容赦なく増強されつつあるソヴィエト海軍を前にして、アメリカが現在の優位をこの先も保てるのかどうかを、多くの観察者たちが疑問視している状況である〔原著執筆当時の一九七〇年代なかばの状況〕。

イギリス海軍だけでは、ロシアの艦隊に対して、対抗できる状況にはまったくない、このことは、少なくとも、疑問の余地のないことである。一九四五年時点のイギリス海軍は、戦艦と巡洋戦艦合わせて一五隻、七隻の艦隊空母、四隻の軽艦隊空母、四一隻の護衛空母、六二隻の巡洋艦、一三一隻の潜水艦、一〇八隻の艦隊駆逐艦、護衛駆逐艦とフリゲート合わせて三八三隻という構成であった。ここから縮小し、現在〔一九七〇年代なかば〕は、一隻の航空母艦、一隻のヘリコプター空母、四隻のポラリス〔・ミサイル搭載原子力〕潜水艦、八隻の他の原子力潜水艦、二三隻のディーゼル潜水艦、二隻の攻撃用艦船、二隻の巡洋艦、一〇隻の駆逐艦、六四隻のフリゲートによって構成されている。この先はさらに縮小されてゆくことがみこまれている。水上艦艇同士の比較においても、ロシアのものに対抗できる状態にはないが、最大の弱点は、対潜水艦戦力の規模にあるのである。イギリスの海外貿易への依存は、二度の世界大戦においてはイギリスのアキレス腱となったが、現在でも、同じように大きい。それにもかかわらず、イギリスの自衛能力は、大きく低下しているのである。一九三九年、イギリスは、四九隻のドイツのUボートに対して、二〇一隻の駆逐艦とフリゲートを投入することができたが、それでも、危うく負けそうなところまでいったのである。現在は、四〇〇隻を超えるロシアの潜水艦に対して、この種の艦船は、七四隻しか保有していないのだ。[*28] これに加えて、ミサイル、大砲、魚雷に対する、すべての水上艦艇——商船であろうと、海軍艦艇であろうと問わず——の脆弱性が加わるのである。これを、ポール・コーヘン（Paul Cohen）は、「水上海軍力の瓦解（the erosion of surface naval power）」という言葉を用いて表現している。[*29] 西側にとって、この点は、さらに恐ろしいものになっている。デタントが、財政的な理由や政治的な理由とならんで、戦略的な理由から求められているのも、もっともなことなのである。ロシアとの戦争は、核戦争であろうが、通常兵器による戦争であろうが、ひどいものとなることであろう。

ＮＡＴＯの管轄エリアの外では、海軍の状況は、はるかに深刻なものとなっている。ロシア艦隊の地中海における成功が、遠くの海で再現されているのである。地中海において、ロシア艦隊が、より優勢なアメリカ海軍第六艦隊に影を落とし、これとの戦力の対等化に努力する一方で、ロシア外交が、いくつかのアラブ諸国において、政治的影響力と海軍の拠点を確保しているのである。インド洋では特に、新しいロシア海軍の活動が懸念を創り出している。[*30] インド洋の状況がそうなっているのは、この地域が、ほとんど〔西側〕権力の空白となっていた状態で、ロシア海軍が活動しているからなのである。イギリス海軍は、すでに、スエズ以東での役割から、大部分撤退している。アメリカは、一九四五年以降、世界の警察官の役割を引き受けてきたのであるが、この役割をやめたいと思っている。その一方、コストや老朽化、国内の政治状況に影響を受けないロシアの海軍力が、積極的に、外側へとでているのだ。工業化した西側が、原材料と海外貿易への依存を大幅に拡大させ、西側の商船隊の規模は、現在、かつてない規模のものとなっているが、その一方で、海路を防衛する能力――「制海権」という言葉の、第一の、そして唯一の真の定義――は、低下しているのである。加えて、伝統的な武器である海上封鎖は、ロシアの航空機、潜水艦、水上艦艇を相手に、たとえ実行したとしても、ロシアの経済力や戦闘能力に対してまったく影響を与えないか、ほとんど影響を与えないことであろう。

イギリス軍の四つ目の戦略上の目標は、ヨーロッパの外における、イギリスの領土、イギリスの権益、イギリスの責務の防衛である。冷戦の初期には、共産主義の脅威は、アジアと中東の全域において明らかなものであった。共産主義の脅威は、各軍トップの優先事項の高い場所を占め、状況は、一九〇二年、あるいは一九三六年と同様なものであった。そして、各軍は、「小規模」戦争を遂行できるよう様々な創意工夫を行ったのであった。コマンド母艦〔強襲揚陸艦〕、上陸部隊や空挺部隊の創設、ジャングル戦の技術の伝授は、すべて、警察官としての役割が、今後も、重要な役割としてつづくことを示唆するものである。クウェート、東アフリカ、マレーシアが、スエズよりも、重要性を帯びていると、みなされるようになったのである。だが、ここ数年は、こうした状況にも、変化が現れているのである。[*31] 少数の小さな島々を除けば、帝国は、もはや存在していない。海外での軍事的関与は、この国では、広範に嫌われている。遠方の地に関しては、ますますそうである。イギリスの財政状況は、大きな危機に対して、耐え得る状況にはない。このような目標に対して、ホワイトホールが、政治的意志はもちろんのこと、軍事的能力を有しているかは疑わしい。世界のバランス・オブ・パワーや世論の変化も、とてもスピードが速く、決定的であるので、時計は、逆向きに戻りそうにはない。たとえば、イギリスが、自分のことは自分で行うに任せて湾岸諸国を去ったわずか数年後には、イギリスは、これらの諸国から、一時的な石油の禁輸の措置を受けることとなった。東南アジアに関して、ANZUK条約〔ANZUKは、アジア太平洋地区防衛のための、イギリス、オーストラリア、ニュージーランド合同軍で、一九七一年から七四年まで存続し、シンガポールに司令部があった〕に付随する措置も、この傾向を覆すことになるようには見えない。「ジェーンズ海軍年鑑」のような海軍主義的な組織ですら、現在、極東にそれなりの艦隊を置くことは意味がないであろう、と認めているのである。[*32]

つまり、イギリスが巻きこまれる可能性のある四つの戦争シナリオすべてにおいて、イギリスに対する防衛上の要請は、明らかに、イギリスの軍事的能力をはるかに超えるものであり、このことは、海軍の分野においては、特に顕著となっている。核戦争は、イギリスにとって、悲惨なものとなるであろう。また、イギリスの核戦争抑止力を、他の強国ほど有効なものとみなすことはできないのである。イギリスの海軍力は、西ヨーロッパを抑えることはできない。現在のロシア艦隊の規模を考慮に入れると、イギリス海軍は、NATOの周辺海域も、世界に広がるコミュニケーション路も、十分には防衛することができないのである。そして、イギリス海軍の海外における役割や能力は、急速に、縮小中なのである。「ジェーンズ海軍年鑑」は、このように認めている。

厳しい現実としては、イギリス海軍は、必要最小限の規模を下回った状態なのである。本国の島々を防衛し、世界で活動する商船隊の、洋上の貿易航路を防衛するには、規模が足りない状態なのである……海外における、莫大な規模の商業上、経済上の権益を擁護し、NATO、ANZUKその他の条約で規定された義務を果たすには、小さ過ぎる状態なのである。[*33]

この年鑑が、この弱点を是正するためのものとして提示した解決策は、驚くようなものではない。防衛予算を増額すればよい、としているのである。現在、イギリスは、GNPのおよそ五パーセントを防衛費に投入しているのであるが、これをロシアやアメリカなみ（八パーセント）にすればよい、としているのである。また、別の海軍に関する専門家は、次のように述べている。

主要な問題は……イギリスが、自らの義務を果たすのに十分な〔海軍〕力を提供できるかどうかにかかっている。かつての栄光のわずかな残りでも保とうとするのであれば、イギリスは、これを成さねばなるまい。この国は、自らの伝統について、意識する必要があり、毎日のパンやバターが、シーパワーに依存するものであることを、意識すべきなのである。[*34]

このような見解は、もちろん、イギリスの防衛政策の歴史の中で、以前からも多く聞かれてきたものである。これらは、ビィーティーやチャットフィールドや、彼らの先輩たちの声の現代版なのである。過去から現在へとつづく提督たちや将軍たちの流れは、自らが仕える政治リーダーたちに、この国が直面している潜在的危機の大きさについて説得しようと努力し、これに対処するために、より多くの艦船や人員を求めてきた。多くの場合、これらは、無駄な努力であった。あるいは、これらの声は、政治家たちに当然の妥協を強いようとする国内の政治的圧力から無縁であり、予算を社会保障や経済にまわすことをよしとせず、他の国々からの猜疑を招きやすく、自国への脅威を誇張し過ぎるような、凝り固まった少数派の声なのである。万全の備えを求める声と、何の備えもしないことを求める声、この両極端の考え方の中間のものとして、賢明で、中庸的なやり方が求められているのだ。イギリスを統治する者たちは、この先イギリスが戦争や争いに巻きこまれることはない、という希望に身を託すことはできず、それとは逆に、超大国のような軍備を整えることもできないのである。イギリスは、世界の中における相対的な軍事力や軍事的役割が縮小しつつあり、自国の安全保障を単独で担うには、人口と産業基盤が小さ過ぎるので、同盟諸国と組むことで、共同防衛を築かなければならないのである。イギリスは、軍事的圧力と経済的圧力の両方に対して、特に脆弱な国であるので、東西のデタントを率先して促進し、世界の諸問題に対して、平和的な解決策を率先して促進しなければならない立場にあるのである。イギリスは、砲艦外交の時代が終わったことを認識し、自国の海外権益を擁護するには、武力ではなく、話し合いが必要なことを認識しなければならないのである。世界は敵意と邪悪な意図に満ちているので、これに対処するには、まったく隙のない備えをしなければならない、という考え方を、イギリスは、過去の政策において、取り入れたことがない。その最盛期にあっても、である。まして現在のイギリスは、このような考え方を取り入れてはならないのだ。

そうはいうものの、予測が不可能で、常に変わりつづける世界の中に置かれた各国民国家は、これまで同様に、武力を用いて自国の「死活的な利益」を擁護する、という性格を持ったままなので、イギリスも、最小限レベルの武装を必要としている、ということも、同様に明らかなのである。イギリスは、平時の必要性から、戦時の必要性を一夜にして築くことはできないのだ。そして、目的と手段についてのありとあらゆる基準をあてはめると、現在の防衛力は、NATOの核抑止力の全面的に依存するのでなければ、かなり不足した状態にあることも、また、明らかなのである。NATOの核抑止力に全面的に依存することは、極度にリスキーであるばかりにとどまらず、多くの状況において、不適切であるのだ。

だが、この難問の無情な部分としては、海軍主義者たちの求める、国家予算の中における海軍予算の増額では、真の解決策にはならないのである。海軍予算を増額することは、現在の国内政治の状況の中では難しい、という点を横に置いたとしても、ちょっとやそっとの増額は、戦略上の効果から見て、無意味なのである。ポラリス型の潜水艦の数を増やし、二隻の全通甲板巡洋艦を導入するだけで、二億ポンドという巨額に達するのであるが、これが、先に挙げたような役割を果たす上で、イギリスの能力を大きく向上させることになるのであろうか？　これには、はるかに規模の大きな、長期的な建艦計画が、必要となってくるのである。だが、この種の提案にうなずく者たちの多くが無視し、この種の見解を『ザ・タイムズ』紙や『テレグラフ』紙に寄せ、RUSI〔英国王立防衛安全保障研究所〕で論文発表をする退役海軍少将たちの多くが見のがしていることは、イギリスは、この種の計画を遂行するには貧乏過ぎる、という単純な事実なのである。すでに戦間期には、チャットフィールドが、非公式に、「第一級の海軍を維持するには、わが国には、文字通りに、収入が足りなさ過ぎるのだ」[*35]と認めていたのである。現在、認めなければならないこととは、優れた第二級海軍も、わが国の能力では賄うことができない、ということなのである。常にそうであるように、海上戦力というものは、商業力や産業力に、依存するものなのである。商業力や産業力が相対的に低下するならば、それにしたがって、海上戦力も、低下するものなのである。イギリスの海軍力の増進は、イギリス経済の発展に根ざすものであった。イギリスの海軍力の崩壊も、イギリスが経済的な優位を確実に失ったことに根ざしているのである。一周まわって、元いた場所に帰ってきたのである。

第二次世界大戦がイギリス経済にどのような影響を与えたのかを認識することは、まったく容易なことである。他でも言及されてきたように、輸出産業が衰え、海外市場が失われ、多くの産業機械が摩耗し、工場や敷地への爆撃によって、それらが破壊され、貿易外収入が失われ、国は、莫大な債務を抱えることになったのである。[*36] この悲惨な経済状況が、ケインズが内閣に提出した有名な報告書をうながしたのである。ヨーロッパで戦争が終わった時、イギリスは「財政上のダンケルク」に直面していた。貿易赤字が莫大なものとなっており、アメリカからの支援がなければ、イギリスは「実質的に破産し、国民の希望につながる経済基盤は、なきに等しいものとなる」と報告したのであった。[*37] レンドリースの義務が実質的に免除されたことと、一九四五年末のアメリカからの三七億五〇〇〇万ドルの借款は、それゆえ、歓迎すべき援助なのであったが、それに付されていた、ホワイトホールは、やがて、ポンドの自由交換を実行しなければならない、という条件は、アメリカが、今も、戦争中の財政的な目標を放棄しておらず、イギリスの経済力を過大評価している、ということを、示すものであった。ある学者は、ワシントンは、その「ジュニア・パートナー」に不可能な難題を課した、と述べている。イギリスの立場を弱め、中東などの場所にとどまることができないようにしておきながら、地域安定のための勢力として、それらの地域にとどまることを求めた、というのである。[*38] 経済危機は、一九四七年に起きた。ポンドの交換が許可された時である。このことが示していることとは、国際金融市場の中で、イギリスの可能性がいかに低く見られていたのか、ということである。次の危機が一九四九年に起きたのを受けて、ポンドは大幅に切り下げられたのであったが、これすらも、一時的な救済にしかならなかった。朝鮮戦争――これによって、防衛費は、ＧＮＰの九・九パーセントへと跳ね上がった――が、輸出貿易と、日用品価格に、回避できない影響を与えたからである。この、冷戦への備えが、海外での高額な軍事支出による財政収支の負担の上に、さらに重くのしかかるのであった。海外での軍事支出は、一九五二年に、一億四〇〇〇万ポンドに達し、一九六〇年には、二億一五〇〇万ポンドに達していた（これと比べて、一九三八年の政府の海外における総支出は、一六〇〇万ポンドであった）。ここでもまた、戦争の勝利によってもたらされた過剰拡張と、戦後の国際情勢の緊張により過剰拡張された状態の維持によって、健全な経済の創設が、著しく阻害されたように見受けられるのだ。

　だが、この結論は、物語の一部にしか過ぎないものであった。戦争が、イギリスの地位に対する触媒というよりも、経済に対するさらなる負担となったからである。イギリス経済は、それまでにも、これまで見てきたような、一九世紀末以来の諸傾向を、さらに拡大させていたのであった。一九世紀以来の諸傾向とは、次のようなことである。経営側も、労働組合側も、その伝統的な態度ややり方を改めることが求められていたにもかかわらず、そのことを認識せず、改革に対する広範な拒絶が存在していたこと、新しい考え方や技術を十分に活用する能力に欠けていたこと、ごまかしの職人魂と、安っぽい販売員魂が存在したこと、教育と国民生活の中で、科学、技術、商業が軽んじられていたこと、投資率が非常に低かったこと、労使関係が劣悪だったこと、国家に、稼ぎ以上の消費をする傾向があったこと、である。このような長期的な傾向の重大性をしっかりと認識することによって初めて、海外での軍事支出に関する最近の諸理由を加えることができるのである。最近の諸理由とは、帝国の市場がさらに失われたことを受けて、貿易外収入という「クッション」が減少したことと、貿易の環境が変わったこと、特に石油のような重要な資源の価格が高騰して、それがイギリスにとって不利に働いたことである。一九四五年のイギリスには、経済的な諸問題が重くのしかかっていた、といっても、イギリスの状況は、商業や産業が〔戦争によって〕ほとんど失われてしまった日本、ドイツ、その他の国々と比べるなら、比べることができないほどにましなものだったのである。戦争がイギリスに与えた影響だけを述べるならば、イギリスよりもひどい被害を被った国々が、その後、経済的に繁栄をとげる一方で、イギリスがそうなっていないという事実に、説明がつかないのである。戦後期の工業生産性に関するほとんどあらゆる統計数字――国の成長率であろうが、時間あたりの生産性の上昇率であろうが、資本形成、投資、輸出に関する数字であろうが――は、イギリスが先進国の中で最下位、あるいは最下位に近い場所にいることを示しているのだ。たとえば、工業製品の輸出におけるイギリスのシェアは、一九四八年には、二九・三パーセントであったものが、一九六六年には、一二・九パーセントにまで落ちこんでいるのである。[*39]

　このことがわれわれに教えてくれていることとは、われわれは、ここでも、相対的な経済の成功について、議論している、ということなのである。絶対的に見れば、戦争以降の時期は、イギリス国民が幅広く豊かになり、豊かさが、大きく増進した時代なのだ。また、多くの産業が能力を発揮しており、現在この国は、過去のどの時期に比べても多くのものを輸出している、というのも事実なのだ。そうはいうものの、イギリスは、相対的には、「ヨーロッパの貧農」となりつつある、と知ることは、愉快なことではない。そのような立場それ自体が、避けられないにとどまらず、そのことが意味していることとは、この国の軍事的潜在性が、厳しいものである、ということだからである。最後に、『ザ・タイムズ』紙の経済担当編集委員のような幾人かの有識者たちは、過去二五年〔一九七〇年代なかばまでの二五年〕の低成長と、経済が周期的に「少し進んでは止まる」状態は、実際のところ、壮年期を表すものである、という陰鬱な主張をしている。その理由は、こうだというのである。

> 証拠によれば、一つの周期は、それまでに比べて、より持続させることが難しくなり、「進んでいる」時期は、

より短くなり、インフレーションのピークの値は、より高いものとなり、収支の差は、より悪いものとなり、失業率の平均値も、そのピークの値も、ともに高くなっているのである。政府の政策の振幅の幅は、加速度的に、より狭いものとなり、より狭くなった「進んでいる」状態と「止まっている」状態の間を、狂ったようにジグザグ走行しているのである[*40]。

このことと結びつき、また、おそらく、同じくらいに根本的であったこととは、この景気の低迷は、いくつかの心理的な変化を伴うものであった、ということである。第一に、帝国的な役割や、強国としての役割を果たしたいという意欲から、大きく遠ざかったことは、容易に識別できることである。おそらく、これをもっとも象徴しているのは、一九四五年に、首相がチャーチルからアトリーへと代わったことであり、その後の労働党政権の社会改革である。しかしながら、この動きが、並行して行われた軍事的関与からの撤退よりも、さらに深いものであるという点は、注目しておくべきことである。「〔政策を担う〕当局者（official mind）」が心を寄せる対象は、帝国からヨーロッパへと移りつつあるが、国民全般がそれについていっているわけではない。〔ヨーロッパ〕共通市場への参入は、合意事項ではなく、むしろ、争点となっている。「イギリスは帝国を失った、だが、自らの新しい役割は、未だ見出していない」という〔アメリカの国務長官〕ディーン・アチソンの的を射た発言は、未だ有効なのである。また、この言葉は、現在の内向的なムードが、より自虐的ではない、排外主義的な何かにとって代わられるまでは、有効でありつづけるであろう。外交や軍事に関することは何であろうとも、国内の政治問題や社会問題と比べて、国民の関心は、必然的に、低いものとなっているが、経済運営が議論の的となっている場合には、特にそうである。このような場合に、国内の議論が激しいものとなり、国論が分割して見えるのは、不思議なことではない。中産階級の人々は、かつて彼らを地球の果てまで導いた、驚くほどの自信をなくし、悩み、不安を抱えた状態にある。労働者階級の人々は、広範に、無気力を示しているか、あるいは、よく組織された労働組合の場合などは、一九二〇年代以降で、もっとも戦闘的になっている。政治システムは、それ自体が、冷笑や幻滅を引き起こしている。宗教は、新たな「アヘン」に代替されることなく衰退している（一般に信じられていることとは異なり、マルクスは、これを、人々に必要なものだとみなしている）。極端な懐古趣味や、その反対の、新奇もの好きが、はびこっている。この全般的な停滞が、経済的な側面に影響を与え、同時に、経済的な側面が、人々の心に影響を及ぼすのである。原因と結果を区別することは、多くの場合、簡単なことではない。もちろん、こうしたことは、何もイギリスだけに限ったことではないのだが、イギリスの場合は、より根が深いように見え、〔大陸〕ヨーロッパの人々が、これを、哀れみや警戒の念とともに「イギリス病」と呼ぶことができるほどなのである。

このような、経済の相対的な衰退、国家が内向きになること、国内の政治的な意見の分裂といった諸症状は、世界史の研究者たちには、かなりおなじみのものである。これらは、衰退期にある帝国にかなり共通して見られる症状なのである。この点、〔イタリア人経済史家〕カルロ・チポラが、ローマ、ビザンチン、アラブ、スペイン、イタリア、オスマン〔トルコ〕、オランダ、中国の各帝国の衰退についてまとめる中で、共通する経済的現象、心理的現象について記述しているが、これらに注目してみることは、面白いことだろう。

衰退途上にある帝国を見ると、たいてい、経済が低迷していることに、気がつく。衰退途上にある帝国が直面する経済的な困難には、驚くほどの共通性があるのだ。必須とされる生産の拡大のためには、改革が必要なのだが、どうやら、すべての帝国が、最後には、必要な改革に、強固な抵抗をするように、なるようなのだ。そうなると、必要な事業が生まれなくなり、必要な種類の投資が行われなくなり、必要な技術革新が行われなくなるのである。なぜそうなってしまうのだろうか？　われわれが認めなければならないこととは、後になって時代遅れの行動様式と見えるものも、帝国の歴史のさらに初期の段階においては、成功を導くやり方だとみなされており、帝国の成員たちが自慢することであった、という点なのである……働き方や、仕事のやり方を変えるということは、文化的伝統の象徴となっている習慣、態度、動機、価値体系をより広範に変える、ということを意味するのである……必要な変革を行わず、経済的な困難がますます拡大してゆくことを放置するならば、たまりたまっていたものが作用し始め、物事が、加速度的に、ますます悪くなってゆくのである。そうなると、衰退が、最後の、劇的な段階に入ることになる。

要求が、能力を上回るようになると、社会に、多くのひずみが生じてくる。インフレーションや過大な税金、収支を保つことが困難になることは、こうして生じた一連のひずみの、ほんの数例である。限られた資源から最大のものを絞り出そうと、公的部門が民間部門を圧迫したり、民間部門に対峙したりするようになるのである。消費は、投資と競い合うようになり、投資は、消費と競い合うようになるのだ。民間セクターの内側では、社会グループ間の争いが、より厳しいものとなる。それぞれの社会グループが、避けることができない経済的な犠牲をなるべく避けようとするからである。争いがより厳しいものとなるにつれて、人々や社会グループ間の協調が、だんだんと薄れてゆき、共同体からの疎外感が生まれ、それとともに、それぞれのグループや階級が、自分本位になるのである。[*41]

これらの歴史的先例に、さらに付け加えることは、余計なことであろう。

戦後期は、また、社会的な要請や経済的な要請に対して政府からの支出が大幅に増やされた時代であった。これに対して、防衛への支出は減らされた。このことは、民主主義社会における不可欠の発展であるとはいえ、おそらく、国家の内向性を示す、もう一つのサインであろう。民主主義社会において、普通の人々は、外交などではなく、もっと身近な物事にしか関心を持たないのだ。フィッシャーの時代は、はるか過去のものとなったのである。フィッシャーの時代の一九〇五年、三六八〇万ポンドを海軍に費やすことができ、陸軍には、二九二〇万ポンド費やすことができた一方、民生のあらゆる部門にあてられた政府予算の総額は、わずか二八〇〇万ポンドであった。[*42] 戦間期すでに、このバランスは、劇的に変わっていた。そして、朝鮮戦争と、スエズ危機〔一九五六―一九五七年〕以降、防衛費は、相対的に、減少をつづけている。268―269頁の表が、このことを示している。[*43]

どうやら、別の国家的危機でも起きない限り、この傾向はひっくり返りそうにはない。デタントの時代にあっては特に、多額の防衛費を求める主張はしにくいものがある。この時代、海外における要請よりも、国内に、より差し迫った要請が多く存在するのである。こうなることは、マハン自身が、幾分陰鬱に、予期していた。彼は、こう書いていたのだ。

はたして民主主義政府は、先を見通す能力を備えているのかどうか、自国の地位や信用に対して、鋭い感受性を持っているのかどうか、平時に十分な国家予算を注ぎこんで、自らの繁栄を確保しようという意欲を持っているのかどうか、これらは、すべて、軍事的な備えを行うにあたって前提となっている条件であるものの、未だ、回答が出されていない問題である。ポピュリスト的な政府は、一般に、軍事支出に対して好意を有していない。それがどんなに必要な支出であったとしても、である。そして、イングランドさえもが、この罠にはまってしまいそうな兆候が出てきているのである。[*44]

イギリスの軍事力に深刻な影響を及ぼしたもう一つの長期的な傾向は、最新兵器の高額さである。これも、イギリスに特有の現象ではないのだが、財政基盤が弱く、大きなインフレを抱え、収支に問題を抱えている国は、そうでない国々に比べ、軍備に劣ることになるということは、事実であろう。イギリス初の原子力潜水艦であるドレッドノートは、建造に一八〇〇万ポンド以上を要した。その数年後、レゾリューションのようなポラリス型潜水艦は、四〇〇〇万ポンドを要した。だが、この金額は、ミサイル・システムを除いた金額である。ミサイル・システムを含めれば、一艦あたりの建艦費は、五二〇〇万ポンドから五五〇〇万ポンドまで跳ね上がり、アメリカの援助がなければ、この金額は、間違いなく、さらに高いものとなっていたであろう。航空母艦のイーグルは、新規建造の際に、一五七五万ポンドを要し、一九六〇年代初めに改修した際には、三一〇〇万ポンドを要した。42型ミサイル駆逐艦は、一艦あたり一七〇〇万ポンドを要し、82型ブリストル駆逐艦は、一艦あたり二七〇〇万ポンドである。新しくなればなるほど、金額が跳ね上がってきているのである。これらの艦は、一九一四年から一八年、もしくは一九三九年から四五年の同艦種の艦に比べて、はるかに進化した艦であり、はるかに高い攻撃力を備えているということは、完全なる事実である。だが、イギリスの商船隊や客船航路網が縮むどころか拡大している中にあって、建艦費の高騰により、建艦できる軍艦の数を減らさざるを得なくなっていることも、同様に事実なのである。現在では、巨大な財源なしに、大型の軍艦を建造することは、財政上、不可能となっている。アメリカのロングビーチ級原子力ミサイル巡洋艦の建艦費は、三億三二〇〇万ドルである。最新型の攻撃型原子力巡洋艦の建造費は、一〇億ドルに達するとみこまれている。トライデント型潜水艦（現役艦〔ポラリス型〕の代替となる、非常に高度な長距離ミサイル・システムを備える潜水艦）の推計の建造費は、同じような数字になることがみこまれている。たった一隻の潜水艦の建造費が、一〇億ドルなのだ！[*45]

　さらには、国民徴兵制が廃止されて以降、イギリスの各軍は、民間企業と、待遇の上で競争しなければならなくなっているのである。その結果、防衛費の内、装備に費やされる割合は、さらに大きく減らされているのだ。例を挙げれば、一九七二年の防衛費の内、給与、その他の手当て、維持費に費やされている金額は一五億六七〇〇万ポンド（五七・九パーセント）で、「〔装備などの〕調達」には、わずか六億二四〇〇万ポンド（二四・九パーセント）、研究開発には、わずか三億七〇〇〇万ポンド（五・九パーセント）しか費やさ

1968	1969	1970	1971	1972
2,443	2,294	2,466	2,768	3,097
886	768	916	1,017	1,016
1,901	1,869	1,888	2,197	2,117
1,966	2,050	2,288	2,428	2,770
2,182	2,346	2,640	3,020	3,508
1,688	1,767	2,018	2,292	2,644
3,340	3,571	3,923	4,307	5,119
19,138	19,810	21,825	24,266	27,144

れていないのである。[*46] 将来的には、装備に費やされる割合は、おそらくは、さらに低下してゆくことになるだろう、とみこまれているのだ。

イギリスが適切な規模の防衛力を持つことに対するこれらの財政的な圧力すべて、そして、イギリスがそれまで世界で果たしてきた役割を維持することに対する財政的な圧力、それらは二重の影響を生んだ。第一に、その費用を賄いきれないので、海外領土からの撤退を余儀なくされたり、価格の高騰と、全般的な予算上の考慮から、新しい武器をあきらめざるを得なくなったりすることが多くあった。[*47] 主に経費という問題によって、国民徴兵制による「大規模陸軍」政策は、取りやめとなった〔もっとも、上述したように、その結果として生まれた志願兵制も、経費の削減にはつながらなかった〕。インドネシアのコンフロンテーション[*48]のような事態が、財政収支への重荷となり、この地域〔東南アジア〕からの撤退を求める要求へとつながっていった。TSR‐2〔爆撃機〕のような武器は、費用が高騰し、イギリスの支払い能力で賄い得る範囲を超えてしまったので、キャンセルとなった。大蔵省が、防衛予算は二〇億ポンドを超えてはならないと要求したために、一九六六年の防衛白書が、航空母艦の新規建造に反対を表明することとなった。〔空母〕イーグルは、一九六〇年代の初めに改修を行っていたものの、〔空母〕アーク・ロイヤルと同じ能力とするためには、さらなる改修が必要となり、その費用が大き過ぎるものとなることが判明したために、退役させられることとなった。これにより艦隊航空隊は、「存在を終える」こととなった。[*49] 82型駆逐艦の建艦費用が、総計で、二七〇〇万ポンドに達することが判明すると、あと三隻建造するという計画は、取りやめとなった。現在〔一九七〇年代なかば現在〕、全通甲板巡洋艦が計画されているが、一艦あたりの

防衛と他の主要な部門への政府支出 1962-72（100万ポンド）

	1962	1963	1964	1965	1966	1967
防衛	1,840	1,892	1,990	2,105	2,207	2,412
運輸と通信	465	470	509	602	644	745
防衛、運輸、通信以外の産業と貿易	735	757	905	1,015	1,215	1,744
住居ならびに環境	969	1,067	1,355	1,559	1,642	1,874
教育	1,173	1,282	1,417	1,585	1,768	1,970
保険	971	1,035	1,130	1,275	1,401	1,552
社会保障	1,744	1,988	2,099	2,408	2,577	2,900
支出総計	11,013	11,666	12,759	14,143	15,314	17,528

建艦費用が六五〇〇万ポンドに達すると報道されているので、同様の結果に終わるかもしれない。[*50] 中でももっとも知られている出来事は、おそらく、深刻な経済危機を受けた結果、一九六七年から六八年にかけて労働党政権が下した、一連の決断であろう。これら一連の決断とは、経費を必要としていたペルシャ湾や極東の各拠点を閉鎖して「スエズ以東」から撤退するという政策であり、[*51] F-111航空機のキャンセルであり、陸海空軍の人員の削減であり、航空母艦の早期退役のことである。これらは、イギリスの各軍にとって大打撃となり、各軍は、〔一九七〇年代なかば現在〕未だに立ち直っていない。

二つ目の影響は、十分な防衛力を構築するための、イギリスの相対的な能力に関して、である。他の国々も、イギリス同様に、インフレーションを経験し、新しい武器の価格の高騰を経験し、社会サービスの拡充を求める国内の圧力を経験している。だが、これらの国々は、その産業力と財政力が、イギリスをかなり上回る速度で拡大しているのであれば、民生上の要求も、軍事上の要求も、賄い得ることができるのである。いいかたを変えれば、ケーキの切り分け方は、ケーキそのものの大きさが常に拡大しているのであれば、さほど問題にはならないのだ。それゆえ、次頁の表の数字は、イギリスの近年の衰退ぶりを理解する上で、もっとも重要なものなのである。[*52]

イギリスは、一九五二年には三位であったが、今や六位まで下がり、

列強の国民総生産（GNP）（10億ドル）						
	アメリカ	日本	西ドイツ	フランス	イギリス	ソ連
1952	350	16	32	29	44	113
1957	444	28	51	43	62	156
1962	560	59	89	74	81	229
1967	794	120	124	116	110	314
1972	1,152	317	229	224	128	439

明らかな軍事上、政治上の影響を伴いながら、その位置は、毎年毎年、後退している。西ドイツやフランス、その他、同等の二等国と対等の防衛力を維持するために、イギリスは、GNP比でより高い割合を、防衛予算に注がなくてはならないのである。一九一四年以前のオーストリア＝ハンガリーがそうであったように、イギリスは、自らの位置を守るために、もがかなくてはならないのである。たとえば、ドイツ連邦共和国〔西ドイツ〕の一九七二年の防衛予算は、七六億六八〇〇万ドルで、GNPのわずか二・九パーセントにしか相当しない額なのであるが、イギリスの、より少ない防衛予算六九億六八〇〇万ドルは、GNPの四・六パーセントに相当してしまう額なのである。フランスの防衛費は、GNPの三・一パーセントに相当する額であり、絶対的な金額では、イギリスをわずかに下回っている額なのであるが、フランスの経済成長に合わせて、確実に上昇してゆくであろうとみこまれており、フランスは、そう遠くない将来、イギリスよりも多くの弾道ミサイル潜水艦を保有するにとどまらず、世界第三位の強力な海軍を保有するようになるとみこまれているのである。[*53] 日本は、一九七二年時点で、GNPのわずか〇・九パーセントしか防衛費に用いていないが、もしこの比率をイギリスなみに引き上げるならば、相当な規模の海軍を持つことになるのである。これらすべてによって、ホワイトホールは、難しいジレンマに晒されているのである。すでに公言している役割を果たすことができないレベルまで削減されている防衛への支出を、さらに削減することを選択するか、もしくは、同等の大きさと人口を持つ他の工業国よりも、より多くの割合を、武装に注ぎこみ、それによって発

生するであろう、政治的、経済的影響に直面することを選ぶか、そのどちらかを選択しなければならないという、ジレンマに晒されているのである。

将来という霧を見つめようとする経済予測によるならば、このような陰鬱な傾向は、変えられそうもないようだ。この種の予測が、予測できないような政治的展開により、過去、どれだけの回数はずれたのか、それを指摘することは、歴史家にとって、そう難しいことではない。つまり、〔アメリカの未来学者で軍事理論家の〕ヘルマン・カーン（Herman Kann）が、今世紀末までに、日本がアメリカを追いこすようになると唱えているが、この予測は、現在進行中の石油危機によって、致命的な打撃を受けることになるかもしれないのである。これと比べて、カーンが、日本がこの先も成長する理由として挙げた一二の「質的、量的」理由が、イギリスには逆に当てはまる、ということを無視することは、そう簡単ではない。[*54] 貿易の条件も、この先、ますます悪くなってゆくようにみこまれている。もしかしたら、北海の「石油の奇跡」が状況を変えることになるかもしれない。もしかしたら、さらに可能性は低いが、〔ヨーロッパ〕共同市場へと参入した結果が、大きな利益をもたらすかもしれない。[*55] しかしながら、多くの兆しによって示されていることとは、イギリスの成長率、イギリスの豊かさ、イギリスの防衛能力に大きな変化を起こすには、態度や想定を、同じくらい、根本的に変える必要がある、ということなのである。

だが、それをやろうとすることは、政治や経済という実態のあるものから、大衆の心理という実態のあいまいな領域に入るということであり、過去や現在の確立されたデータを離れて、未来という、未知の領域に入る、ということなのである。どちらを選ぶにしても、歴史家であるわたしにとっては、自分の領域からの逸脱になるのであるが、他に取り得る選択肢は、ここで筆を擱《お》く、という選択肢である。わたしは、筆を擱く、という選択肢を選びたいと思う。イギリスにどのような未来が待っているにせよ、イギリスがそれを請い求め、確立した制海権の時代は、最終的な終焉を迎えた、この点は明瞭である。伝統的な意味での海上戦、そして世界におけるイギリスの位置は、ここ一〇〇年間で、後戻りできないほどに変わったのである。イギリスが、将来も、アメリカの「傘」の下にとどまるべきかどうか、イギリスが、ヨーロッパの同盟国と、統合された防衛ユニットとして一つになるべきかどうか、また、軍種間〔陸海空軍間〕の関係に決着をつけ、通常兵器と核兵器をどう扱うかに関して満足できる合意に達するにはどうすべきか、これらは、すべて、現在活発に議論されている問題であるが、[*56] 本書がたどってきた、世界を股にした、独り立ちした海軍強国としてのイギリスの盛衰というスケールの大きな物語と比べるならば、小さな議論に思える。イギリスは、もはや独り立ちした海軍強国とはいえないので、この物語も、この辺で終えておくのが、正解であろう。

終章

一八世紀なかばに、スペインの衰退について書いたイギリス〔スコットランド〕の歴史家〔で著述家のジョン・〕キャンプベル（John Campbell）は、次のように記述していた。

> この広大な王国は、心臓部が疲れ切っており、この国の資源は、はるかなる遠方の地にある。制海権を握ることになる国が出てくるならば、それがどの国であろうと、その国が、スペインの富と商業を握ることになろう。この国が資源を得ている領土は、本国からかなり遠方の地にあり、領土同士が、互いに離れているので、この国は、他の国以上に、時間稼ぎを必要としている。その間に、広大で、バラバラに散らばる帝国に、活力をみなぎらせようというのである。[*1]

これが書かれた当時、イギリスは、名誉と領土を増やして七年戦争を終えたばかりであった。スペインは、すでに衰退途上にあったが、七年戦争の間、その衰退は、さらに加速していた。当時、またもや打ち倒した相手国に、思いを馳せるイギリス人など、ほとんどいなかったであろう。すべてのイギリス人は、未来を向いていた。イギリスが、世界という舞台の中央で、並ぶもののない存在になる、そんな時代がやって来つつあるように、感じていたのである。

しかしながら、スペインの衰退から二世紀あまりの時間が経ち、今度は、イギリスが後を追う番となった。そして、この二つの出来事の間にある状況の違いを認めたとして、右の引用が、イギリス帝国の置かれた状況についてもいえるということについて、ハッとせずにはいられないだろう。つまりは、同じことが、一九三〇年代のイギリス帝国にも、いえるのである。イギリスの経済的衰退によって、イギリスは「心臓部が疲れ切っており」という状況に、かなり近いものとなっていた。また、イギリスは、かつてのスペインほどには、その富の源を自らの植民地に依存していなかったにせよ、イギリス製品の市場、資源の供給元、投資先のかなりの部分は海外にあり、帝国のコミュニケーション網は、かなり脆弱な状態で、外国による脅威に、多くの場所で晒されていたのである。イギリス帝国自体が、昔日のスペインと同様に、リデルハートがかつて「戦略上の過剰拡張（strategical overextension）」と名づけたものの、古典的な例となっていたのだ。国家が、たくさんの防衛上の負担と義務を背負いこみながら、それを遂行する能力を持たない、という状態である。このような状況下にあっては、帝国の解体は、それが内側の瓦解によるものになるか、外側からの攻撃によるものになるか、その二つが組み合わさったものになるかは問わず、単に、時間の問題なのであった。一九世紀初めにスペイン帝国の大部分が急速に瓦解したが、そうなることは必然的な定めであり、そのかなり前から予期されていたことなのであった。同じことは、イギリスの場合にも当てはまった。イギリスの世界帝国は、一九四五年以降、かつてのスペインを上回る速さで縮小し、残ったそれぞれ〔カナダやオーストラリアなど〕に、自らの統治を任せ、また、本国が産業を失い、植民地を失い、制海権を失った状況にどう適応するかも、それぞれに任せたのである。

　イギリスの海洋国家としての現状を見るに際して、マハンが『海上権力史論』の初めの部分で列挙した、海洋国家として成功するための、あの、六つの条件について思い出してみることは面白いだろう。[*2] 現在のイギリスの「地理的位置」（条件一）は、これまでの諸世紀〔一九世紀まで〕と比べて、かなり不利なものとなっている。エアパワーが、イギリスが島国として持っていた有利を帳消しにし、また、イギリスは、食料においても、他の重要資源においても、もはや、自給自足できなくなっているからである。さらには、ヨーロッパの外側で、新しくて強力な国々が台頭してきたことにより、イギリスがかつて持っていた、ライバルの国々をヨーロッパ海域に閉じこめておくという能力は、失われてしまった。マハンの「自然的形態」と「領土の範囲」（条件二と条件三）に関して述べれば、莫大な天然資源を抱えた広大な大陸国家が、周縁に位置する、小さな、海洋貿易国を追いこすことになる、とマッキンダーが予言したことが、現実に起きるのを、われわれは、今世紀〔二〇世紀〕中に目撃したのである。「住民の数」（条件四）は、この傾向をさらに強化する役割しか果たしておらず、たとえイギリスが、「海で営みを行う人」の数の合計では、今でも他国を上回っているとしたところで、たいした影響はないのだ。現在では、水兵として雇うことができる人の数よりも、その国の技術力や財政力の方が、海軍力において、ものをいうようになっているからである。

次の条件である「国民性」（条件五）は、正面からまともに論ずることは難しい。それをやってしまうと、様々な民族の優劣について、似非《えせ》ダーウィニズム的〔社会ダーウィニズム的〕コメントをすることにもなりかねないからである。歴史が示しているように、時や条件しだいでは、どんな国でも、国際舞台で、それなりの存在であるということを示すことができるのである。一方で、「国民性」が、商人気質、国家としての効率や生産性、海事への全般的な興味といった、より形のあるいくつかの素養を指す、というのであれば、マハンのいう「国民性」は、現在のイギリスを表すのに、より適したものとなろう。現在のイギリスは、これらをすべて、いくぶん、欠いているのである。同じことは、「政府の性格」（条件五）についてもいえるであろう。少数の貴族たち、「商業に従事するジェントリたち」、西インド諸島で活躍する商人たちが、植民地支配や海上支配を目指して国を動かしていた時代は、遠い過去のものとなった。ドイツから発表される追加の艦隊法が「イギリス」世論を刺激した時代も、遠い過去のものとなった。〔今では〕ソヴィエトの海軍増強に関心を向けているのは、少数の戦略の専門家たちと、保守党の平議員たちだけ、となっている。

まもなくフランス海軍は——一七七九年以降で初めて——イギリス海軍を追い抜くであろうが、特に関心を持たれることもなく、そうなるであろう。内向的な時代となった現在、新聞の大見出しになるのは、内政上の問題、社会問題、経済上の問題ばかりである。イギリスのシーパワーの条件について熱心に語ろうものなら、時代遅れの化石扱いであろう。つまり、マハンのいう成功した海洋国家の条件を当てはめるならば、この国は、基準に満たないのである。

世界におけるイギリスの位置がこのように変化したことについて、是認したり、嘆いたり、これに付随して国民の態度が変わったことを是認したり、嘆いたりすることは、本書の目的から、はずれることである。このような変化が起こったということは、事実であり、歴史家としては、この事実を認めねばならないのである。過去について、いくぶんかの知識を持つ者なら誰でも、絶頂に達した世界強国が、その後もその位置を維持しつづけた例はない、ということに、気がつくであろう。早くも、一七二七年の公式記録に、次のような記述があるのだ。「制海権を持つ国は、これまで、ある国から別の国へと、頻繁に移り変わってきた。イギリスは、あるいは、この優勢を、これまでの国々よりも長く持ちつづけることができるかもしれない。そうはいうものの、すべての人間の営みには、栄枯盛衰がつきものなのである。[*3]」この言葉は、本書を締めくくるにふさわしい言葉である。同時に、この言葉は、イギリスが、その人口や国土の大きさから見ればまったく不釣り合いなほどに、世界の中で、長きにわたって役割を果たしてきた、ということを思い起こさせてくれる言葉ともなっている。この否定できない事実は、イギリスがその役目を放棄したことを嘆いている者にとっては、小さな慰めとなるであろう。また、シーパワーを基盤とする帝国は、ランドパワーを基盤とする帝国よりも、たいていは、有益で、高圧的ではない、と主張している者にとっても、小さな慰めとなるであろう。

イギリスが制海権を得ていた時代について、より離れた立場からの研究を行い、イギリスの支配について、イギリス帝国に先行する諸帝国や、イギリス帝国に後続する諸帝国と比較した上で論ずることは、遠い未来の歴史家の仕事であろう。だからといって、このことは、われわれが、意味のある比較を行うことや、特定の国家が盛衰する理由を研究することを、妨げるものではないはずだ。われわれは、こうした研究を行うことによって、過去に明かりを灯しているだけではないのだ。こうした研究は、われわれが、国際政治の現状を、より良く理解するための助けともなるのである。ここに、たしかに、一七二七年の著者が「栄枯盛衰」と呼んだものについて、さらなる研究を行うための十分な理由が存するのである。すべての人間の営みには、「栄枯盛衰」がつきものなのだ。

訳者あとがき

「訳者あとがき」ということで、ここでは、本書『イギリス海上覇権の盛衰』と、関連する事柄について、訳者の個人的思いを含めて、ある程度自由に書かせていただきたいと思う。

著者ポール・ケネディは、一九八〇年代にベストセラーとなった『大国の興亡（The Rise and Fall of the Great Powers）』の著者として、日本を含めて世界的に有名な歴史家であるので、読者のみなさまにも、おそらくは、なじみのある名前であろう。本書『イギリス海上覇権の盛衰』は、そのポール・ケネディが、今から四〇年以上前の一九七六年、三〇代で著し、出世作となった本の翻訳である。英語圏では、この分野の「現代の古典」として、長年にわたって広く読まれている文献ではあるものの、日本語に翻訳されるのは、これが最初である。今回「おまけ」として、英語の二〇一七年版に加えられた前書きが加わっている。この「二〇一七年版原著者まえがき」は、二一世紀に入ってからの状況、特に米中関係について述べられており、なかなか面白い。

本書とそのおよそ一〇年後に出版された『大国の興亡』の両方をお読みいただければ分かるように、『大国の興亡』は、本書を大幅に膨らませた内容となっており、扱う時代は、本書は一五〇〇年頃から一九七〇年代まで、『大国の興亡』は一五〇〇年頃から一九八〇年代までと、ほぼ同時期となっている。両方とも、政治、経済、軍事を含む国際関係の歴史を描いたものであるが、本書が「イギリスの盛衰」を「シーパワー」を軸として描いているのに対し、『大国の興亡』は、西洋の諸大国の盛衰を、より多くの事象から描いている。両著に共通して高く評価されている部分は、軍事力と経済力の相関関係を描いている部分である。

ここで個人的好みを申し上げれば、訳者は、『大国の興亡』よりも本書『イギリス海上覇権の盛衰』の方が好きである。本書を初めて読んだのは二〇〇二年の夏であった。当時訳者は、獨協大学の大学院生であった。鈴木主税さん訳の『大国の興亡（上）（下）』（草思社）はすでに読んでいたが、当時から現在にいたるまで、訳者にとってより印象深いのは、『イギリス海上覇権の盛衰』の方である。当時、「どうしてこの本に邦訳本はないのだろうか？」と、疑問を感じると同時に、「いつかこんな本を訳してみたい」とも思ったものである。あれから一八年あまりが経ち、夢がかなったことになる。このような機会を与えてくださった中央公論新社、また担当編集者である登張正史さんに感謝申し上げたい。

では、本書のどこが好きなのか？　扱う対象が、「イギリス」、そして、「シーパワー」と、よりはっきりしているので、議論の展開が、よりシャープに感じるのである。また、若い研究者に特有の、みずみずしさや、気負いがあり、それが、本書の議論を、さらに魅力的なものにしているのだ。

本書を訳す上で最大の問題となったのは、「ザ・ロイヤルネービー」にどのような訳語を当てるか、ということであった。さんざん試行錯誤したあげく、日本ではイギリス海軍の歴史が良く知られていないこともあり、結局、一語に置き換えることは不可能、という結論にいたり、「王室海軍」「イングランド海軍」「イギリス海軍」と三つの語に訳し分けることとした。だが、そうすると、今度は、では「イギリス海軍」の「イギリス」とは何を指すのか？　という問題が生じてくるのである。日本語の「イギリス」と「英国」は、広く使われている一般的な語ではあるが、英語には、それらに完全に対応する語が存在しないのである。そこで、このスペースを利用して、この問題について少し考えてみたい。

本書では、「イギリス」を、一七〇七年の合同法（Acts of Union 1707）によって誕生した「ザ・キングダム・オブ・グレートブリテン（The Kingdom of Great Britain）」の訳語として、主に用いることにした。だが、そう決めると、次の問題が生じてくるのである。一八〇〇年の合同法（Acts of Union 1800）

によって一八〇一年一月一日に誕生した「ザ・ユナイテッドキングダム・オブ・グレートブリテン・アンド・アイルランド（The United Kingdom of Great Britain and Ireland）」を何と呼べばよいのか？　という問題である。こちらも、日本語で表記される場合、「イギリス」もしくは「英国」と表記されるのが普通である。また、日本語では「イングランド」のことを「イギリス」もしくは「英国」と呼ぶこともある。日本語では「UK」も、「グレートブリテン」も、「イングランド」も、みんな「イギリス」となってしまうのだ。なので、本書では、一七〇七年以降の呼び方を、「イギリス」で通している。

ところが、イギリス英語では、「UK」「グレートブリテン」「イングランド」は、それぞれ指す範囲が異なる語として用いられているのである。「ザ・キングダム・オブ・グレートブリテン」は「イングランド」「ウェールズ」「スコットランド」の三国によって構成されており、ここに「アイルランド」が加わることで生まれたのが「ザ・ユナイテッドキングダム・オブ・グレートブリテン・アンド・アイルランド」である。さらに、一九二二年、アイルランドの三二州の内の南部二六州が「ザ・ユナイテッドキングダム・オブ・グレートブリテン・アンド・アイルランド」から「アイルランド自由国」として独立し独立国となり、戦後の一九四九年、「アイルランド共和国」となった。「ザ・ユナイテッドキングダム・オブ・グレートブリテン・アンド・アイルランド」は、一九二七年、「ザ・ユナイテッドキングダム・オブ・グレートブリテン・アンド・ノーザン・アイルランド（The United Kingdom of Great Britain and Northern Ireland）」となった。

現在のイギリス英語では、「イングランド」「ウェールズ」「スコットランド」の三国をまとめて指す場合には「グレートブリテン」という語を用い、「イングランド」「ウェールズ」「スコットランド」「北アイルランド」の四国をまとめて指す場合には、「ユナイテッドキングダム」もしくは「UK」を用いる。元々は別々の国々であったものが、同一の君主と同一の議会の下で一つにまとまっており、また、それぞれに歴史的経緯があるので、こうなっているのである。つまり、「グレートブリテン」と「ＵＫ」はイコールではないのだ。だが、日本語ではどちらも、「イギリス」もしくは「英国」と呼ぶ。もっとも、日本人以外も、イギリス人以外は、「グレートブリテン」と「ＵＫ」の違いなど、おそらくは、ほとんど気にすることはないであろうし、イギリス人でも、気にしない人は、知識としては知っているものの、たいして気にはしないであろう。本書の著者ポール・ケネディも、そう明確には区別してはいない。だが、英語を勉強している日本人としては、こういうところが、どうしても気になってくるのである。

ここまで書いたので、さらにつづけるが、「グレートブリテン」は「偉大なるブリテン」という意味ではない。「グレートブリテン島」という島の名称であり、「ブリテン諸島の大きな島」もしくは「大きい方のブリテン」という意味である。「大きい方のブリテン」というのは「小さい方のブリテン」に対して「大きい方」という意味である。では、「小さい方のブリテン」はどこを指すのか？　といえば、現在ではフランスに含まれているブルターニュ（Bretagne）地方のことである。英語の「ブリテン」に相当するフランス語が「ブルターニュ」であるが、「ブリトン人の住む土地」という意味である。「ブリテン」や「ブルターニュ」の語源となったケルト系のブリトン人が、かつてイギリス海峡の両岸に住んでいた名残なのだ。

だが、イギリス帝国の全盛期か、その少し後くらいになると「すばらしい」や「偉大な」などの意味も、人によっては含ませるようになり、日本などの外国では、元々の意味を知らないこともあり、イギリス本国以上にその傾向が強くなった。日本語の「大英帝国」では「偉大な」という意味がさらに強化されたので、日本では、「グレートブリテン」を、「偉大なるブリテン」という意味だと思っている人が多い。現在の日本人にとってイギリスは、ヨーロッパの単なる一国にしか過ぎないが、明治、大正の日本人にとってイギリスは、仰ぎ見る存在であり、「大英帝国」という語に、当時の日本人の思いが凝縮されているようにも感じられる。幕末から明治維新にかけての時代は、ちょうど、イギリス帝国の全盛期と重なり、また、帆船から蒸気船への転換期とも重なる時代でもある。日本人は、自分たちが世界一偉大だと考えた国を「大英帝国」と呼んだようなのである。面白いことに、「大英帝国」という訳語を創り出した元である「ザ・ブリティッシュ・エンパイア（The British Empire）」に「大」に相当する文字はない。

「訳者による訳語などについての説明」において、チューダー朝時代の「王室海軍」は、イングランドの国家予算ではなく「国王や女王のポケットマネーによって賄われていた」と書いたので、この点も、もう少しだけ説明しておきたいと思う。ちなみに、チューダー家は、ウェールズを発祥の地としているので、ウェールズ人がイングランドの君主となった、とする解釈も可能である。

「王室海軍」は、ヘンリー八世の下で本格的な艦隊となったのだが、では、ヘンリー八世は、その費用をどのように捻出したのであろうか？　ヘンリー八世は、最初の王妃キャサリン・オブ・アラゴンと別れ、二番目の王妃になるアン・ブリン（日本では、「アン・ブーリン」と表記されることが多いようであるが「アン・ブリン」と表記する方が、より正しいように思う）と結婚するために、イングランド国教会を成立させて、イングランドをカトリック教会から分離させたのであるが、その過程で、カトリックの修道院から没収した不動産を貴族や裕福な国民たちに売り、それによって捻出したお金を艦隊に注ぎこんだのである。ローマ教皇を頂点とするカトリック教会と袂を分かったことで、フランスなどのカトリック国と決定的な対立関係に陥り、そのため、艦隊を整えて、備えなければならなくなったのである。実際、英仏は、一五四五年、ポーツマスの目の前のソレント海峡で「ソレントの海戦」を戦っている。国家予算を海軍に投入できるようになる、まだまだ前の時代の話である。だが、こうやって整備された艦隊が、イギリス海軍の祖となるのである。父の遺産であるこの艦隊を核に「臨時王室艦隊」とでも呼べるものを整え、攻めてきたスペイン艦隊を、運のよさも手伝って、返り討ちにできたのが、エリザベス一世の時代の物語である。ちなみに、エリザベス一世は、ヘンリー八世の六人の王妃の内、アン・ブリンの子である。

一五四五年のソレントの海戦でヘンリー八世の「王室艦隊」の旗艦であったのが、キャラック船「メアリー・ローズ」である。大砲を搭載するようになったもっとも初期の頃の軍艦の一隻である。この海戦で「メアリー・ローズ」は沈んでしまったが、その遺物のかなり大きな一部が、一九八二年、四〇〇年以上の時を経て引き上げられ、現在、ポーツマス歴史軍港地区（Portsmouth Historic Dockyard）で見物することができる。ポーツマス歴史軍港地区は、まさにイギリス海軍の博物館であり、他に、トラファルガーの海戦の時のネルソンの旗艦「ヴィクトリー」やイギリス最初の鉄製装甲艦「ウォーリア」なども見ることができて、なかなか楽しい。ロンドンから二時間ほどで行けるので、旅行や出張のついでに、ちょっと足を延ばすには最適な距離である。イギリス海軍の歴史に浸り、現代の艦船も眺めながら、丸一日楽しむことができる。

以前にロンドンとポーツマスを訪れた際、目の前のテムズ川の流れや、ソレント海峡を眺め「そうか、かつて、イギリス人は、ここを拠点に世界を支配したのだ」と考え、そのことの、とてつもなさに、圧倒される思いを抱いたことがある。現在の、ジェット旅客機で移動する時代であっても、世界はかなり広い。帆船の時代、世界はもっと、ずっとずっと大きかったはずである。世界は、一つの場所から支配するにはあまりにも広い、と感じたのである。だが、かつて、ロンドンが世界の中心であり、イギリス人がロンドンから「世界のものと金《かね》と情報の流れ」を支配できた時代があったのだ。また、ポーツマスを拠点としたイギリス海軍が、そのシーパワーによって、世界の海を支配した時代があったのである。

二〇二〇年四月二五日　ＣＯＶＩＤ―19の収束を願ってアンザックデイに記す

山本文史

対的な経済力が弱くなる中で、イギリス国民は、EU脱退という選択肢を選び、イギリスは、2020年1月末をもってEUから脱退した。

＊56　イギリスの外交政策と防衛政策の将来について、より慎重な調査としては、以下のものが挙げられる。Pierre, Nuclear Politics, pp. 325—42; Martin, 'British Defence Policy'; N. Frankland, 'Britain's Changing Strategic Position', *International Affairs*, xxxiii, (October, 1957); M. Beloff, *The Future of British Foreign Policy* (London, 1969).

終章

＊1　Mahan, *The Influence of Sea Power upon History*, p. 327からの引用。

＊2　ibid., pp. 29—82. 邦語訳本での該当箇所は、アルフレッド・セイヤー・マハン（北村謙一訳）『マハン海上権力史論』原書房、2008年、47—115頁。

＊3　Richmond, *Statemen and Sea Power*, p. 109 からの引用。

Economy, pp. 356 ff; Hobsbawn, *Industry and Empire*, pp. 249―72.
＊37 Hancock and Gowing, *British War Economy*, p. 546.
＊38 Kolko, *The Politics of War*, p. 313.
＊39 *The British Economy. Key Statistics 1900―1966*（London and Cambridge, 1967), table N. また、以下に含まれる様々な統計数字も参照。D. H. Aldcroft and P. Fearon（eds), *Economic Growth in Twentieth-century Britain*（London, 1969); S. Hays, *National Income and Expenditure in Britain and the OECD Countries*（London, 1971).
＊40 *The Times*, 5 December, 1973.
＊41 C. M. Cipolla（ed.), *The Economic Decline of Empires*（London, 1970), pp. 1, 9―13.
＊42 Mitchell and Deane, *Abstract of British Historical Statistics*, p. 398.
＊43 *National Income and Expenditure 1973*（Central Statistical Office, London, 1973), table 49. また、次も参照。*The Politics of British Defence Policy*, pp. 191―6.
＊44 Mahan, *The Influence of Sea Power upon History*, p. 67. 訳者訳。邦語訳本での該当箇所は、アルフレッド・セイヤー・マハン（北村謙一訳）『マハン海上権力史論』原書房、2008年、95―96頁。
＊45 数字は、*Jane's Fighting Ships 1972―1973*からの抜粋。また、次も参照。Darby, *British Defence Policy East of Suez*, pp. 249―50.
＊46 *The Military Balance 1973―1974*, p. 79.
＊47 Bartlett の *The Long Retreat* の索引の 'Economy（The British)'の項は、このことについて、示唆を与えてくれるものである。また、次も参照。C. Mayhew, *Britain's Role Tomorrow*（London, 1967), chap 4, 'Peace-keeping and the Pound'.
＊48 訳注。1963年から1966年にかけてのインドネシアとマレーシア間の武力対立のこと。1963年9月16日、マラヤ連邦が、シンガポール、イギリス保護国であった北ボルネオ（現在のマレーシア・サバ州）、イギリス領であったサラワク（現在のマレーシア・サラワク州）と統合することでマレーシア連邦が成立したが、ボルネオ島（インドネシアの呼び方では「カリマンタン島」）で国境を接するインドネシアは、これを認めないという立場であり、両国は、ボルネオ島の国境を中心にした宣戦布告を伴わない武力紛争状態に陥り、全面戦争にはエスカレートしなかったものの、ジャングルの中での小競り合いを中心にした紛争状態がつづいた。マレーシア防衛に責任を有していたイギリス、オーストラリア、ニュージーランドは、マレーシア側でこの紛争を戦った。マレーシア語とインドネシア語では、この戦いを「コンフロンタスィー（Konfrontasi)」と呼んでいる。なお、シンガポールは、1965年8月9日、マレーシア連邦から分離し、独立国となる。
＊49 *Jane's Fighting Ships 1973―1974*, p. 76.
＊50 訳注。ポール・ケネディは、本書執筆当時このように心配していたが、この計画は、キャンセルされることなく、インヴィンシブル級航空母艦（軽空母）として実現し、1980年から1985年にかけて３隻のインヴィンシブル級軽空母が就役した。現在は、３隻とも、すでに退役している。
＊51 訳注。これを象徴しているのは、イギリスの極東防衛のシンボル的存在となっていたシンガポールからの撤退である。イギリスは、1971年に、最終的にシンガポールから撤退した。
＊52 *The Military Balance 1973―1974*, p. 79.
＊53 ibid., and *Jane's Fighting Ships 1972―1973*, p. 81.
＊54 H. Kahn, *The Emerging Japanese Superstate*（London, 1971), pp. 101―2.〔ハーマン・カーン（坂本次郎、風間禎三郎訳）『超大国日本の挑戦』ダイヤモンド社、1970年。〕また、次の中の彼の予測についても参照。H. Kahn and A. J. Wiener, *The Year 2000*（London and New York, 1967), especially pp. 29―31.〔ハーマン・カーン、アンソニー・ウィーナー（井上勇訳）『紀元2000年――33年後の世界』時事通信社、1968年。〕
＊55 訳注。イギリスの EC（EUの前身）加盟は、1973年で、本書の出版の少し前であり、本書執筆時点で、ヨーロッパ共同市場参入の成果はまだ出ていなかった。その後、イギリスとヨーロッパ大陸の経済的結びつきは強くなってゆき、イギリス経済は、いくぶん、持ち直すことになる。だが、21世紀に入って以降のいわゆる「イースタニゼーション」によって、世界におけるヨーロッパの相

Gilbert (ed.), *A Century of Conflict, 1850—1950* (London, 1966).

＊10　Pelling, *Britain and the Second World War*, p. 292.

＊11　訳注。1959年から79年までつづいたイギリス、イラン、パキスタン、トルコの四カ国による反共軍事同盟で、イラン、トルコ、パキスタンの脱退により崩壊した。

＊12　国防省の下での、三軍の一体化については、以下を参照。Bartlett, *The Long Retreat*, pp. 39—41, 190—92; W. P. Snyder, *The Politics of British Defense Policy, 1945—1962* (Colombus, Ohio, 1964). これに対する海軍からの反対については、次を参照。R. A. Clarkson, 'The Naval Heresy', *Royal United Services Institutional Journal*, cx, no. 640 (November, 1965), p. 319.

＊13　Schurman, *The Education of a Navy*, pp. 156, 170, 181—82.

＊14　この点に関する議論については、次を参照。J. L. Moulton, *Defence in a Changing World* (London, 1964).

＊15　Pierre, *Nuclear Politics*, p. 344.

＊16　A. Gwynne Jones (Lord Chalfont), 'Training and Doctrine in the British Army since 1945' in M. Howard, (ed.), *The Theory and Practice of War* (London, 1965), pp. 320—21.

＊17　例えば、次の文書。Cd. 4891, Statement on the Defence Estimates (1972). 西側世界の海上での諸問題に関する議論については、次を参照。L. W. Martin, *The Sea in the Modern Strategy* (London, 1967).

＊18　Snyder, *The Politics of British Defence Policy*, p. 24; T. Ropp, *War in the Modern World* (London, 1962) edn, p. 401.

＊19　特に〔アンドリュー・J・〕ピア (Andrew J. Pierre) による研究〔A. J. Pierre, *Nuclear Politics. The British Experience with an Independent Strategic Force 1939—1970* (London, 1972)〕を参照。

＊20　ibid., pp. 322—3.

＊21　*The Military Balance 1973—1974* (International Institute for Strategic Studies, London, 1974), pp. 69—73.

＊22　Bartlett, *The Long Retreat*, p. 179.

＊23　次の序文を参照。*Jane's Fighting Ships 1972—1973* (London, 1972).

＊24　Pierre, *Nuclear Politics*, pp. 294—6, 324—5, 328—9.

＊25　数字については、以下を参照。*The Military Balance 1973—1974*, pp. 87—95.

＊26　この点に関し、全体像としては、以下を参照。R. W. Herrick, *Soviet Naval Strategy* (Annapolis, 1968); W. F. Bringles, 'The Challenge Posed by the Soviet Navy', *Journal of the Royal United Services Institute for Defence Studies*, 118 no. 2 (June, 1973); pp. 11—16; L. L. Whetton, 'The Mediterranean Threat', *Survival*, xii, no. 8 (August, 1970), pp 252—8.

＊27　*Jane's Fighting Ships 1972—1973*, p. 76.

＊28　ここで比較した数字は、以下からのものである。Roskill, *The War at Sea*, i and iii, part 2; *Jane's Fighting Ships 1973—1974* (London, 1973).

＊29　P. Cohen, 'The Erosion of Surface Naval Power', *Survival*, xiii, no. 4 (April 1971), pp. 127—33.

＊30　次の論文が、これについての優れた要約となっている。G. Lukes, 'The Indian Ocean in Soviet Naval Policy', *Adelphi Papers*, no. 87 (May, 1972). また、次の序文も参照。*Jane's Fighting Ships 1972—1973*.

＊31　特に、P. Darbyによるもっとも信用のおける研究を参照。

＊32　*Jane's Fighting Ships 1972—1973*, pp. 76—7.

＊33　ibid.

＊34　Schofield, *British Sea Power*, p. 237. また、次も参照。Clarkson, 'The Naval Heresy', *passim*.

＊35　Thorne, *The Limits of Foreign Policy*, p. 395, footnote 4.

＊36　前掲書、pp. 312—18を参照。1945年以降のイギリス経済については、以下を参照。Murphy, *A History of the British Economy 1086—1970*, pp. 777 ff; Pollard, *The Development of the British*

ンが、統一された見解の下、ありとあらゆる点において策謀的であったとの主張は、受け入れがたいものがある。だが、戦時中の英米関係についてのコルコの分析は、豊富な量の新しい史料に基づくものであり、まるっきり無視してしまうことはできず、全体としては、次のような、コルコほど挑発的ではない他の研究によっても裏付けられているものである。G. Smith, *American Diplomacy during the Second World War 1941—1945*（New York, 1965）.

＊40　Pelling, *Britain and the Second World War*, p. 273を参照。

＊41　ここまでの記述は、以下に依拠するものである。ibid., pp. 275—8; Kolko, *The Politics of War*, p. 490; R. N. Garner, *Sterling-Doller-Diplomacy*（Oxford, 1956）.

＊42　原子爆弾の開発については、次の、公式の歴史が、もっとも信頼できる史料となっている。M. Gowing, *Britain and Atomic Energy 1939—1945*（London, 1964）.

＊43　P. Kennedy, *Pacific Onslaught*,（New York and London, 1972）, p. 53. 以下も参照。Pelling, *Britain and the Second World War*, pp. 275 ff; Mansergh, *The Commonwealth Experience*, pp. 269—94.

＊44　Howard, *The Continental Commitment*, pp. 142—3.

＊45　ヨーロッパの将来についての連合軍の政策は、以下の文献でカバーされている。Kolko, *The Politics of War, passim*; F. P. King, *The New Internationalism. Allied Policy and the European Peace 1939—1945*（Newton Abbot, 1973）; H. Feis, *Churchill-Roosevelt-Stalin. The War they Waged and the Peace they Sought*（Princeton, 1957）.

＊46　Hancock and Gowing, *British War Economy*, p. 555.

＊47　M. Matloff, *Strategic Planning for Coalition Warfare 1943—1944*（Washington, D.C., 1959）, pp. 523—4からの引用。

＊48　この点については、バーネットが、簡潔ではあるものの、興味を起こさせる議論を行っている。Barnett, *Collapse of British Power*, pp. 570—75, 586—90.　だが、この議論は示唆の段階にとどまっており、その背景にあった理由についての踏みこんだ説明は行っていない。

第一二章

＊1　歴史家にとって、現在の外交政策や防衛政策を扱うことは、リスクを伴うことである。歴史家が、全般的な結論を下そうとする傾向を持つのに対して、国際関係は、流動的なものだからである。だが、以下に挙げる優れた諸研究に多く助けられながら、この章を成立させることができた。C. J. Bartlett, *The Long Retreat. A Short History of British Defence Policy, 1945—1970*（London, 1972）; P. Darby, *British Defence Policy East of Suez 1947—1968*（London, 1973）; A. J. Pierre, *Nuclear Politics. The British Experience with an Independent Strategic Force 1939—1970*（London, 1972）. 次のよく考察の効いた論文も参照。L. W. Martin, 'British Defence Policy: The Long Recessional', *Adelphi Papers*, no. 61（November, 1969）.

＊2　1945年以降の政策についての有効な研究としては次を参照。F. S. Northedge, *British Foreign Policy. The Process of Readjustment 1945—1961*（London, 1962）.

＊3　Bartlett, *The Long Retreat*, pp. 1—77.

＊4　Pelling, *Britain and the Second World War*, p. 285.

＊5　R. E. Robinson and J. Gallagher, with A. Denny, *Africa and the Victorians. The Official Mind of Imperialism*（London, 1961）, p. 11.

＊6　Darby, *British Defence Policy East of Suez*, p. 1からの引用。

＊7　ibid., p. 15.

＊8　Mansergh, *The Commonwealth Experience*, pp. 294 ff は、1945年以降のイギリス連邦の歴史をカバーしている。

＊9　Northedge, *British Foreign Policy. The Process of Readjustment 1945—1961*, pp. 132 ff. 英米関係に関しては、次を参照。M. Beloff, 'The Special Relationship: An Anglo-American Myth', in M.

Burton H. Klein, *Germany's Economic Preparations for War* (Cambridge, Mass., 1959).

*16 Medicott, *The Economic Blockade*, i, p. 43.

*17 Marder, *Winston is Back*, p.31—3を参照。

*18 Carroll, *Design for Total War. Arms and Economics in the Third Reich*, p. 104.

*19 Klein , *German's Economic Preparations for War*, pp. 96—103, 206—25; Postan, *British War Production*, apps. 2 and 4. イギリスの数字は、より多くの大型爆撃機を含むものである、という点は、指摘しておく価値を有するポイントである。しかしながら、このことによって、戦争開始の３年後から５年後にかけてドイツの生産力が増したという、全体の構図が変わるわけではない。

*20 Klein, *Germany's Economic Preparations for War*, p. 211.

*21 H. U. Faulkner, *American Economic History* (New York, 1960 edn), p. 701; A Russell Buchanan, *The United States and World War II*, 2 vols. (New York, 1964), i, p. 140.

*22 Milward, *The German Economy at War*, p. 115. 爆撃作戦の効果は、この本で、丁寧に分析されている。また、以下も同様に参照。Klein, *German's Economic Preparations for War*, pp. 225 ff; Medicott, *The Economic Blockade*, ii, pp. 394—5; C. K. Webster and N. Frankland, *The Strategic Air Offensive against Germany 1939—1945*, 4 vols. (London, 1961); B. H. Liddle Hart, *History of the Second World War* (London, 1970), pp. 589—612.〔リデル・ハート（上村達雄訳）『第二次世界大戦（上）（下）』中央公論新社、1999年。〕

*23 Medicott, *The Economic Blockade*, pp. 631, 640.

*24 Liddle Hart, *History of the Second World War*, p. 547.

*25 J. Terraine, 'History and the "Indirect Approach" ', *Journal of the Royal United Services Institute for Defence Studies*, cxvi, no. 662 (June 1971), pp. 44—9.

*26 M. Howard, *Grand Strategy*, iv (London, 1972), p. 3. 原材料の欠乏については、次で言及されている。Postan, *British War Production*, pp. 211—17.

*27 ibid., p. 244.

*28 Wagenführ, *Die duetsche Industrie im Kriege 1939—1945*, p. 87.　このことは、別の統計数字によっても説明することができるのである。1935年から37年までは、ドイツの軍備への出費は、英米露の合計額の150パーセントに匹敵する額であったが、この数字は、1942年には、25パーセントとなったのである。

*29 Klein, *Germany's Economic Preparations for War*, pp. 96—103.

*30 H. G. Nicholas, *Britain and the United States* (London, 1963), p. 32.

*31 Hancock and Gowing, *British War Economy*, p. 374. この直前で挙げた数字は、以下からのものである。Klein, pp. 96—103; Postan, *British War Production*, pp. 231—47; A. J. P. Taylor, *English History* 1914—1945 (Oxford, 1965), pp. 565—6.

*32 Hancock and Gowing, loc. cit.

*33 Postan, *British War Production*, pp. 245—6.

*34 Barnett, *Collapse of British Power*, p. 564からの引用。

*35 ibid., pp. 13—14.

*36 Hancock and Gowing, *British War Economy*, p. 522.

*37 Taylor, *English History 1914—1945*, pp. 513—14; Hancock and Gowing, *British War Economy*, pp. 106—20, 223—47, 359—404; Pelling, *Britain and the Second World War*, pp. 116—19; H. Duncan Hall, *North American Supply* (London, 1955), Pollard, *The Development of the British Economy*, pp 330—39; Mileard, *The Economic Effects of the World Wars on Britain*, pp. 47—52. また、特に次の文献。R. S. Sayers, *Financial Policy 1939—1945* (London, 1956), pp. 363—486.

*38 Barnett, *Collapse of British Power*, p. 592.

*39 G. Kolko, *The Politics of War: Allied Diplomacy and the World Crisis of 1943—1945* (London, 1969), pp. 242—313 and *passim*.〔アメリカの歴史学者ガブリエル・〕コルコ (Gabriel Kolko) による「新左翼」的なアメリカの政策の分析は、非常に議論を呼ぶものであり、ワシント

against Japan, i, App. 5.

＊61　A. Toynbee and V. M. Toynbee（eds.）, *Survey of International Affairs 1939—1946: The Eve of War, 1939*（London, 1958）, p. 608.

＊62　B. Collier, *The Defence of the United Kingdom*（London, 1957）, p. 78.

＊63　Northedge, *The Troubled Giants: Britain among the Great Powers 1916—1939*, p. 625.

＊64　K. Feiling, *The Life of Neville Chamberlain*（London, 1947）, p. 314からの引用。

＊65　Howard, *The Continental Commitment*, pp. 112—33; Bartnett, *Collapse of British Power*, pp. 438—575; Butler, *Grand Strategy*, ii, pp. 9—17.

＊66　ibid., pp. 10—11.

＊67　A. S. Milward, *The German Economy at War*（London, 1965）, pp. 26—7.

＊68　Howard, *The Continental Commitment*, pp. 134—7; Barnett, *Collapse of British Power*, pp. 12—14, 564.

第一一章

＊1　訳注。アメリカ陸軍とアメリカ空軍の行政機関であった旧陸軍省（海軍は別）のこと。その後、旧陸軍省は、海軍と海兵隊の行政をも担う現在の国防総省へと発展してゆき、陸軍と空軍は、それぞれ自らの行政機関を持つことになる（現在の陸軍省と空軍省）。

＊2　1939年から45年までの海軍の働きについて、ここから数段落の記述は、以下の文献の記述を要約したものである。S. W. Roskill, *The War at Sea*, 3 vols.; Roskill, *The Navy At War 1939—1945*（London, 1960）; J. Creswell, *Sea Warfare 1939—1945. A Short History*（London, 1950）.

＊3　G. Bennett, *Naval Battles of the First World War*, p. 311.

＊4　現在では、チャーチルが海軍大臣を務めた時期について、次のような非常に優れた記述が手に入るようになっている。A. J. Marder, *Winston is Back: Churchill at the Admiralty 1939—1940*（The English Historical Review, Supplement 5, London, 1972）. また、以下も同様に参照。P. Gretton, *Winston Churchill and the Royal Navy*（New York, 1969）, pp. 252—306; Roskill, *The War at Sea, passim*.

＊5　この戦略を生み出した過程を魅惑的に描いた文献としては、次を参照。Carl-Axel Gemzell, *Hitler und Skandinavien. Der Kampf für einen maritimen Operationsplan*（Lund, 1965）. その結果、イギリスは、グリーンランド＝アイスランド＝スコットランドを結ぶ線まで後退するしかなくなり、この線を哨戒することは、はるかに難しいものであった。

＊6　訳注。実際には、シンガポール海軍基地の規模はたいしたものではなかった。この点、より詳しくは、山本『日英開戦への道』15—50頁を参照。

＊7　W. S. Churchill, The Second World War, 12 vols.（paperback edn, London, 1964）, vi, p. 210.

＊8　合計785隻を沈めたUボートの内、水上艦艇と航空機が共同して沈めたものが、さらに50隻あった。詳しくは、次を参照。Roskill, *The Navy at War*, p. 448.

＊9　Marder, *Winston is Back*, p. 55.

＊10　T. K. Derry, *The Campaign in Norway*（London, 1952）, pp. 234—5.

＊11　Roskill, *The Navy at War*, p. 162.

＊12　Postan, *British War Production*, p. 289.

＊13　Marder, *Winston is Back*, p. 19からの引用。

＊14　Feiling, *Life of Neville Chamberlain*, p. 426; Hancock and Gowing, *British War Economy*, p. 72.

＊15　ドイツの戦時経済についてのこの部分の記述は、以下に依拠するものである。Milward, *The German Economy at War*, W. N. Medicott, *The Economic Blockade*, 2 vols.（London, 1952—9）; R. Wagenführ, *Die deutsche Industrie im Kriege 1939—1945*（Berlin, 2nd edn, 1963）; Berenice, A. Caroll, *Design for Total War. Arms and Economies in the Third Reich*（The Hague, 1968）;

般的な状況については、次を参照。R. Higham, *Air Power. A Concise History*（London, 1972).

＊37 Howard, *The Continental Commitment*, p. 81からの引用。

＊38 P. Padfield, *The Battleship Era*（London, 1972), p. 252—8からの引用。

＊39 R. Higham, *The Military Intellectuals in Britain 1918—1939*（New Brunswick, New Jersey, 1966), pp. 165—6.

＊40 Louis, *British Strategy in the Far East*, p. 102からの引用。また、次も参照。Schofield, *British Sea Power*, pp. 105—6.

＊41 Howard, *The Continental Commitment*, pp. 80—85, 94, 108.

＊42 満洲事変当時のイギリスの政策については、以下を参照。C. Thorne, *The Limits of Foreign Policy*（London, 1972), *passim*, but especially pp. 66—71, 266—8〔クリストファー・ソーン（市川洋一訳）『満州事変とは何だったのか——国際連盟と外交政策の限界（上）（下）』草思社、1994年〕; Barnett, *Collapse of British Power*, pp. 298—305; Louis, *British Strategy in the Far East*, pp. 171—205; F. S. Northedge, *The Troubled Giant: Britain among the Great Powers 1916—1939*（London, 1966), pp. 348—67.

＊43 Barnett, *Collapse of British Power*, pp. 296—7.

＊44 ここからの記述は以下に依拠するものである。Barnett, ibid., pp. 342 ff ; Howard, *The Continental Commitment*, pp. 96 ff; M. M. Postan, *British War Production*（London, 1952), pp. 9—52; Higham, *Armed Forces in Peacetime*, pp. 191—242.

＊45 Higham, *Armed Forces in Peacetime*, p. 218.

＊46 訳注。保守党議員ケニオン・ヴォーン＝モーガン（Kenyon Vaughan-Morgan）が1933年8月21日に死去したことに伴って、1933年10月25日に補欠選挙が行われた。この選挙区は保守党の地盤であるとみなされており、当然、保守党が勝利を収めるとみなされていたが、大方の予測に反して、労働党からの立候補者ジョン・ウィルモット（John Wilmot）が勝利した。この補欠選挙において、再軍備は、最重要の争点であり、保守党の立候補者が、再軍備をかかげ、これに労働党の立候補者が反対するという構図であった。そのため、当時、この勝利は「選挙による平和」と呼ばれた。

＊47 Howard, *The Continental Commitment*, p. 98からの引用。

＊48 Higham, *Armed Forces in Peacetime*, pp. 326—7. 1937年と1938年の数字は、「1937年防衛費貸付決議（The Defence Loan Act of 1937)」下での出費を含むものである。

＊49 ibid., pp. 191—201; Bartnett, *Collapse of British Power*, pp. 476—7; Postan, British War Production, pp. 2—4, 23—7.

＊50 以下を参照。Roskill, *Naval Policy between the Wars*, i, pp. 234—68, 356—99, 347—97, 517—43; Higham, *Armed Forces on Peacetime*, pp. 226—72; Schofield, *British Sea Power*, pp. 145—62.

＊51 Barnett, *Collapse of British Power* と M. Gilbert and R. Gott, *The Appeasers*（London, 1963）が展開している強い批判を参照。

＊52 訳注。この点を日本語でより詳しく説明しているものとしては、山本『日英開戦への道』15—50頁を参照。

＊53 Higham, *Armed Forces in Peacetime*, pp. 220—21; Dulffer, op. cit., 279—354; Schofield, *British Sea Power*, pp. 128—9.

＊54 A. J. Marder, 'The Royal Navy and the Ethiopian Crisis of 1935—36', *American Historical Review*, lxxv, no. 5（June, 1970), p. 1355.

＊55 ibid., *passim*: Bartnett, *Collapse of British Power*, pp. 30—82.

＊56 H. Pelling, *Britain and the Second World War*（London, 1970), pp. 22—3; Howard, *The Continental Commitment*, pp. 118—20.

＊57 S. Woodburn Kirby, *The War against Japan*, 5 vols.（London, 1957—69), i, p. 17.

＊58 Postan, *British War Production*, pp. 12, 23—7, 58—9.

＊59 ibid., p. 24.

＊60 数字は、以下から引用。Roskill, *The War at Sea*, i, pp. 50—61, Apps. D—H; Kirby, *The War* passim.

＊15　訳注。ワシントン会議とその前後の日英米間の国際関係については日本語でも多くの文献があるが、ここでは、最近のものも含めて、その内のいくつかを挙げておく。麻田貞雄『両大戦間の日米関係――海軍と政策決定過程』東京大学出版会、1993年。中谷直司『強いアメリカと弱いアメリカの狭間で――第一次世界大戦後の東アジア秩序をめぐる日米英関係』千倉書房、2016年。山本文史『日英開戦への道――イギリスのシンガポール戦略と日本の南進策の真実』中公叢書、2016年、51―86頁。

＊16　訳注。当時の主力艦は、戦艦と巡洋戦艦で、航空母艦は入っていない。下に言及されている通り、航空母艦に関する規定は、別に存在した。

＊17　訳注。実質的には、本文の記述の通りだが、厳密にいえば、日英同盟にアメリカとフランスを加えることにより、四カ国条約にし、日英同盟は、発展的に解消。ただし、約20年後に第二次世界大戦を戦うことになるので、本文のように解釈されるのは一般的である。

＊18　訳注。これを規定していたのは、ワシントン海軍軍縮条約（五カ国条約）の第19条。より詳しくは、山本『日英開戦への道』51―86頁を参照。

＊19　訳注。イギリスの愛国歌『ルール・ブリタニア（Rule, Britannia!）』の有名な歌詞。

＊20　J. Dülffer, *Weimar, Hitler und die Marine*（Düsseldorf, 1973）, p. 211からの引用。

＊21　訳注。このリポートとその中身は、政府の要請によるものでもなく、海軍本部の要請によるものでもなく、ジェリコが独断で提出したものである。より詳しくは、山本『日英開戦への道』16―17頁を参照。

＊22　Beloff, *Imperial Sunset*, i, p. 342.

＊23　Howard, *The Continental Commitment*, p. 79.

＊24　Higham, *Armed Forces in Peacetime*, pp. 123―4; Roskill, *Naval Policy between the Wars*, i, pp. 230―3.

＊25　Louis, *British Strategy in the Far East 1919―1939*, pp. 52―3からの引用。

＊26　Tate, *The United States and Armaments*, p. 121; Braisted, *The U.S. Navy in the Pacific*, pp. 670―73; D. W. Knox, *The Eclipse of American Naval Power*（New York, 1922）.

＊27　全般的には、次を参照。W. N. Medlicott, *British Foreign Policy since Versailles 1919―1963*（London, revised edn, 1968）, pp. 53―81.

＊28　Schofield, *British Sea Power*, pp. 102―8; Roskill, *Naval Policy between the Wars*, i, pp. 331 ff.

＊29　訳注。シンガポール海軍基地の建設について、より詳しくは、山本『日英開戦への道』15―50頁を参照。

＊30　Higham, *Armed Forces in Peacetime*, p. 130.（強調は、原著者ポール・ケネディによるもの。）

＊31　E. Braford, *The Mighty Hood*（London, 1959）, pp. 64―88. ここで用いた表現は、皮肉的なものに思われるであろうが、〔海軍史家〕ブラッドフォードが書いたフッドの伝記中、世界巡行の記述は、戦間期のフッドの物語の中で大きな部分を占めている。

＊32　訳注。この点は、イギリスの軍事史家の間では広く共有されている視点であるのだが、日本ではあまり知られていない点である。より詳しくは、山本『日英開戦への道』15―50頁を参照。

＊33　Mackinder, *Democratic Ideas and Reality*, p. 170.

＊34　チェンバレンのこの言葉は、ほぼ確実に、ビスマルクの有名な言い回しから拝借し、言葉を少し変えたものである。ビスマルクは、バルカンは、ポメラニアの戦士たちの骨〔命〕を懸ける対象ではない、と述べたのであった。この予測は、1914年、ひどい間違いであったことが判明する。チェンバレンの間違いは、1939年に判明した。歴史は、時に、繰りかえすこともあるのだ。

＊35　A. J. P. Taylor, *The Origins of the Second World War*（Harmondsworth, Middlesex, 1969 edn）, pp. 45―8.

＊36　この部分の記述は、以下に依拠するものである。Marder, *Dreadnought to Scapa Flow*, iv, pp. 3―24, and v, pp. 223―4; Howard, *The Continental Commitment*, pp. 80―85; Higham, *Armed Forces in Peacetime*, pp. 147―63; Roskill, *Naval Policy between the Wars*, i, pp. 234―68.　また、全

Pacific, 1909—1922, pp. 409—40.
＊41　ibid., pp. 437, 440.
＊42　Beloff, *Imperial Sunset*, i, p. 360.
＊43　Liddle Hart, *The British Way in Warfare*, p. 41.
＊44　ibid.
＊45　Mahan, *Retrospect and Prospect*, p. 169.

第一〇章

＊1　R. Higham, *Armed Forces in Peacetime. Britain, 1918—1940, a case study* (London, 1962), p. 135; Roskill, *Naval Policy between the Wars*, i, p. 71.
＊2　Hobsbawm, *Industry and Empire*, p. 207.
＊3　ここからの記述は、以下に依拠するものである。Hobsbawm, *Industry and Empire*, pp. 207—24; S. Pollard, *The Development of the British Economy 1914—1950*, pp. 42—241; W. Arthur Lewis, *Economic Survey 1919—1939*; V. Anthony, *Britain's Overseas Trade* (London, 1967), pp. 17.38; R. S. Sayers, *A History of Economic Change in England 1880—1939*, pp. 47 ff; B. W. E. Alford, *Depression and Recovery? British Growth 1918—1939* (London, 1972); D. H. Aldcroft, *The Inter-War Economy: Britain, 1919—1939* (London, 1970); A. J. Youngson, *Britain's Economic Growth 1920—1966* (London, 1963), pp. 9—140; A. E. Kahn, *Great Britain in the World Economy* (New York, 1946), *passim*; Barnett, *Collapse of British Power*, pp. pp. 476—94.
＊4　Lewis, *Economic Survey 1919—1939*, pp. 78—9.
＊5　Pollard, *The Development of the British Economy*, p. 201.
＊6　Mahan, *The Influence of Sea Power upon History*, pp. 59—82.　邦訳本での該当箇所は、アルフレッド・セイヤー・マハン（北村謙一訳）『マハン海上権力史論』原書房、2008年、83—115頁。
＊7　Machinder, *Democratic Ideas and Reality*, p. 23.
＊8　Pollard, *The Development of the British Economy*, p. 203.（保険料の値上げは、この拡大に、とても追いつくものではなかった。）
＊9　Higham, *Armed Forces in Peacetime*, pp. 326—7.
＊10　訳注。日本語訳が出版されている。ロバート・グレーヴズ（工藤政司訳）『さらば古きものよ（上）（下）』岩波文庫、1999年。
＊11　Barnett, *Collapse of British Power*, pp. 237 ff; M. Swartz, *The Union of Democratic Control in British Politics during the First World War*, (Oxford, 1971); A. J. P. Taylor, *The Trouble Makers* (London, 1954), cap. VI〔A・J・P・テイラー（真壁広道訳）『トラブルメーカーズ——イギリスの外交政策に反対した人々 1792—1939』法政大学出版局、2002年〕; P. M. Kennedy, 'The Decline of Nationalistic History in the West, 1900—1970', *Journal of Contemporary History*, 8, no. 1 (JAN., 1973), pp. 91—2.
＊12　Howard, *The Continental Commitment*, pp. 78—9からの引用。
＊13　Higham, *Armed Forces in Peacetime*, pp. 326—7.
＊14　とりわけ重要なのは、以下の文献である。Roskill, *Naval Policy between the Wars*, i, pp. 204—33, 269—355; W. R. Louis, *British Strategy in the Far East 1919—1939* (Oxford, 1971), pp. 1—108; Braisted, *The U.S. Navy in the Pacific*, pp. 465—688; Beloff, *Imperial Sunset*, i, pp. 318 ff; Dignan, 'New Perspectives on British Far Eastern Policy', pp. 271—4; B. Schofield, *British Sea Power* (London, 1967), pp. 72—101; Barnett, *Collapse of British Power*, pp. 263—74; Nish, *Alliance in Decline*, pp. 305 ff; M. Tate, *The United States and Armaments* (New York, 1948), pp. 121—40; I. Klein, 'Whitehall, Washington, and the Anglo-Japanese Alliance, 1919—1921', *Pacific Historical Review*, 41 (1972), pp. 460—83; J. K. McDonald, 'Lloyd George and the Search for a Postwar Naval Policy, 1919', in A. J. P. Taylor (ed.), *Lloyd George: Twelve Essays* (London, 1971),

Empires (London, 1966), pp. 370—71; M. Balfour, *The Kaiser and his Times* (New York, 1972 edn), pp. 437—47.

*20 Marder, *Dreadnought to Scapa Flow*, i, p. 365からの引用。

*21 ibid., ii, p. 123.

*22 Balfour, *The Kaiser and His Times*, pp. 442—6.

*23 W. K. Hancock and M. M. Gowing, *British War Economy* (London, 1949), p. 20.

*24 Richmond, *National Policy and Naval Strength*, p. 71. 先の引用は、同書p. 142からのもの。

*25 Howard, *The Continental Commitment*, pp. 68—70.

*26 Richmond, *National Policy and Naval Strength*, p. 77. また、封鎖に関しては、以下を参照。M. Parmelee, *Blockade and Sea Power* (London, n.d., 1925?); M. C. Siney. *The Allied Blockade of Germany, 1914—1916* (Ann. Arbor, Michigan, 1957); A. C. Bell, *A History of the Blockade of Germany and the Countries Associated with Her*… (London, 1961); L. L. Guichard, *The Naval Blockade, 1914—1918* (London, 1930); M. W. W. P. Consett, *The Triumph of Unarmed Forces* (1914—1918) (London, 1928).

*27 Marder, *Dreadnought to Scapa Flow*, i, p. 391からの引用。また、Mackay, *Fisher of Kilverstone*, p. 456も参照。「共同作戦の主唱者たち」がどうして失敗したかについての最近の研究としては、次を参照。D. M. Schurman, 'Historian and Britain's Imperial Strategic Stance in 1914', in J. E. Flint and G. Williams (eds.), *Perspectives of Empire* (London, 1973), pp. 172—88.

*28 Marder, *Dreadnought to Scapa Flow*, ii, p. 175. また、Hankey, *The Supreme Command*, i, pp. 244—50, et. seq.も参照。

*29 Sir Sydney Fremantle, *My Naval Career, 1880—1928* (London, 1949), pp. 245—6.

*30 Howard, *The Continental Commitment*, p. 65からの引用。

*31 P. Guinn, *British Strategy and Politics 1914—1918* (Oxford, 1965), p. 283.

*32 ここからの記述は、以下に依拠するものである。Sayers, *A History of Economic Change in England 1880—1939*, pp. 47 ff; Mathias, *First Industrial Nation*, pp. 431 ff; A Marwick, *Britain in the Century of Total War: War, Peace and Social Change 1900—1967* (Harmondsworth, Middlesex, 1970), pp. 62—84; W. Arthur Lewis, *Economic Survey1919—1939* (London, 1949), pp. 74—89; S. Polland, *The Development of the British Economy 1914—1950* (London, 1969 edn), pp. 49—92; A. S. Milward, *The Economic Effects of the World Wars on Britain* (London, 1970); Barnett, *Collapse of British Power*, pp. 424—8.

*33 Barnett, *Collapse of British Power*, p. 426.

*34 Halpern, *The Mediterranean Naval Situation*, pp. 358, 364, 367.

*35 Lowe, 'The British Empire and the Anglo-Japanese Alliance 1911—1915', p. 225.

*36 ここからの記述は以下に依拠するものである。Lowe, loc. cit.; Nish, *Alliance in Decline*, *passim*; D. Dignan, 'New Perspectives on British Far Eastern Policy, 1913—1919', *University of Queensland Papers*, I, no. 5.

*37 Marder, *Dreadnought to Scapa Flow*, iv, pp. 43—4.

*38 Dignan, 'New Perspectives on British Foreign Policy, 1913—1919', pp. 271—4.

*39 この時期の英米の海軍のライバル関係は、近年、多くの優れた研究によってカバーされている。その中でも特に優れているのは、以下のものである。Marder, *Dreadnought to Scapa Flow*, v, pp. 224 ff; Beloff, *Imperial Sunset*, i, pp. 229 ff; Barnett, *Collapse of British Power*, pp. 251 ff; S. W. Roskill, *Naval Policy between Wars, i, The Period of Anglo-American Antagonism 1919—1929* (London, 1968), introduction and chaps. I—VIII; W. R. Braisted, *The United States Navy in the Pacific, 1909—1922* (Austin, Texas, 1971), pp. 153—208, 289 ff; M. G. Fry, 'The Imperial War Cabinet, The United States and the Freedom of the Seas', *The Royal United Services Institution Journal*, cx. no. 640 (Novermber, 1965), pp. 352—62.

*40 Marder, *Dreadnought to Scapa Flow*, v, p. 225; Braisted, *The United States Navy in the*

1973), pp. 113—31. また、これまで引用したMarderとSummertonの諸研究においてもカバーされている。

＊55　Summerton, *British Military Preparations for a War against Germany*, pp. 34—49, 59, 220—97, 320—41, 451—71, 622—8.

＊56　Howard, *The Continental Commitment 1914—1918*, p. 46からの引用。また、Williamson, *Politics of Grand Strategy*, pp. 108—12も参照。

＊57　訳注。グランド・ストラテジーもしくは大戦略。軍事や政治を含めた国家の一番大きな戦略のこと。

＊58　Hankey, *Supreme Command*, i, p. 82. また、次も参照。N. J. d' Ombrain, 'The Imperial General Staff and the Military Policy of a "Continental Strategy" during the 1911 International Crisis', *Military Affairs*, xxxiv, no. 3 (October, 1970), pp. 88—93.

＊59　Ritter, *The Sword and the Sceptre*, ii, p. 56.

＊60　Williamson, *Politics of Grand Strategy*, p. vii.

第九章

＊1　もっとも、6個師団を一度に送ることに関しては不安が存在したのであった。詳しくは、次を参照。Williamson, *Politics of Grand Strategy*, pp. 364—7.

＊2　ibid., p. 367.

＊3　R. Blake, *The Conservative Party from Peel to Churchill* (London, 1970), pp. 195—7.

＊4　Marder, *Dreadnought to Scapa Flow*, i, p. 431.

＊5　A. T. Mahan, *Retrospect and Prospect: Studies in International Relations Naval and Political* (London, 1902), pp. 165—7.

＊6　ここから述べてゆく、海上戦の全般的な状況は、以下に依拠するものである。Marder, *Dreadnought to Scapa Flow*, ii—v; J. S. Corbett and H. Newbolt, *History of the Great War: Naval Operations*, 5 vols. (London, 1920—31). また、以下の分冊雑誌の拙稿も参照。*History of the First World War* (London, 1969 f), ii, no. 7; iv, no. 14; vi, nos. 3 and 12.

＊7　Marder, *Dreadnought to Scapa Flow*, ii, p. 4.

＊8　Kennedy, 'German Naval Operations Plans against England', pp. 74—6.

＊9　Moon, *The Invasion of the United Kingdom*, p. 711.

＊10　ibid., pp. 503—15.

＊11　G. Bennett, *Naval Battles of the First World War* (London, 1968), p. 246.

＊12　Marder, *Dreadnought to Scapa Flow*, iii, p. 206.

＊13　Bundesarchiv-Militärarchiv, Freiburg, Diederichs papers, F255/12, Hoffman to Diederichs, 5 June 1916.

＊14　K. Assmann, *Deutsche Seestrategie in Zwei Weltkriegen* (Heidelberg, 1957), p. 30からの引用。ヘーリンゲンは、この当時、海軍軍令部長であり、対英作戦計画の軍事面での責任者であった。

＊15　このことについては、以下が、もっともよくカバーしている文献である。Marder, *Dreadnought to Scapa Flow*, iv, *passim*, and v, pp. 77—120; Corbett and Newbolt, *passim*; A. Spindler, *Der Krieg zur See, 1914—1918: Der Handelskrieg mit U-Booten*, 5 vols. (Berlin, 1932—66); C. E. Fayle, *History of the Great War: Seaborne Trade*, 3 vols. (London, 1920—24).

＊16　Marder, *Dreadnought to Scapa Flow*, v, pp. 132—4.

＊17　ibid., pp. 175—87.

＊18　訳注。第一次世界大戦で、連合国と戦った諸国を指す名称で、ドイツ帝国とオーストリア＝ハンガリー帝国を指し、オスマン帝国、ブルガリア王国を入れる場合もある。

＊19　この段落の経済統計は、以下に依拠している。W. Baumgart, *Deutschland im Zeitalter des Imperialismus* (*1890—1914*) (Frankfurt, 1972), pp. 79—81; D. K. Fieldhouse, *The Colonial*

Anglo-Japanese Alliance 1911—1915', History, liv (1969), pp. 212—15. そして、特にI. H. Nish, *Alliance in Decline: A Study in Anglo-Japanese Relations 1908—23* (London, 1972), pp. 1—98.

*34 Beloff, *Imperial Sunset*, p. 153からの引用。

*35 この議論については、次の文献でよくカバーされている。Marder, *Anatomy*, pp. 119—231, 266—73, 393—416.

*36 この部分の記述は、以下によっている。Marder, *Dreadnought to Scapa Flow*, i, pp. 272—310; P. G. Halpern, *The Mediterranean Naval Situation 1908—1914* (Cambridge, Mass., 1971), pp. 1—110; S. R. Williamson, *The Politics of Grand Strategy, Britain and France prepare for War, 1904—1914* (Cambridge, Mass, 1969), pp. 227—99; H. I. Lee, 'Mediterranean Strategy and Anglo-French Relations 1908—1912', *Mariner' s Mirror*, 57 (1971), pp. 267—85.

*37 Lee, 'Mediterranean Strategy and Anglo-French Relations', p.277.

*38 訳注。その著書『外交』によって知られる外交官で著述家のハロルド・ニコルソンの父。

*39 Marder, *Dreadnought to Scapa Flow*, i, p. 294.

*40 Williamson, *Politics of Grand Strategy*, p. 278からの引用。左派が、大陸関与を嫌悪していたことについては、次の文献でカバーされている。A. J. A. Morris, *Radicals Against War* (London, 1972).

*41 国内の状況については、G. H. Dangerfield の *The Strange Death of Liberal England* (London, 1935) の中で、よく精査されている。政治的不満が、過去70年で最高の状態に達していたという立場を受け入れるためには、必ずしも、自由主義の衰退に関する彼の見解に同意する必要はない。

*42 Marder, *Dreadnought to Scapa Flow*, i, p. 289.

*43 訳注。1912年、英独関係を調整するため、陸軍大臣のリチャード・ホールデイン卿を団長とする外交団がベルリンへと派遣されたが、英独の隔たりは大きく、何の合意に達することもできなかった。

*44 R. Langhorne, 'The Naval Question in Anglo-German Relations, 1912—1914', *Historical Journal*, xiv, no. 2 (1971), pp. 359—70.

*45 B. H. Liddell Hart, *The British Way in Warfare* (London, 1932), pp.7—41.

*46 Taylor, *Struggle for Mastery in Europe*, pp. xix—xxvi; F. Fisher, *Germany's Aims in the First World War* (London, 1972), pp. 3—49.

*47 M. Howard, *The Continental Commitment* (London, 1972), pp.9—10.

*48 この部分は、これまで引用してきたHoward、Marder、Williamson、そしてMongerの著作に主に依拠している。また、次の論文も重要である。N. Summerton, *British Military Preparations for a War against Germany*, 2 vols., (Ph.D. thesis, London, 1969).

*49 Marder, *Dreadnought to Scapa Flow*, i, p. 429から引用。また、ハンキー卿による次の重要な引用も参照。Hankey, *The Supreme Command 1914—1918*, 2 vols. (London, 1961), i, pp. 128—9.

*50 全体として、以下を参照。Bartnett, *Britain and her Army*, pp. 272—370; G. Ritter, *The Sword and the Sceptre*, ii, *The European Powers and the Wilhelminian Empire 1890—1914* (London, 1972), pp. 7—136, 193—226.

*51 Haus-, Hof-, und Staatsarchiv, Vienna, P. A. III/153, Szögyeny to Goluchowski, no. 2B of 16 January 1900, reporting a conversation with the Kaiser, who expressed doubts about Britain's future〔ドイツ皇帝との会話を報告したものであり、この中でドイツ皇帝は、イギリスの将来について、疑問を呈していた〕.

*52 Williamson, *Politics of Grand Strategy*, p. 20.

*53 Beloff, *Imperial Sunset*, i, p. 73からの引用。

*54 この変化は、以下でカバーされている。N. d'Ombrain, *War Machinery and High Policy. Defence Administration in Peacetime Britain 1902—1914* (Oxford, 1973); J. Gooch, *Plans of War: The General Staff and British Military Strategy c. 1900—1914* (London, 1974); P. Haggie, 'The Royal Navy and War Planning in the Fisher Era' , *Journal of Contemporary History*, 8, no. 3 (July,

Marder, *Anatomy*, pp. 427—34; Grenville, *Lord Salisbury and Foreign Policy Anatomy*, pp. 390—420; Monger, *The End of Isolation: British Foreign Policy*, pp. 46—66; L. K. Young, *British Policy in China 1895—1902*（Oxford, 1970）, pp. 295—318; I. Nish, *The Anglo-Japanese Alliance*（London, 1966）, pp. 174—7, 213—15.

＊19　M. Beloff, *Imperial Sunset*, i, p. 87.

＊20　訳注。英語圏やヨーロッパにおいてはよく知られていることなので、本文では言及されていないが、ヴィルヘルム二世は、ヴィクトリア女王の孫にあたる。

＊21　ドイツの海軍政策と英独の海軍競争は、数多い研究の対象となってきた。以下は、その主要なものである。Marder, *Anatomy*, pp. 456—514; *Dreadnought to Scapa Flow, i, passim*; Steinberg, *Yesterday's Deterrent*; Berghahn, *Der Tirpitz-Plan*; Kennedy, 'Maritime Strategieprobleme'; Kennedy, 'Tirpitz, England and the Second Navy Law of 1900: A Strategical Critique', *Militärgeschichtliche Mitteilungen*, 1970, no. 2; Kennedy, 'The Development of German Naval Operations Plans against England, 1896—1914', *English Historical Review*, lxxxix, no. CCCL（January, 1974）, pp. 48—76.

＊22　Monger, *The End of Isolation*, p. 82中の引用。

＊23　フィッシャーが海軍に及ぼした影響についてはマーダー（Marder）の著書 *Anatomy*, pp.483—546 と *Dreadnought to Scapa Flow*, i, pp. 14—207 で詳細に述べられている。だが、フィッシャーの性格について理解する最善の方法は、マーダーが編集した彼の魅力溢れる書簡録 *Fear God and Dread Nought* を読むことである。R. F. Mackay, *Fisher of Kilverstone*（Oxford, 1973）は、最近出版された彼の優れた伝記であるが、参考になる。

＊24　Marder, *Dreadnought to Scapa Flow*, i, pp. 42—3.　北海への集中は、その後の数年間で、さらに進むことになる。（配備の見直しは、ドイツのみではなく、フランスとロシアの脅威を念頭に置いたものであったとR. F. Mackay, 'The Admiralty, the German Navy, and the Redistribution of the British Fleet, 1904—1905', *Mariner's Mirror*, 56（1970）は主張しているが、1905年春までの期間に限定する限り、この主張は、有効である。）

＊25　訳注。これ以降、大東亜戦争（太平洋戦争）直前の1941年12月に戦艦プリンス・オブ・ウェールズと巡洋戦艦レパルスが回航されてくるまで、アジア極東地域にイギリスの主力艦が存在しない状況がつづくこととなる。

＊26　訳注。「巡洋戦艦」という新しい艦種の先駆けとなった艦で「速力は最大の防御」というフィッシャーの考え方を具現化したもの。高出力の機関を持ちながら、装甲を薄く、主砲の数を少なくし、それによって高速航行を可能にした艦。これ以降、戦艦と巡洋戦艦が、主力艦とみなされることになる。

＊27　バーガン博士（Dr Berghahn）の印象深い文献は、ドレッドノートの導入が、ドイツの計画に与えた、技術的、財政的、政治的混乱を、完全に示すものである。Bergharn, *Der Tirpitz-Plan*, pp. 419 ff.

＊28　Public Record Office, Cabinet papers, 37/84/77, Foreign Office memo, 25 October 1906; 37/89/73, Colonial Office memo, 19 July 1907; 37/89/74, Foreign Office memo, 24 July 1907; Public Record Office, Colonial Office records, 537/348, paper 5520 Secret 'Distribution of the Navy'; Marder, *Dreadnought to Scapa Flow*, i, pp. 53—4.

＊29　'A Statement of Admiralty Policy', 1905（Cd. 2791）, p. 6.

＊30　Preston and Major, *Send a Gunboat!*, p. 161.

＊31　Public Record Office, Admiralty Records, 116/900B（War Orders for Home and Foreign Stations and Fleets 1900—1906）, Battenberg, memo of 7 January 1905.（このメモの日付は、注23で紹介したMackayの主張に疑問を投げかけるものとなっている。）

＊32　D. C. Gordon, 'The Admiralty and Dominion Navies, 1902—1914', *Journal of Modern History*, xxxiii, no. 4（December, 1961）, pp. 407—22.

＊33　Marder, *Dreadnought to Scapa Flow*, i, pp. 233—9; P. Lowe, 'The British Empire and the

第八章

＊1　*The Times*, 25 June 1897.

＊2　フィッシャー提督は、「われわれは、イスラエルの失われた10支族に属している！」「これが、その証明である」と、付け加えていた。Marder, *Dreadnought to Scapa Flow*, i, p.41からの引用。

＊3　P. M. Kennedy, 'Imperial Cable Communication and Strategy, 1870─1914', *English Historical Review*, lxxxvi, no. CCCXLI (October 1971), pp. 728─752.

＊4　訳注。1886年、アイルランド問題をめぐってアイルランド自治反対派が自由党から分離し、自由統一党（Liberal Unionist Party）を結成。1895年6月に成立した第三次ソールズブリー内閣は、この自由統一党と保守党がユニオニスト・パーティーとして合同で政権を担う内閣であった。この政権を「ユニオニスト政権」と呼んでいる。

＊5　訳注。1898年4月1日から1899年3月31日までの予算のこと。また、19世紀末から20世紀初めまでのイギリス海軍の財政についての日本語文献としては、次のものが参考になる。藤田哲雄『帝国主義期イギリス海軍の経済史的分析1885～1917年――国家財政と軍事・外交戦略』日本経済評論社、2015年。

＊6　J. Lepsius *et al.* (eds.), *Die Grosse Politik der europäischen Kabinette*, 40 vols. (Berlin, 1922─7), xiv, part 2, no. 3927.

＊7　Taylor, *Struggle for Mastery in Europe*, p. 387.

＊8　Marder, *Anatomy*, p. 351.

＊9　J. Steinberg, *Yesterday's Deterrent: Tirpitz and the Birth of the German Battle Fleet* (London, 1965), pp. 208─21. また、次も参照。V. R. Berghahn, *Der Tirpitz-Plan* (Düssel-dorf, 1972), *passim*. この文献は、ドイツ海軍の目標について、もっとも詳細なものである。

＊10　この数字は、1897年12月30日にドイツ議会に提出された『ドイツ帝国の海上利益（Die Seeinteressen des Deutschen Reiches)』と題されたメモランダムからのもので、このメモランダムは、議員たちに、ドイツ海軍拡張の必要性を訴えるためのものであった。このメモランダムは、単純に、5000トン以上の戦艦すべてを数えるものであったが、ドイツ帝国海軍省は、ロンドンのイギリス海軍本部が〔古くて〕航海に適さないとする艦船まで、数字に加えることを、慣例的に〔数字を大きく見せるために〕行っていた。『ブラッセイ海軍年鑑（*Brassey's Naval Annual*）（1898年版)』によれば、ここに挙げたイギリス戦艦の内、18隻は三等戦艦に分類されるものであったため、ライバル諸国の戦艦数の合計との比率は、さらに大きなものとなる。

＊11　G. W. Monger, *The End of Isolation: British Foreign Policy 1900─1907* (London, 1963), pp. 11─12.

＊12　Bourne, *Britain and the Balance of Power in North America 1815─1908, passim*.

＊13　訳注。インドにおける女王もしくは国王の名代。日本語では、「副王」と表記されることが多い。

＊14　India Office Library, Curzon Papers, vol. 144, Godley to Curzon, 10 November 1899.

＊15　英米の「和解」については、数多くの研究がある。近年のものとしては、B. Perkins, *The Great Rapprochement: England and the United States* (London, 1969) がある。この問題を戦略的な面から捉えたもっとも重要な研究は、以下である。Bourne, *Britain and the Balance of Power in North America*, pp. 313─401; Marder, *Anatomy*, pp. 442─55; J. A. S. Grenville, *Lord Salisbury and Foreign Policy* (London, 1964), pp. 370─89; S. F. Wells, Jnr., 'British Strategic Withdrawal from the Western Hemisphere, 1904─1906', *Canadian Historical Review*, xlix (1968), pp. 335─56.

＊16　Bourne, *Britain and the Balance of Power in North America*, p. 382.

＊17　ibid., p. 410.

＊18　Public Record Office, Cabinet papers, 37/58/87, Selborne memorandum, 'Balance of Naval Power in the Far East', 4 September 1901. 日英同盟の海軍的な側面は以下の文献で扱われている。

ドイツが海軍競争を仕かけたとするイギリス側の見方に反駁することを目的とするものである。1911年から13年までの数字は、W. Ashworth, *An Economic History of England, 1870—1939* (London, 1972 edn), p. 147で（　）内に追記されたイギリスだけについての数字。また、次も参照。S. B. Saul, *Studies in British Overseas Trade 1870—1914*（Liverpool, 1960）, passim.

＊32　Barraclough, *An Introduction to Contemporary History*, p. 100からの引用。帝国連邦をめぐる運動についてのより詳しい分析は、以下を参照。N. Mansergh, *The Commonwealth Experience*（London, 1969）, pp. 120—56; D. C. Gordon, *The Dominion Partnership in Imperial Defence, 1870—1914*（Baltimore, 1965）; M. Beloff, *Imperial Sunset, i, Britain's Liberal Empire, 1897—1921*（London, 1969）.

＊33　Richmond, *Statesmen and Sea Power*, p. 276.

＊34　*The Naval and Military Record*（London）, 5 January 1905.

＊35　Hobsbawm, *Industry and Empire*, p. 179.

＊36　*Jane's Fighting Ships 1914*. 19世紀なかばの軍艦建造費は、Barnett, *Great Britain and Sea Power*, p. 290の注にある数字。

＊37　訳注。マダガスカルの北端に位置する都市で、現在のアンツィラナナ。ディエゴ・スアレスは1975年までの名称。

＊38　Barnett, *Britain and her Army*, pp. 295, 303.

＊39　Barraclough, *An Introduction to Contemporary History*, p. 61から引用。

＊40　H. J. Machinder, *Democratic Ideals and Reality*（New York, 1962 edn）, p. 115.

＊41　*The Naval and Military Record*（London）, 26 December 1901.

＊42　訳注。イナー・テンプル（The Inner Temple）は、中世に設立された、ロンドンに四つある法曹院の一つ。法曹院は、法廷弁護士の養成と認定を行っている団体であり、イングランドとウェールズの法廷弁護士ならびに裁判官は、四つの法曹院のいずれかに所属している。

＊43　原典は、1905年4月6日、英国王立防衛安全保障でのダグラス・オーウェンの講演「海上での獲得――現在の状況と戦利品に関するかつての諸法律（Capture at Sea: Modern Conditions and the Ancient Prize Laws)」を記録した私文書。当時、同研究所を頻繁に訪れていたドイツの海軍武官が、この私文書の複写を入手し、これが、ドイツ連邦公文書館軍事記録局フライブルク館に所蔵されている（Das Bundesarchiv-Militärarchiv, Freiburg, F 5145, *II. Jap.11b*, vol. 2, Coerper to Reichsmarineamt, no, 246 of 7 April 1905.）。また、Richmond, Statesmen and Sea Power, p. 284も参照。

＊44　Livezey, *Mahan on Sea Power*, pp. 280—281. また、次も参照。P. M. Kennedy, 'Maritime Strategieprobleme der deutsch-englischen Flottenrivalität' , in H. Schottelius and W. Deist（eds.）, *Marine und Marinepolitik im keiserlichen Deutschland 1871—1914*（Düsseldorf, 1972）, p. 198.

＊45　Das Bundesarchiv-Militärarchiv, Freiburg, F7224, PG69125, Müller（German Naval Attaché, London）, to Reichsmarineamt, no. 501 of 9 June 1914, enclosing *The Times* of 5 June 1914; A. J. Marder, *From the Dreadnought to Scapa Flow*, 5 vols.（London, 1961—70）, i, p. 333.

＊46　Mathias, *First Industrial Nation*, pp. 244, 249, 253; Hobsbawm, *Industry and Empire*, p. 97.

＊47　Millman, *British Foreign Policy and the Coming of the Franco-Prussian War*, p. 149からの引用。このような見解は、当然ながら、当時としては、誇張されたものであった。だが、やがては、鋭い予測であったこととなるのだ。

＊48　Clarke, *Voices Prophesying War 1763—1984*, p. 134.

＊49　Millman, *British Foreign Policy and the Coming of the Franco-Prussian War*, p. 146.

＊50　訳注。リデルハートと「イギリス流の戦争方法」について、日本語で読める文献としては、次のものが参考になる。石津朋之『リデルハートとリベラルな戦争観』中央公論新社、2008年、その文庫版『リデルハート――戦略家の生涯とリベラルな戦争観』中公文庫 2020年。同書には、リデルハートとポール・ケネディの関係、またリデルハートに対するケネディの評価について言及している箇所がある。たとえば、281―282頁、文庫版では318頁。

＊5　訳注。厳密には正しい用い方ではないものの、イギリスでは、「ダルヴィーシュ（Dervishes）」という語は、19世紀にイギリスと敵対したムスリムを表す語として広い意味で使われており、ここでは、1898年のオムドゥマン（オムダーマン）の戦いに結実するスーダンでの戦いを指す。
＊6　B. Bond（ed.）, *Victorian Military Campaigns*（London, 1967）.
＊7　H. Brunschwig, 'Anglophobia and French African Policy' , in P. Gifford and W. R. Louis（eds.）, *France and Britain in Africa: Imperial Rivalry and Colonial Rule*（New Haven and London, 1971）.
＊8　Thomson, *Europe since Napoleon*, p. 498.
＊9　Hobsbawm, *Industry and Empire*, pp. 134—52; Mathias, *First Industrial Nation*, pp. 303—34.
＊10　Marder, *Anatomy*, p. 44.
＊11　ibid., pp. 44—61; D. M. Schurman, *The Education of a Navy: The Development of British Naval Strategic Thought 1867—1914*（London, 1965）, passim.
＊12　ibid., p. 61; and M. T. Sprout, 'Mahan: Evangelist of Sea Power' , in E. M. Earle（ed.）, *Makers of Modern Strategy*（Princeton, 1952）.
＊13　本書の序章を特に参照。
＊14　Livezey, *Mahan on Sea Power*, p. 274.
＊15　Machinder, 'The Geographical Pivot of History' passim. Livezey, *Mahan on Sea Power*, pp. 286—92とGraham, *Politics of Naval Supremacy*, pp. 29—30は、過去数百年のシーパワーの発展を理解する上において、マッキンダーの理論の重要性を指摘している。
＊16　Mackinder, 'Geographical Pivot of History' , p. 433.
＊17　ibid., p. 441.（強調は、原著者ポール・ケネディによるもの）
＊18　J. R. Seeley, *The Expansion of England*（London, 1884）, p. 301.
＊19　H. J. Mackinder, *Britain and the British Seas*（Oxford, 1925 edn）, p. 358.
＊20　Moon, *The Invasion of the United Kingdom*, pp. 67—246.
＊21　Hobsbawm, *Industry and Empire*, p.151.
＊22　ここから述べる結論は、以下に依拠したものである。Hobsbawm, *Industry and Empire*, pp. 134—53; Mathias, *First Industrial Nation*, pp 243—53, 306—34, 345—426; C. Barnett, *The Collapse of British Power*（London and New York, 1972）, pp. 71—120; D. H. Aldcoft（ed.）, *The Development of British Industry and Foreign Competition 1875—1914*（London, 1968）; J. Saville（ed.）, *Studies in the British Economy, 1870—1914*, 17, no. 1（1965）, *The Yorkshire Bulletin of Economic and Social Research*; R. S. Sayers, *A History of Economic Change in England 1880—1939*（London, 1967）; Landes, *The Unbound Prometheus*, pp. 326—58.
＊23　Hobsbawm, Industry and Empire, p. 169. また、Mathias, *First Industrial Nation*, pp.421—4も参照。〔これに関して、日本語で簡単に読めるものとしては、ニーアル・ファーガソン（山本文史訳）『大英帝国の歴史（下）』中央公論新社、2018年、65—70頁の記述が参考になる。〕
＊24　Hobsbawm, *Industry and Empire*, p. 151.
＊25　Mathias, *First Industrial Nation*, pp. 332—3.
＊26　ibid., p. 405.
＊27　Hobsbawm, *Industry and Empire*, p. 181.
＊28　G. Barraclough, *An Introduction to Contemporary History*（Harmondsworth, Middlesex, 1967）, p. 51.
＊29　D. C. M. Platt, 'Economic Factors in British Policy during the "New Imperialism"' , *Past and Present*, no. 39（1968）, p. 137.
＊30　Mathias, *First Industrial Nation*, pp. 399—400.
＊31　1860年から98年にかけての数字は、ドイツ連邦公文書館軍事記録局フライブルク館所蔵文書中（Das Bundesarchiv-Militärarchiv, Freiburg, F 7590, vol. 1）のホルヴェーグ提督（Admiral Hollweg）による日付の入っていないメモランダムで発見することができる。このメモランダムは、

生まれのユダヤ人のドン・パシフィコが、自宅を暴徒に襲われ破壊され、これを、イギリス臣民としての権利をギリシャ当局に侵されたものとして訴えたので、外相パーマストンが、1850年、これを理由にアテネの外港を封鎖し、ギリシャに賠償金支払いを迫った事件。パーマストンの砲艦外交の代表例だとされている。なお、文中の「急進派」とは、後の1859年にホイッグ、ピール派などとともに「自由党」を結成することになる三派の内の一つ。イギリスの政党の変遷については、君塚直隆『物語　イギリスの歴史（下）』（中公新書、2015年）244頁の「イギリスの政党変遷略図」が分かりやすい。

＊32　Lloyd, *The Nation and the Navy*, p. 225から引用。

＊33　Richmond, *Statesmen and Sea Power*, p. 264.

＊34　Lloyd, *The Navy and the Slave Trade*, p. 235.

＊35　Bartlett, *Great Britain and Sea Power*, pp. 68, 95; Lewis, *The History of the British Navy*, p. 211.

＊36　Bartlett, *Great Britain and Sea Power*, p. 101.

＊37　ibid., pp. 55, 260, Appendix II.

＊38　ibid., p. 2.

＊39　訳注。ホイッグ党の政治家で外相などを務めた後、1830年、首相に就任し、1834年まで務める。ヘンリー・グレイは、彼の子。紅茶好きとしても有名で、紅茶のブレンド「アールグレイ」は、彼にちなむともいわれているが、「アールグレイ」の由来には、他にも様々な説があり、ヘンリー・グレイに由来するという説もある。

＊40　これら一連の危機の全体像については、以下を参照。I. F. Clarke, *Voices Prophesying War 1763―1984* (London, 1970 edn); H. R. Moon, *The Invasion of the United Kingdom: Public Controversy and Official Planning 1888―1918*, 2 vols. (Ph.D. thesis, London, 1968), passim, and especially pp. 1―18.

＊41　Bartlett, *Great Britain and Sea Power*, p. 333.

＊42　Graham, *Empire of the North Atlantic*, p. 275; Richmond, *Statesmen and Sea Power*, pp. 267―9.

＊43　Moon, *The Invasion of the United Kingdom*, pp. 6―7.

＊44　ibid., pp. 8 ff.

＊45　A.J.P. Taylor, *The Struggle for Mastery in Europe, 1848―1918* (Oxford, 1954), p. xxvii.

＊46　C. J. Bartlett, 'The Mid-Victorian Reappraisal of Naval Policy', in K. Bourne and D. C. Watt (eds.), *Studies in International History* (London, 1967), pp. 189―208ならびにR. Millman, *British Foreign Policy and the Coming of the Franco-Prussian War* (Oxford, 1965), pp.148―58. この二つの簡潔な研究は、1853年と1880年に挟まれた時期の海軍政策についての数少ない研究である。Bartlett の *Great Britain and Sea Power* は、1853年までを扱ったものであり、A. J. Marder の *The Anatomy of Sea Power: A History of Britain Naval Policy in the Pre-Dreadnought Era 1880―1905* (Hamden, Conn., edn 1964)は、1880年以降について扱ったものである。1853年から1880年までを扱った本格的な研究が待たれているところである。

＊47　Richmond, *Statesmen and Sea Power*, p. 205.

第七章

＊1　1884年から94年にかけての騒ぎについての確実な研究としては、次を参照。Marder, *Anatomy*, pp. 119―205.

＊2　Ibid., pp. 321―40; C. Andrew, *Théophile Delcassé and the Making of the Entente Cordiale* (London, 1968), pp. 91―118.

＊3　Bartlett, 'The Mid-Victorian Reappraisal', p. 208.

＊4　ibid., pp. 101―2; Preston and Major, *Send a Gunboat!*, pp. 32 ff.

＊11　訳注。イギリス帝国史の記述において、イギリスの歴史家ジョン・ロバート・シーリー（John Robert Seeley）が、1883年に出版した『英国膨張史（*The Expansion of England*）』の中で、イギリス帝国は、「意図することなしに」拡大した、と唱えて以降、こうした見方が広くあるので、このように記述されている。

＊12　C. J. Bartlett, *Great Britain and Sea Power 1815—1853*, p. 22.（この優れた本は、19世紀のイギリス海軍史について学ぼうとするすべての学徒にとっての必読書である）

＊13　Ibid., pp. 23—7.

＊14　Ibid.

＊15　Graham, *Empire of the North Atlantic*, p. 263からの引用。

＊16　D. Thomson, *Europe since Napoleon*（Harmondsworth, Middlesex, 1966）, p. 111.

＊17　Bartlett, *Great Britain and Sea Power*, p. 57.

＊18　C. K. Webster, *The Foreign Policy of Castlereagh*, 2 vols.（London, 1963 edn）, i, pp. 297—305; ii, pp. 47 ff.

＊19　ここからの記述は、以下の文献による。Crouzet, 'War, Blockade, and Economic Change in Europe, 1792—1815' , passim; Heckscher, *The Continental System*, pp. 257 ff.

＊20　Crouzet, 'Wars, Blockade, and Economic Change in Europe' , p.573.

＊21　ibid.

＊22　次を特に参照。Williams, *British Commercial Policy and Trade Expansion 1750—1850*, pp. 176 ff.

＊23　訳注。現在のように外交使節が遠方の地を訪れることがほとんどないこの時代、海軍は、外交使節としての役割も担っていた。

＊24　Lewis, *The History of the British Navy*, p. 215.

＊25　Callender, *The Naval Side of British History*, p. 232—233.

＊26　G. Fox, *British Admirals and Chinese Pirates, 1832—1869*（London, 1940）, passim.

＊27　〔トリニダード・トバゴの初代首相で歴史家の〕E〔エリック〕・ウィリアムズ（Eric Williams）は、その著書「*Capitalism and Slavery*」（Chapel Hill, 1944）〔中山毅訳『資本主義と奴隷制——ニグロ史とイギリス経済史』理論社、1968年〕において、奴隷制の廃止は経済環境の変化によるものであったと主張したが、この主張は、専門の歴史研究者たちの間では受け入れられていない。詳しくは、次を参照。R. T. Ansley, 'Capitalism and Slavery: A Critique' , *Economic History Review*, 2nd series, xxi, no. 2 (August, 1968), pp. 307—20. 〔この点におけるその後の議論について、日本語で簡単に読めるものとしては、秋田茂『イギリス帝国の歴史：アジアから考える』（中公新書、2012年）81—86頁が参考になる。また、ウィルバーフォースとその仲間たちの活動については、ニーアル・ファーガソン（山本文史訳）『大英帝国の歴史（上）』（中央公論新社、2018年）201—206頁の記述も参考になる。〕

＊28　C. Lloyd, *The Navy and the Slave Trade*（London, 1969 reprint）, p.274. また、以下の、より簡潔な記述も参照。Bartlett, *Great Britain and Sea Power*, pp. 267—70; A. Preston and J. Major, *Send a Gunboat! A Study of the Gunboat and its Role in British Policy 1854—1904*（London, 1967）, pp. 115—31.

＊29　ibid., p.3.

＊30　このような観点では、次を参照。この文献は、1816年から1900年までをカバーしている。Sir Laird W. Clowes, *The Royal Navy. A History*, 7 vols.（London, 1887—1903）, vi—vii.　各地域ごとの状況については、以下を参照。G. S. Graham, *Great Britain in the Indian Ocean. A Study of Maritime Enterprise 1810—1850*（Oxford, 1967）; B. Gough, *The Royal Navy and the North West Coast of North America 1810—1914*（Vancouver, 1971）; J. Bach, 'The Royal Navy in the Pacific Islands' , *Journal of Pacific History*, iii (1968), pp. 3—20; G. S. Graham and R. A. Humphteys (eds.), *The Navy and South America 1807—1832*（Navy Records Society, London, 1962）.

＊31　訳注。「ドン・パシフィコ事件」とは、1847年、アテネに住んでいたイギリス領ジブラルタル

統計についてのコメントは、Schumpeterのものを参照）; Dickson, *The Financial Revolution in England*, p. 10.

＊38 Dickson, *The Financial Revolution in England*, p. 9. また、以下も参照。E. L. Hargreaves, *The National Debt*（London, 1966 reprint）, pp. 108—34; A Cunningham, *British Credit in the Last Napoleonic War*（Cambridge, 1910）.

＊39 Marcus, *A Naval History of England*, ii, p. 209から引用。

＊40 ここからの記述は、以下の文献による。Marcus, *A Naval History of England*, ii, pp. 295—330, 406—25; Mahan, *The Influence of Sea Power upon the French Revolution and Empire*, ii, pp. 272—357; Heckscher, *The Continental System. A Economic Interpretation*（Oxford, 1922）. また、特に以下の文献による。F. Crouzet, *L' Économie Britannique et le Blocus Continental（1806—1813）*, 2 vols.（Paris, 1958）; Crouzet, 'Wars, Blockade and Economic Change in Europe, 1792—1815', *Journal of Economic History*, 24, no. 4（1964）; pp. 567—88; Williams, *British Commercial Policy and Trade Expansion 1750—1850*, pp. 346 ff.

＊41 数字は、B. R. Mitchell and P. Deane, *Abstract of British Historical Statistics*, p. 311. より広い観点からは、次を参照。C. N. Parkinson（ed.）, *The Trade Winds. A Study of British Overseas Trade during the French Wars 1793—1815*（London, 1948）.

＊42 訳注。これらのドックは、いずれもロンドンの東側で、ドックランズ地域と呼ばれる場所に位置した。ロンドン港は、海ではなく、テムズ川という川沿いに位置しながらも、20世紀なかばまでは、世界最大の港であった。現在のドックランズ地域は、カナリー・ワーフを中心に再開発された一帯となっている。また、かつて東インド・ドックがあった場所の周辺には現在DLRの「イースト・インディア駅」があるなど、地名、駅名などにもかつてのロンドン港の名残りが多く見られる。

＊43 B. R. Mitchell and P. Deane, *Abstract of British Historical Statistics*, p. 282.

＊44 G. Brunn, 'The Balance of Power during the Wars, 1793—1814', p. 274.

＊45 Sherwig, *Guineas and Gunpowder. British Foreign Aid in the Wars with France*, p. 352.

第六章

＊1 C. Lloyd, *The Nation and the Navy. A History of Naval Life and Policy*（London, 1961）, p. 223.

＊2 Hobsbawm, *Industry and Empire*, pp. 48—54.

＊3 概略的には、以下を参照。C. J. Bartlett（ed.）, *Britain Pre-eminent. Studies of British World Influence in the Nineteenth Century*（London, 1969）; A. H. Imlah, *Economic Elements in the 'Pax Britannica'*（Cambridge, Mass., 1958）.

＊4 Hobsbawm, *Industry and Empire*, pp. 134—53; Mathias, *First Industrial Nation*, pp. 290—334; S. G. E. Lythe, 'Britain, the Financial Capital of the World', in Bartlett（ed.）, *Britain Pre-eminent*; J. D. Chambers, *The Workshop of the World. British Economic History from 1820 to 1880*（2nd edn, Oxford, 1968）, pp. 60—100.

＊5 K. Fielden, 'The Rise and Fall of Free Trade', in Bartlett（ed.）, *Britain Pre-eminent*, p. 85から引用。

＊6 Mathias, *First Industrial Nation*, p. 295.

＊7 J. Gallagher and R. Robinson, 'The Imperialism of Free Trade', *Economic History Review*, 2nd series, vi, no. 1（August 1953）; pp. 1—15; B. Semmel, 'The Philosophical Radicals and Colonization', *Journal of Economic History*, 21（1961）, pp. 513—525; B. Semmel, *The Rise of Free Trade Imperialism*（Oxford, 1970）.

＊8 Gallagher and Robinson, 'The Imperialism of Free Trade', p.5.

＊9 Graham, *Empire of the North Atlantic*, p.264.

＊10 Williams, *British Commercial Policy and Trade Expansion 1750—1850*, p. 78.

edited by C. W. Crawley (Cambridge, 1965), pp. 250—74; Bruun, *Europe and the French Imperium 1799—1814*, pp. 36—61, 109—33, 157—209; J. M. Sherwig, *Guineas and Gunpowder. British Foreign Aid in the Wars with France, 1793—1815* (Cambridge, Mass., 1969).

＊17 A. B. Rodgers, *The War of the Second Coalition 1798 to 1801. A Strategic Commentary* (Oxford, 1964).

＊18 Bruun, 'The Balance of Power during the Wars, 1793—1814' , pp. 257—8.

＊19 Potter and Nimitz, *Sea Power*, p. 111.

＊20 Mahan, *The Influence of Sea Power upon the French Revolution and Empire*, ii, pp. 218—20.

＊21 Sherwig, *Guineas and Gunpowder, British Foreign Aid in the Wars with France*, pp. 345, 365—8; K. F. Hellenier, *The Imperial Loans. A Study in Financial and Diplomatic History* (Oxoford, 1965); J. H. Clapham, 'Loans and Subsidies in Time of War, 1793—1914' , *The Economic Journal*, xxvii (1917).

＊22 Richmond, *Statesmen and Sea Power*, pp. 205—6.（イギリス・オーストリア間に緊密な関係が欠けていたすべての責任はロンドンにある、としているわけではない。詳しくは、同書を参照）

＊23 前掲書, p. 238。軍事作戦そのものについては、以下を参照。J. Weller, *Wellington in the Peninsula 1808—1814* (London, 1962); M. Glover, *The Peninsula War 1807—1814* (London, 1974).

＊24 Bruun, *Europe and the French Imperium 1799—1814*, p. 184. ナポレオン戦争中のスペイン半島での作戦と他の作戦についてのさらなる検討、比較については、以下を参照。Barnett, *Britain and Her Army*, pp. 267—8; Graham, *The Politics of Naval Supremacy*, p.7.

＊25 Lewis, *A History of the British Navy*, p.207. Roskill, *The Strategy of Sea Power*, pp. 87—8も参照。

＊26 A. J. Marder (ed.), *Fear God and Dread Nought. The Correspondence of Admiral of the Fleet Lord Fisher of Kilverstone*, 3 vols. (London, 1952—9), iii, p. 439.

＊27 Marcus, *A Naval History of England*, ii, p. 209. また、特に次の文献。P. Mackesy, *The War in the Mediterranean 1803—10* (London, 1957).

＊28 B. Perkins, *Prologue to War. England and the United States 1805—1812* (Berkeley and Los Angeles, 1961); R. Horsman, *The Causes of the War of 1812* (Philadelphia, 1961).

＊29 1812年から14年までの英米戦争については以下を参照。A. T. Mahan, *Sea Power in its Relation to the War of 1812*, 2 vols. (London, 1905); T. Roosevelt, *The Naval War of 1812* (New York, 1968 reprint); R. Horseman, *The War of 1812* (London, 1962); Graham, *Empire of the North Atlantic*, pp. 237—61; Marcus, *A Naval History of England*, ii, pp. 452—84; Potter and Nimitz, *Sea Power*, pp. 207—24.

＊30 Richmond, *Statesmen and Sea Power*, p. 339.

＊31 K. Bourne, *Britain and the Balance of Power in North America 1815—1908* (London, 1967).

＊32 Mathias, *First Industrial Nation*, p. 44.

＊33 B. R. Mitchell and P. Deane, *Abstract of British Historical Statistics* (Cambridge, 1967 edn), pp. 288—96.

＊34 数字は、以下から。N. J. Silberling, 'Financial and Monetary Policy of Great Britain during Napoleonic Wars' , *Quarterly Journal of Economics*, xxxviii (1923—4), pp. 214—33; E. B. Schumpeter, 'English Prices and Public Finance, 1660—1822' , *Revue of Economic Statistics*, xx (1938), pp. 21—37.

＊35 Sherwig, *Guineas and Gunpowder. British Foreign Aid in the Wars with France*, p. 352. さらに詳しくは、次を参照。A. Hope-Jones, *Income Tax in the Napoleonic Wars* (Cambridge, 1939).

＊36 Murphy, *A History of the British Economy 1086—1970*, p. 470.

＊37 Schumpeter, 'English Prices and Public Finance, 1660—1822' , p. 27; Silberling, 'Financial and Monetary Policy of Great Britain during the Napoleonic Wars' , pp. 217—18 （だが、彼が挙げた

1793, 2 vols. (London, 1952—64), i, p. 593, and passim. また、以下も重要な文献である。Parry, *Trade and Dominion*, pp. 154—79, 242—290; J. Ehrman, *The Younger Pitt. The Years of Acclaim* (London, 1969), pp. 329—466. 次は、特に重要である。J. Blow Williams, *British Commercial Policy and Trade Expansion 1750—1850* (Oxford, 1972), passim.

＊63　数字は、Mantoux, *The Industrial Revolution in the Eighteenth Century*, p. 100; Marcus, *A Naval History of England*, i, pp. 399—400から。

＊64　Williams, *Life of Pitt*, ii, p. 56.

＊65　この財政改革は、次のなかでよくまとめられている。Ehrman, *The Younger Pitt*, pp. 239—81.

＊66　次を参照。G. Bruun, *Europe and the French Imperium 1799—1814* (New York and London, 1938), pp. 101—2.

＊67　Ehrman, *The Younger Pitt*, pp. 313—17; Marcus, *A Naval History of England*, i, pp. 460—62; M. Lewis, 'Navies', *New Cambridge Modern History*, viii, p. 186.

＊68　ここからの記述は、以下を参照。Horn, *Great Britain and Europe in the Eighteenth Century*, pp. 64—8; 164—74, 222—30; Ehrman, *The Younger Pitt*, pp. 516—74; Anderson, 'European Diplomatic Relations, 1763—1790', *New Cambridge Modern History*, viii, pp. 272 ff; Lodge, *Great Britain and Prussia in the Eighteenth Century*, pp. 165 ff; Richmond, *Statesmen and Sea Power*, pp. 158—69.

第五章

＊1　海軍の戦争の概略については、以下を参照。Mahan, *The Influence of Sea Power upon the French Revolution and Empire*, 2 vols. (London, 1892); Marcus, *A Naval History of England*, ii, passim; Richmond, *Statesmen and Sea Power*, pp. 170—257; Potter and Nimitz, *Sea Power*, pp. 108—224.

＊2　数字は、Richmond, *Statesmen and Sea Power*, pp. 170—72から。

＊3　数字は、Richmond, *Statesmen and Sea Power*, p. 351から。

＊4　このことについては、ここでも、次を参照。J. Creswell, *British Admirals of the Eighteenth Century*, passim.

＊5　Potter and Nimitz, *Sea Power*, p. 119からの引用。

＊6　Padfield, *Guns at Sea*, pp. 105—10.

＊7　Richmond, *Statesmen and Sea Power*, pp. 338—9から引用。

＊8　L. C. F. Turner, 'The Cape of Good Hope and the Anglo-French Conflict, 1797—1806', *Historical Studies. Australia and New Zealand*, 9, no. 36 (May, 1961), pp. 368—78; Graham, *The Tides of Empire*, pp. 48—56.

＊9　C. E. Carrington, *The British Overseas*, part i (Cambridge, 1968 edn), p. 239.

＊10　Williams, *The Expansion of Europe in the Eighteenth Century*, p. 281.

＊11　Mahan, *The Influence of Sea Power upon the French Revolution and Empire*, i, pp. 202—3; see also, ii, pp. 206—18.

＊12　通商に対する戦争全般については、Mahan前掲書, ii pp. 199—351ならびにMarcus, *A Naval History of England*, ii, pp. 102—23, 361—405を参照。

＊13　C. N. Parkinson, *War in the Eastern Seas 1793—1815* (London, 1954), pp. 397 ff.

＊14　A. N. Ryan, 'The Defence of British Trade with the Baltic, 1808—1813', *English Historical Review*, lxxiv, no. ccxcii (July 1959), p. 457.

＊15　Mahan, *The Life of Nelson. The Embodiment of the Sea Power of Great Britain*, 2 vols. (London, 1897).

＊16　ここからの記述は、以下を参照。G. Bruun, 'The Balance of Power during the Wars, 1793—1814', *New Cambridge Modern History*, ix, *War and Peace in an Age of Upheaval 1793—1830*,

＊40 Richmond, *Statesmen and Sea Power*, p. 131からの引用。

＊41 Ibid., p. 151; and Graham, *Empire of the North Atlantic*, pp. 215—16.

＊42 ここからの記述は、以下を参照したものである。Lodge, *Great Britain and Prussia in the Eighteenth Century*, pp. 139—59; M. S. Anderson, 'European Diplomatic Relations 1763—1790', *New Cambridge Modern History*, viii; *The American and French Revolutions 1763—93*, edited by A. Goodwin (Cambridge, 1965), pp. 252 ff; J. F. Ramsey, *Anglo-French Relations, 1763—1770* (Berkeley, 1939); Dehio, *The Precarious Balance*, pp. 120—22.

＊43 Williams, *Life of Pitt*, ii, P. 85. 以下も参照。Marcus, *A Naval History of England*, i, pp. 336—9, 430—31; *Cambridge History of the British Empire*, i, pp. 549—59.

＊44 Graham, *Tides of Empire*, p. 38.

＊45 Richmond, *Statesmen and Sea Power*, p. 156からの引用。

＊46 G. S. Graham, 'Consideration on the War of American Independence', *Bulletin of the Institution of Historical Research*, xxii (1949), p. 23. チェンバレンの態度については、本書後半〔第10章、第11章〕を参照。

＊47 D. Syrett, *Shipping and the American War 1775—83* (London, 1970), p. 243. また、次も参照。N. Baker, *Government and Contractors. The British Treasury and War Supplies 1775—1783* (London, 1971).

＊48 数字は、P. Mackesy, *The War for America 1775—1783* (London, 1964), pp. 524—5から。この本は、アメリカ独立戦争を扱った最良の文献である。

＊49 E. E. Curtis, *The Organization of the British Army in the American Revolution* (Menston, Yorkshire, 1972 reprint), p. 149.

＊50 Barnett, *Britain and Her Army*, p. 225.

＊51 Williams, *Life of Pitt*, ii, p. 317からの引用。

＊52 Mahan, *The Influence of Sea Power upon History*, p. 525.

＊53 Marcus, *A Naval History of England*, i, p. 416.

＊54 Parry, *Trade and Dominion*, pp. 130—31.

＊55 P. Mathias, *The First Industrial Nation. An Economic History of Britain 1700—1914* (London, 1969), p. 3.

＊56 ここでは、とりわけ、以下を用いた。Mathias, *The First Industrial Nation*, pp. 1—227; E. J. Hobsbawm, *Industry and Empire* (Harmondsworth, Middleesex, 1969), pp. 23—55; P. Mantoux, *The Industrial Revolution in the Eighteenth Century* (London, 1964 edn) passim; D. S. Landes, *The Unbound Prometheus. Technological Change and Industrial Development in Western Europe from 1750 to the Present* (Cambridge, 1969), pp. 41—123; Murphy, *A History of the British Economy 1086—1970*, pp. 317—513; Davis, *The Rise of Atlantic Economies*, pp. 288—316.

＊57 数字は、次からのもの。E. B. Schumpeter, *English Overseas Trade Statistics 1697—1808* (Oxford, 1960), table I and IV.

＊58 Hobsbawm, *Industry and Empire*, pp. 48—9. 植民地貿易の急成長の証拠については、次にも取り上げられている。Davis, 'English Foreign Trade, 1700—1774', pp. 285—303.

＊59 Mantoux, *The Industrial Revolution in the Eighteenth Century*, p. 91. また、工業の一部への刺激となった戦争の役割については次を参照。John, 'War and the English Economy, 1700—1763', pp. 329—44.

＊60 数字は、Schumpeter, *English Overseas Trade Statistics 1697—1808*, table V and VIから。ここでも、統計数字は、大雑把なもので、しばしば、戦争に影響されるものであったが（たとえば、1796年から1800年までのドイツの数字）、拡大の大きさを大まかに示している。

＊61 R. Hyam, 'British Imperial Expansion in the Late Eighteenth Century', *Historical Journal*, x, no. 1 (1967), pp. 113—124.

＊62 たとえば、次を参照。V. T. Harlow, *The Founding of the Second British Empire, 1763—*

Cambridge History of the British Empire, i, pp. 485 ff; Sir Richard Lodge, *Great Britain and Prussia in the Eighteenth Century* (New York, 1972 reprint), pp. 107—38; M. Schlenken, *England und das Friderizianische Preussen 1740—1763* (Freiburg and Munich), pp. 249 ff.

＊19　訳注。イギリスの国務大臣職は、1782年に内務大臣と外務大臣に分割されるのであるが、それまでは、南部担当国務大臣と北部担当国務大臣に分けられていた。南部担当国務大臣の管轄範囲は、イングランド南部、ウェールズ、アイルランドと北アメリカの各植民地であった（北アメリカの各植民地の担当は、1768年、植民地大臣となる）。

＊20　この数字は、筆者が、B. Tunstall, *William Pitt. Earl of Chatham* (London, 1938), p. 492から得たものである。だが、より詳しくは、次が参考になる。C. W. Eldon, *England's Subsidy Policy towards the Continent during the Seven Years War* (Philadelphia, 1938). この本の161—2頁は、特に参考になる。

＊21　コーベットは、異なる解釈を試みている。次との比較が参考になる。Corbett, *England in the Seven Years War*, i, pp. 190—91. （また、上記、注10も併せて参照せよ。）

＊22　Marcus, *A Naval History of England*, i, pp. 334—5; Mahan, *The Influence of Sea Power upon History*, pp. 317—20.　次の文献によれば、農業には、もっと深刻な影響があったようである。H. Wellenreuther, 'Land, Gesellschaft und Wirtschaft in England während des siebenjährigen Krieges', *Historische Zeitschrift*, 218, no. 3 (June 1974), pp. 593—634.

＊23　Corbett, *England in the Seven Years War*, ii, p. 375; *Cambridge History of the British Empire*, i, pp. 535—7.

＊24　Corbett, *England in the Seven Years War*, i, p. 189.

＊25　Robson, 'The Seven Years War', *New Cambridge Modern History*, vii, p. pp. 485—6.

＊26　Mahan, *The Influence of Sea Power upon History*, p. 329.

＊27　Dehio, *The Precarious Balance*, p. 118.

＊28　Marcuc, *A Naval History of England*, i, p. 414.

＊29　Richmond, *Statesmen and Sea Power*, p. 150.

＊30　数字は Richmond 前掲書、p. 157から。

＊31　Graham, *Empire of the North Atlantic*, p. 147からの引用。Mahan, *The Influence of Sea Power upon History*, pp. 522—35も、参照。

＊32　Richmond, *Statesmen and Sea Power*, p. 151から引用。

＊33　Graham, *Tides of Empire*, p. 37.

＊34　Turnstall, *William Pitt, Earl of Chatham*, p. 492; Richmond, *Statesmen and Sea Power*, pp. 140—42.

＊35　Marcus, *A Naval History of England*, i, pp. 416—18; Albion, *Forests and Sea Power*, pp. 281—315. (筆者は、18世紀のイギリス海軍の「木材問題」の分析について、十分なスペースを割いていないことを認識している。だが、この問題は、複雑で大きな問題であり、木板材やマストだけではなく、麻、タール、その他の船舶用品が含まれる問題なのである。この問題においては、アルビオン（Albion）の書籍が、現在においても、基本文献である。)

＊36　R. J. B. Knight, 'The Administration of the Royal Dockyard in England, 1770—1790', *Bulletin of the Institute of Historical Research*, xiv, no. 111 (May, 1972), pp. 148—50; Knight, 'The Home Dockyards and the American War of Independence', paper read to the fourteenth Conference of the International Commission for Maritime History, Greenwich, 12 July 1974.

＊37　Mahan, *The Influence of Sea Power upon History*, p. 538. また、次も参照。A. Temple Patterson, *The Other Armada. The Franco-Spanish Attempt to Invade Britain in 1779* (Manchester, 1960).

＊38　Pares, 'American versus Continental Warfare, 1739—1763', pp. 451—3.

＊39　Graham, *Empire of the North Atlantic*, p. 201; Marcus, *A Naval History of England*, i, pp. 421—2.

during the Seven Years War (Oxford, 1966).

*2　Pares, *War and Trade in the West Indies*, pp. 184 ff; Gipson, *The British Empire before the American Revolution*, v, pp. 207—30.

*3　V. Purcell, 'Asia' , *New Cambridge Modern History*, vii, pp. 558 ff.

*4　Gipson, *The British Empire before the American Revolution*, iv—v, passim; Graham, *Empire of the North Atlantic*, pp. 143 ff; P. Louis-René Higonnet, 'The Origin of the Seven Years' War' , *Journal of Modern History*, 40, no. 1 (March, 1968), pp. 57—90.

*5　七年戦争のヨーロッパにおける背景については以下を参照。D. B. Horn, 'The Diplomatic Revolution' , *New Cambridge Modern History*, vii, pp. 440—64; *Cambridge History of the British Empire*, i, pp. 460 ff.

*6　Graham, *Empire of the North Atlantic*, p. 148.

*7　Gipson, *The British Empire before the American Revolution*, vi, passim; Marcus, *A Naval History of England*, i, pp. 278—86; Mahan, *The Influence of Sea Power upon History*, pp. 284—93; Corbett, *England in the Seven Years War*, i, pp. 63—179.

*8　訳注。ジョン・ビングの銃殺は、イギリス史では有名な事件である。フランス軍の攻撃を受けたミノルカ島の守備隊を救出するために、小艦隊を率いてミノルカ島へと向かったビングは1756年5月20日、フランス艦隊と遭遇し交戦となったが、戦力不足を理由に、十分な戦いをせず、ジブラルタルに引き上げ、その結果、ミノルカ島はフランスに奪われた（後にイギリスは取り返した）。地中海におけるイギリス海軍の拠点であったミノルカ島を失ったことは、イギリス国内において大問題となり、ビングは、その責任を取らされ、職務怠慢のかどで銃殺刑となった。これを、「この国〔イギリス〕では、他の者たちを奮起させるため、時々、海軍提督を殺すのが賢明だとされている」と評したフランスの啓蒙思想家ヴォルテールの言葉も、ヨーロッパ史において非常に有名である。

*9　Richmond, *Statesmen and Sea Power*, p. 127から引用。

*10　Pares, 'American versus Continental Warfare 1739—63' , pp. 436, 448, 459—65; Williams, *Life of William Pitt*, i, pp. 302—6, 354—8; ii, pp. 67—8, 130—39; Corbett, *England in the Seven Years War*, i, pp. 76—7, 240—43, 285—6; ii, pp. 363—4 and passim.　コーベットが描くピットの思考の「成熟」は、コーベット自身の戦略上の好みを擁護するものではない。というのは、コーベットは、彼が生きた時代の「戦闘艦隊のみ」の考え方を批判しており、その代わりとして、陸海軍共同作戦を重んじていたにもかかわらず、イギリスにとって最重要なのは海上と植民地での利益である、と主張しており、そのため、ピットの政策についての彼の結論は、事実ではなく、主張や推論を掲示せざるを得なかった（たとえば、第一巻の191頁）。それでも、この本は、もっとも有益な文献であり、他の多くの海軍史と比べると、シーパワーとランドパワーそれぞれの利点を、はるかに均等に扱っている。

*11　訳注。First Lord of Admiralty. 本書では「海軍大臣」という訳語を当てるが、「海軍卿」と訳されることも多い。

*12　訳注。浅瀬が多いという意味。フランスの湾なのでフランス側は浅瀬の位置を知っていたが、イギリス側はそうではなかった。ホークは、浅瀬で座礁する危険を顧みずに、敵の湾深くまで突入し、そこで敵を撃滅させたのであった。この戦いは、イギリス海軍史のなかでは、1805年の「トラファルガーの海戦」について特筆大書されることが多い。

*13　C. J. Marcus, *Quiberon Bay* (London, 1960); *Creswell, British Admirals of the Eighteenth Century*, pp. 104—19.

*14　Marcus, *A Naval History of England*, i, p. 325から引用。

*15　Corbett, *England in the Seven Years War*, i, p. 8.

*16　Graham, *Empire of the North Atlantic*, p. 154.

*17　Corbett, *England in the Seven Years War*, i, pp. 227—8, 244—5.

*18　E. Robson, 'The Seven Years War' , *New Cambridge Modern History*, vii, pp. 479 ff;

＊33　Mahan, *The Influence of Sea Power upon History*, p.217.
＊34　J. R. Jones, *Britain and Europe in the Seventeenth Century*, p. 90.
＊35　Mahan, *The Influence of Sea Power upon History*, pp.222—9.
＊36　J. B. Wolf, *The Emergency of the Great Powers 1685—1715*（New York, 1950）, pp. 187—8.
＊37　Ehrman, *The Navy in the War of William III*, p. xv.
＊38　P. Geyl, *The Netherlands in the Seventeenth Century*, ii, pp.311 ff.
＊39　ユトレヒト条約後のイギリスの政策は、以下においてカバーされている。Richmond, *The Navy as an Instrument of Policy*, pp. 363—97; J. O. Lindsay, 'International Relations' , *New Cambridge Modern History*, vii, *The Old Régime 1713—63*, edited by J. O. Lindsay（Cambridge, 1957）, pp. 191—205; D. B. Horn, *Great Britain and Europe in the Eighteenth Century*（Oxford, 1967）, passim.
＊40　訳注。オーストリアが、オーストリア領ネーデルランド（現在のベルギー）のオーステンデ（Ostend）に設立した貿易会社。英語表記では「The Ostend Company」、フランス語表記では「La Compagnie d'Ostende」。
＊41　J. H. Parry, 'The Caribbean' , *New Cambridge Modern History*, vii, p. 518.
＊42　R. Pares, *War and Trade in the West Indies 1739—1763*（London, 1963 edn）, pp. 1 ff; Parry, *Trade and Dominion*, pp. 107—10.
＊43　オーストリア継承戦争に関し、もっとも優れた簡潔な説明は、おそらくは、M. A. Thomsonによる *New Cambridge Modern History*, vii, pp. 416—39でのものだろう。
＊44　Richmond, *Statesmen and Sea Power*, pp. 113—23; Richmond, *National Policy and Naval Strength and Other Essays*（London, 1928）, pp. 144—60. なかんずく、R. Pares, 'American versus Continental Warfare, 1739—63' .
＊45　訳注。ドレイクは、正規の海軍士官ではなかったので、1740年から1744年にかけての世界一周航海は、イギリス海軍によるものとしては、最初のものである。
＊46　訳注。現在のカルナータカ地方とは異なる。
＊47　これらの出来事は、次の文献で、簡潔にカバーされている。Marcus, *A Naval History of England*, i, pp. 252—67.
＊48　Pares, 'American versus Continental Warfare, 1739—63' , pp. 461—2.
＊49　この点、もっとも詳細な説明は、リッチモンドによる次のものである。Richmond, *The Navy in the War of 1739—1748*, 3 vols.（Cambridge, 1920）. より簡潔な調査としては、以下のものがある。Richmond, *Statesmen and Sea Power*, pp. 113—23; Marcus, *A Naval History of England*, i, pp. 250—77; Mahan, *The Influence of Sea Power upon History*, pp. 254—80.
＊50　この二つの戦いは、J. Creswell, *British Admirals of the Eighteenth Century. Tactics in Battle*（London, 1972）, chapter 5で、簡潔に記述されている。これは、厳格な「戦列（line of battle）」戦術に対しての「総追撃戦（general chase）」戦術の、古くからある議論の最新版である。
＊51　C. E. Fayle, 'Economic Pressure in the War of 1739—48' , *Journal of the Royal United Service Institute*, 68（1923）, pp. 434—46.
＊52　Graham, *Empire of the North Atlantic*, p. 141.（強調は、著者ケネディによるもの）
＊53　Mahan, *The Influence of Sea Power upon History*, p. 278からの引用。

第四章

＊1　七年戦争でのイギリスの政策について、基礎となる研究としては、以下のものがある。J. S. Corbett, *England in the Seven Years War. A Study in Combined Strategy*, 2 vols.（London, 1918）; L. H. Gipson, *The British Empire before the American Revolution*, 14 vols.（New York, 1936—68）iv—viii; O. A. Sherrard, *Lord Chatham. Pitt and Seven Years War*（London, 1955）; B. Williams, *Life of William Pitt*, 2 vols.（London 1915）; R. Savory, *His Britannic Majesty's Army in Germany*

ナ船団と呼称された大規模な商船団が、フランス艦隊の攻撃を受けて大きな損害を被った出来事のこと。より詳しくは、以下を参照。小林幸雄『図説イングランド海軍の歴史』原書房、2016年、238―239頁、友清理士『イギリス革命史（下）』研究社、2004年、191―193頁。

＊15 Richmond, *Statesmen and Sea Power*, pp. 63―6; and especially, G. N. Clarke, *The Dutch Alliance and the War against French Trade 1688―1697* (New York, 1971 edn); Clarke, 'The character of the Nine Years War, 1688―97', *Cambridge Historical Journal*, xi, no. 2 (1954), pp. 168―82.

＊16 Marcus, *A Naval History of England*, i pp. 206―8.

＊17 Richmond, *Statesmen and Sea Power*, p.76から引用。また、次も参照。J. R. Jones, *Britain and Europe in the Seventeenth Century*, pp. 90―93.

＊18 Mahan, *The Influence of Sea Power upon History*, p. 193.「 」内も訳者訳で、原著で省略されている部分も、引用元から補っている。邦語訳本での該当箇所は、アルフレッド・セイヤー・マハン（北村謙一訳）『マハン海上権力史論』原書房、2008年、192頁。

＊19 Richmond, *The Navy as an Instrument of Policy*, pp. 265―74. 〔「場当たり的な破壊」と訳した単語は、原著では「cross-ravaging」。この表現は、19世紀のイギリスの海軍士官で歴史家のフィリップ・ハワード・コロンボ（Philip Howard Colomb）が、中世の海上戦力による沿岸の町に対する小規模の場当たり的な襲撃を表すものとして最初に用い、それ以降海軍史家の間で用いるようになった表現である。〕

＊20 A. N, Ryan, 'William III and the Brest Fleet in the Nine Years War', in R. Hatton and J. S. Bromley (eds.), *William III and Louis XIV. Essays 1680―1720 by and for Mark A. Thomson* (Liverpool, 1968), pp. 49―67.

＊21 このことにおける詳細については、次を参照。J. Ehrman, *The Navy in the War of William III, 1689―1697* (Cambridge, 1953), passim.

＊22 Wolf, *Toward a European Balance of Power*, pp. 127―55.

＊23 Richmond, *The Navy as an Instrument of Policy*, p. 279から引用。また、以下も参照。Schulin, *Handelsstaat England*, p. 289; G. N. Clarke, 'War Trade and Trade War, 1701―1713', *Economic History Review*, i, no. 2 (January 1928), p. 262; Parry, *Trade and Dominion*, pp. 92―8.

＊24 訳注。ウィリアム三世は、一七〇二年、ハンプトン・コート宮殿で乗馬中に落馬し、これが原因で死去した。

＊25 Wolf, *Toward a European Balance of Power*, pp. 192―6.

＊26 Richmond, *The Navy as an Instrument of Policy*, pp. 290―91, 341―2.

＊27 訳注。日本語文献としては、小林『図説イングランド海軍の歴史』170頁を参照。

＊28 J. S. Bromley, 'The French Privateering War, 1702―1713', in H. E. Bell and R. S. Ollard (eds.), *Historical Essays 1600―1750, presented to David Ogg* (London, 1963), pp. 203―31; Marcus, *A Naval History of England*, i, pp. 238―42; J. H. Owen, *War at Sea under Queen Anne 1702―1708* (Cambridge, 1938), pp. 55―70, 101―28, 193―243.

＊29 訳注。1927年のジュネーヴ海軍軍縮会議で英米はこのことが原因で対立し、会議は流れた。その後の1930年のロンドン海軍軍縮会議で、イギリス海軍は、巡洋艦の数に制限を課すことに初めて同意した。

＊30 Owen, *War at Sea under Queen Anne*, pp. 71―100; Richmond, *The Navy as an Instrument of Policy*, pp. 276 ff.

＊31 この点についての〔原著執筆時点の〕最新の研究としては以下のものがある。B. W. Hill, 'Oxford, Bolingbroke, and the Peace of Utrecht', *Historical Journal*, xvi, no. 2 (1973), pp. 241―63; A. D. MacLachlan, 'The Road to Peace 1710―1713', in G. Holmes (ed.), *Britain after the Glorious Revolution, 1689―1714* (London, 1969), pp. 197―215.

＊32 訳注。黒人奴隷をアフリカからスペイン領アメリカに輸送し、売却する独占権。スペイン王が個人や会社に認許し、代償として権利金を納めさせるものであった。

*47　いずれにせよ、会社の株は、証券取引所で入手が可能であった。レヴァント会社は、フランスとの競争ゆえに、重要性をかなり低下させていた。新しく設立されたばかりのハドソン湾会社は、まだ、できたばかりの状態であった。イーストランド会社は、造船資材の輸入の増加を政府が欲したために、早くも1673年には、独占権を失っている。
*48　Murphy, *A History of the British Economy 1086—1870*, p.300.
*49　簡潔な記述は次を参照。Marcus, *A Naval History of England*, i, pp. 173—92.

第三章

*1　J. H. Plumb, *The Growth of Political Stability in England 1675—1725*（London, 1967）, p. xviii and passim.
*2　Ibid.
*3　訳注。1721年から1742年まで21年間にわたって第一大蔵卿（First Lord of the Treasury）を務め、それまでの国王に代わって閣議を主宰するようになったことから、一般的には、初代のイギリス首相（Prime Minister）と目される人物。首相は、1905年までは正式な役職名ではなく、閣議を主宰する者を慣例的な俗称で首相と呼んでおり、一般的には、第一大蔵卿が閣議を主宰した。こうした歴史的経緯から、現在でも、イギリスの首相は、第一大蔵卿の肩書も併せ持っている。
*4　Hill, *Reformation to Industrial Revolution*, pp. 213—59; C. Wilson, *England's Apprenticeship 1603—1763*（London, 1965）, pp. 141—336; A. H. John, 'Aspects of English Economic Growth in the First Half of the Eighteenth Century', *Economica*, xxviii（May 1961）, pp. 176—90. イングランドの財政力の拡大は、次において、よくカバーされている。P. M. G. Dickson, *The Financial Revolution in England. A Study in the Development of Public Credit 1688—1756*（London, 1967）.
*5　Wilson, *England's Apprenticeship*, pp. 264—8; Davis, *English Shipping Industry*, pp. 26—7; Davis, 'English Foreign Trade, 1700—1774' , *Economic History Review*, 2nd series, xv, no. 2（December 1962）, pp. 285—303; D. A. Farnie, 'The Commercial Empire of the Atlantic, 1607—1783' , ibid., pp. 205—18.
*6　Plumb, *The Growth of Political Stability in England*, pp. 119—120.
*7　このパラグラフの記述は、以下に依拠するものである。Wilson, *England's Apprenticeship*, chapter 13; Hill, *Reformation to Industrial Revolution*, pp. 226—53; A. H. John, 'War and the English Economy, 1700—1763' , *Economic History Review*, 2nd series, vii, no. 3（April 1955 pp. 329—44）; T. S. Ashton, *Economic Fluctuations in England 1700—1800*（Oxford, 1959）, pp. 64—83.
*8　Wilson, *England's Apprenticeship*, p. 285. 18世紀のヨーロッパ域外におけるヨーロッパ諸国のライバル関係は、以下でカバーされている。J. H. Parry, *Trade and Dominion. The European Oversea Empires in the Eighteenth Century*（London, 1971）; G. Williams, *The Expansion of Europe in the Eighteenth Century*（London, 1966）; Graham, *Empire of the North Atlantic*, pp. 83—236.
*9　訳注。現代の日本で「大航海時代」と呼ばれる時代は、イギリスを含めたヨーロッパにおいては、「発見の時代（The Age of Discovery）」と呼ばれている。
*10　Richmond, *Statesmen and Sea Power*, pp. 61—2, 121. また、次も参照。Schulin, *Handelsstaat England*, pp. 289 ff.
*11　Richmond, *Statesmen and Sea Power*, p. 117. より広い観点からは次を参照。R. Pares, 'American versus Continental Warfare, 1739—63' , *English Historical Review*, li, no. CCIII（July 1936）, pp. 429—65.
*12　J. B. Wolf, *Toward a European Balance of Power 1620—1715*（Chicago, 1970）, pp. 106—19, 143—50.
*13　E. B. Powley, *The Naval Side of King William's War*（London, 1972）, passim.
*14　訳注。1693年6月、イングランド、オランダ、デンマーク、スウェーデンの船からなるスミル

＊25　Wilson, *Profit and Power*, p. 41.

＊26　Marcus, *A Naval History of England*, i, p. 140.

＊27　Mahan, *The Influence of Sea Power upon History*, p.138.

＊28　Richmond, *The Navy as an Instrument of Policy*, pp. 118, 147, 152 and 178.

＊29　次からの引用。H. Rosinski, 'The Role of Sea Power in Global Warfare of the Future', *Brassey's Naval Annual*（1947）, p. 103. また、以下も参照。G. S. Graham, *Empire of the North Atlantic*（Toronto, 1950）, pp. 19, 50; Graham, *Tides of Empire*（Montreal and London, 1972）, pp. 25―6.

＊30　以下の記述は、主にマハンに基づくものである。Mahan, *Influence of Sea Power upon History*, pp. 95―126; Wilson, *Profit and Power*, pp. 61―77; Marcus, *A Naval History of England*, i, pp. 138―47.

＊31　J. R. Jones, *Britain and Europe in the Seventeenth Century*, p. 55; Farnall, 'The Navigation Act of 1651', pp. 452―4; C. Hill, *God's Englishman. Oliver Cromwell and the English Revolution*（London, 1970）, pp. 156―7.

＊32　Wilson, *Profit and Power*, p. 81.

＊33　Richmond, *The Navy as an Instrument of Policy*, pp. 127―39.

＊34　Ibid. 以下も参照。Hill, *God's Englishman*, pp. 166―8; Hill, *The Century of Revolution 1603―1714*（London, 1961）, pp. 156―60.

＊35　Hill, *The Century of Revolution 1603―1714*, pp. 160―61.

＊36　Farnall, 'The Navigation Act of 1651', pp. 453―3.

＊37　訳注。本書は、シーパワーに焦点を絞ったものなので、サミュエル・ピープス（1633―1703年）については、あまり大きく取り上げられていないが、英語圏においては、イギリス海軍の行政機構を、構築、整備した人物として広く知られている。また、この時代は、1665年のペストの大流行、1666年のロンドンの大火と、イングランド社会に大きな出来事、変化がつづいた時代であり、この時代の記録として、彼の日記は、貴重な史料となっている。

＊38　Williamson, *A Short History*, i, pp. 255―6.

＊39　J. R. Jones, *Britain and Europe in the Seventeenth Century*, p. 56. 次も参照。Harper, *The English Navigation Laws*, pp. 52―8.

＊40　このパラグラフで言及していることについて、より詳しくは、次を参照。Wilson, *Profit and Power*, pp. 93―126.

＊41　Ibid, pp. 127―42; Richmond, *The Navy as an Instrument of Policy*, pp. 140―67.

＊42　Wilson, *Profit and Power*, p. 131; K. G. Davies, *The Royal African Company*（London, 1957）, pp. 42―4.

＊43　J. R. Jones, *Britain and Europe in the Seventeenth Century*, pp. 70―74.

＊44　Marcus, *A Naval History of England*, i, pp. 167―73; Richmond, *The Navy as an Instrument of Policy*, pp. 168―92; Mahan, *Influence of Sea Power upon History*, pp. 139―58.

＊45　J. R. Jones, *Britain and Europe in the Seventeenth Century*, pp. 65―6; C. Wilson, 'The Economic Decline of the Netherlands', *Economy History Review*, ix, no. 2（May 1939）; P. Geyl, *The Netherlands in the Seventeenth Century*, 2 vols.（London, 1966―4）, ii, pp. 147 ff.; C. R. Boxer, *The Dutch Seaborne Empire 1600―1800*（London, 1965）, pp. 104―12, 268―94.

＊46　ここで書くことは、以下の文献に依拠したものである。Marcus, *A Naval History of England*, i, pp. 184―7; Williamson, *A Short History*, i, pp.304―37; Innes, *The Maritime and Colonial Expansion of England under the Stuarts*, pp. 223―366; Hill, *Reformation to Industrial Revolution*, pp. 155―64; R. Davis, 'English Foreign Trade, 1600―1700', *Economic History Review*, 2nd series, vii, no. 2（December 1954）; Davis, *English Shipping Industry*, pp. 14―21. 17世紀後半のイングランドの海外貿易の拡大について得られる歴史的データの性格に鑑み、この章の時代区分から逸脱することは、不可欠となっている。

＊9　D. B. Quinn, 'James I and the Beginning of Empire in America', *The Journal of Imperial and Commonwealth History*, ii, no. 2（January 1974）, pp. 135―52.

＊10　Williamson, *A Short History of British Expansion*, i, p. 156. スチュアート朝前期の拡大については、この本の153―230頁と、次の文献でカバーされている。A. D. Innes, *The Maritime and Colonial Expansion of England under the Stuarts*（London, 1931）, pp. 41―193.

＊11　B. Tunstall, *The Realities of Naval History*（London, 1936）, p.51. また、以下も参照。J. R. Jones, *Britain and Europe in the Seventeenth Century*, p. 15; R. Davis, *The Rise of the English Shipping Industry in the Seventeenth and Eighteenth Centuries*（Newton Abbot, 1972 edn）, pp. 7―11.

＊12　たとえば、Mahan の *The Influence of Sea Power upon History*（英語版原著）のpp. 139―44 or 173―8 or 281―5.

＊13　Penn, *The Navy under the Early Stuarts*, pp. 265―97; J. R. Powell, *The Navy in the English Civil War*（London, 1962）.

＊14　訳注。イギリス海峡とアイリッシュ海を指す言葉。

＊15　訳注。チャールズ一世の甥でカンバーランド公爵。1660年の王政復古後、復権し英蘭戦争で活躍することになる。

＊16　訳注。本文でも言及されているが、海運を含む商業界は議会派。

＊17　訳注。ペンシルヴェニア植民地とフィラデルフィアを建設したウィリアム・ペン（ジュニア）の父親。ニーアル・ファーガソン（山本文史訳）『大英帝国の歴史　上　膨張への軌跡』中央公論新社、2018年、131頁。

＊18　訳注。ヘンリー八世は、カトリック教会と袂を分かち、カトリックの修道院などの不動産を没収し、それによって得た資金を財源に王室艦隊を拡張したのであった。なお、バチカンとの関係を切ることで、イングランドはプロテスタントとなるのだが、その道は決して一直線ではなく、その後、何度か揺り返しがあった。

＊19　Oppenheim, *A History of the Administration of the Royal Navy*, p. 306.

＊20　この点に関しては、次を参照。C. Hill, *Reformation to Industrial Revolution*, pp. 155―68. さらに、次も参照。Schulin, *Handelsstaat England*, pp. 107―74.

＊21　Schulin, *Handelsstaat England*, pp. 137―51; J. E. Farnall, 'The Navigation Act of 1651, the First Dutch War, and the London Merchant Community', *Economic History Review*, 2nd series, xvi, no. 3（April 1964）; C. Wilson, *Profit and Power. A Study of England and the Dutch Wars*（London, 1957）, pp.54―8; R. K. W. Hinton, *The Eastland Trade and the Common Weal in the Seventeenth Century*（Cambridge, 1959）, pp. 84―94; L. A. Herper, *The English Navigation Laws*（New York, 1964 end）, passim; B. Martin, 'Aussenhandel end Aussenpolitik Englands unter Cromwell', *Historische Zeitschift*, 218, no.3（June1974）, pp.571―92.

＊22　訳注。東インド（インドネシア）モルッカ諸島のアンボイナで、イングランド人10名とイングランドに雇われていた日本人9名がオランダ守備隊に拷問の末、虐殺された事件。この事件によってイングランド東インド会社は、モルッカ諸島から撤退せざるを得なくなった。

＊23　訳注。ウールは、イングランドの主要な輸出品であった。だが、イングランドから輸出されたウールの染色、仕上げはオランダで行われており、オランダの業者は、これを行い、その製品をさらに輸出することで利益を得ていた。これに対して、イーストランド会社の総裁であったウィリアム・コケイン（William Cockayne）は、ウールの染色、仕上げをイングランド国内で行うことで、オランダの業者をバイパスする手法を思いつき、1614年、これを行うための独占権をジェームズ一世から得た。だが、オランダは、染色、仕上げ済みのウールを購入することを拒否し、これによって、その後、イングランドのウール輸出は停滞することとなった。つまり、コケインの計画は、完全な失敗に終わったのであった。

＊24　M. Lewis, *The History of the British Navy*, p. 89. より広い視点からは、以下を参照。Wilson, *Profit and Power; Farnall*, 'The Navigation Act of 1951', pp. 449―52.

＊57　以下を参照。Williamson, *A Short History*, pp. 125—33.
＊58　Wernham, *Before the Armada*, p. 286; R. Davis, *English Overseas Trade 1500—1700* (London, 1973), pp. 32 ff.
＊59　L. Stone, 'Elizabethan Overseas Trade', *Economic History Review*, 2nd series, i (1949—50), pp. 37—9. このなかでのストーンによるエリザベス期の海外貿易の再評価は、全般的に、ぱっとしないというものであり、悲観的ですらある。
＊60　Murphy, *A History of the British Economy*; C. T. Smith, *An Historical Geography of Western Europe*, pp. 428—61.
＊61　Richmond, *Statesmen and Sea Power*, pp. 13—14.
＊62　訳注。この時代の「プライヴェティーア」については、次の記述も参考になる。ニーアル・ファーガソン（山本文史訳）『大英帝国の歴史（上）』中央公論新社、2018年、35—51頁。
＊63　Andrew, *Drake's Voyages*, p. 211.
＊64　Ibid., pp. 128, 226—31.
＊65　訳注。それまで金曜日と土曜日が魚を食べる日であったが、水曜日を加え、これにより、水曜日、金曜日、土曜日が魚を食べる日となった。
＊66　訳注。原文では、「the Navy of England」。元々の「navy」の意味は、「船団」「船隊」「艦隊」という意味で、ここでは、この意味。それが、時代を下るとともに、「海軍」という意味で使われることが多くなっていった。
＊67　Mattingly, *The Defeat of the Spanish Armada*, p. 414.
＊68　この点について次を参照。E. Schulin, *Handelsstaat England. Das Politische Interesse der Nation am Aussenhandel vom 16. bis ins frühe 18. Jahrhundert* (Wiesbaden, 1969), pp. 9—60.
＊69　Wernham, *Before the Armada*, p. 408.

第二章

＊1　訳文は、訳者訳。この本は、日本語訳が出版されている。クリストファー・ヒル（清水雅夫訳）『オリバー・クロムウェルとイギリス革命』東北大学出版会、2003年。
＊2　C. D. Penn, *The Navy under the Early Stuarts and its Influence on English History* (London, 1970 edn), p. iii. 以下も参照。Marcus, *A Naval History of England*, I, pp. 123—8; H. W. Richmond, *The Navy as an Instrument of Policy 1558—1727* (Cambridge, 1953), chapter III; M. Oppenheim, *A History of the Administration of the Royal Navy and of merchant shipping in relation to the Navy from MDIX to MDCLX with an introduction treating of the preceding period* (Hamden, Conn., 1961 edn), pp. 184—215.
＊3　M. Lewis, *The History of the British Navy* (Harmondsworth, Middlesex, 1957), pp. 72—3.
＊4　C. Hill, *Reformation to Industrial Revolution, 1530—1780* (Harmondsworth, Middlesex, 1969), pp. 72—108; R. Ashton, 'Revenue Farming under the Early Stuarts', *Economic History Review*, 2nd series, viii, no. 3 (April 1956), pp. 310—22; Ashton, 'The Parliamentary Agitation for Free Trade in the Opening Year of the Reign of James I', *Past and Present*, no. 38 (December 1967), pp. 40—55.
＊5　訳注。これに関する日本語での記述としては、次のものが参考になる。小林幸雄『図説イングランド海軍の歴史』原書房、2016年、133—134頁。
＊6　Penn, *The Navy under the Early Stuarts*, p. 174. また、この本の第四章、第六章、第七章は、この三つの遠征について、基本的な説明をするものである。
＊7　例えば、次の作品である。G. Callender, *The Naval Side of British History* (London, 1924), chapter VI.
＊8　スチュアート朝前期の外国政策についての簡潔な説明としては、以下を参照。J. R. Jones, *Britain and Europe in the Seventeenth Century* (London, 1966), pp. 14—25.

The England of Elizabeth（London, 1951）.

＊35　Cipolla, *Guns and Sail in the Early Phase of European Expansion*, p. 87.〔C・M・チポラ（大谷隆昶訳）『大砲と帆船――ヨーロッパの世界制覇と技術革新』平凡社、1996年。〕

＊36　Williamson, *A Short History*, i, pp. 28―9.

＊37　訳注。翻訳する上で以下を参照した。杉浦昭典『海賊キャプテン・ドレーク――イギリスを救った海の英雄』講談社学術文庫、2010年、257頁、杉浦昭典『帆船史話――王国の海賊編』舵社、1991年、28―29頁。

＊38　S. W. Roskill, *The Strategy of Sea Power*（London, 1962）, p. 24.

＊39　Wernham, *Before the Armada*, p. 343.

＊40　広い視野からの概説としては、以下を参照。Oakeshort, *Founded upon the Seas*, passim, and J. A. Williamson, *The Age of Drake*（London, 1938）.

＊41　Pirenne, *The Tides of History*, ii, p. 420.

＊42　Wernham は著書 *Before the Armada* で、チューダー朝期初期に固定されたバランス・オブ・パワーがあったということではなく、イングランドはより強力な国々が存在する世界に生きておりそのなかでは慎重なかじ取りをする必要がある、ということをしだいに認識するようになった、と述べている。L. Dehio の著書 *The Precarious Balance*（London, 1963）, p. 63.は、ウルジーとヘンリー八世は、両者とも、このような政策を考えていたが、それを実行するための手段がなかった、あるいは、実行する意志に欠けていた、ということを示唆している。

＊43　訳注。「ネーデルランド派兵」については、次の、石井美樹子によるエリザベス一世の伝記の中の記述が参考になる。石井美樹子『エリザベス――華麗なる孤独』中央公論新社、2009年、422―426頁。

＊44　以下からの引用。R. B. Wernham, 'Elizabethan War Aims and Strategy' in *Elizabethan Government and Society*, edited by S.T. Bindoff, J. Hurstfield and C. H. Williams (London, 1961）, p. 340.

＊45　Richmond, *Statesmen and Sea Power*, p. 9.

＊46　Ibid., p. 24.（コルベットは、女王を「最初の小英国主義者」と呼んでいる。）

＊47　*The Cambridge History of the British Empire*, i, p. 95.

＊48　以下を参照。Wernham, 'Elizabethan War Aims and Strategy' , passim; Roskill, *Strategy of Sea Power*, pp. 30―32; G. Mattingly, *The Defeat of the Spanish Armada*（Harmondsworth, Middlesex, 1959 edn）.

＊49　ウォーナム以外に、ロウズとディハイオもエリザベスのネーデルランド政策を称賛している。Rowse, *Expansion*, pp. 413―14; and Dehio, *The Precarious Balance*, pp. 50, 54―7.　C・ウィルソンは、女王への称賛を保留しているが、彼は、女王は介入するべきではなかった、と述べているのではなく、女王の介入は不十分だった、と述べている。C. Wilson, *Queen and the Revolt of the Netherlands*（London, 1970）.

＊50　Richmond, *Statesmen and Sea Power*, p. 7.の引用から。

＊51　Ibid., pp. 17―18.

＊52　ウォーナムは、*Before the Armada*, p.12において、チューダー朝期前半のイングランドの人口と財政力を、スペインとフランスのそれらとの比較で、詳細に検証しており、チューダー朝期後半の財政上の統計のいくつかを 'Elizabethan War Aims and Strategy' , pp. 355―7に示している。

＊53　Ibid., pp. 362―6; C. Barnett, *Britain and her Army, 1509―1970: A Military, Political and Social Survey*（London, 1970）, pp. 50―2.

＊54　訳注。英語圏ではあまりにも当たりまえなことなので本文では説明されていないが、オーク材は、船の材料として多く使われ、イギリス海軍の象徴でもある。

＊55　Wernham, 'Elizabeth War Aims and Strategy' , p.367; cf. Richmond, *Strategy and Sea Power*, p. 24.

＊56　Mattingly, *The Defeat of the Spanish Armada*, p. 414.

＊11 R. Davis, *The Rise of the Atlantic Economies* (London, 1973), passim, but especially pp. 73–87; Pirenne, *The Tides of History*, ii, pp. 357 ff.

＊12 H. J. Mackinder, 'The Geographical Pivot of History', *Geographical Journal*, xxiii, no. 4 (April 1904), pp. 432–3.

＊13 K. M. Panikkar, *Asia and Western Dominance, A Survey of the Vasco da Gama Epoch of Asian History 1498–1945* (London, 1959 edn), p. 13.〔K・M・パニッカル（左久梓訳）『西洋の支配とアジア――1498–1945』藤原書店、2000年。〕

＊14 H. A. L. Fisher, *A History of Europe*, 2 vols. (London, 1960 edn), I, p. 430.

＊15 Parry, *The Age of Reconnaissance*, p. 48.

＊16 C. T. Smith, *An Historical Geography of Western Europe before 1800* (London, 1967), pp. 403 ff.

＊17 訳注。「偵察の時代（The age of reconnaissance）」とは、イギリスの海洋史家J・H・パリー（John Horace Parry）が用いた歴史区分であり、ポルトガル人が海洋進出を始めた15世紀なかばからの250年くらいを指す。

＊18 A. L. Rowse, *The Expansion of Elizabethan England* (London, 1955), chapters I–IV, XI.

＊19 Cipolla, *Guns and Sail in the Early Phase of European Expansion*, pp. 36–41.

＊20 これについては、以下を参照。R. G. Albion, *Forest and Sea Power, The Timber Problem of the Royal Navy 1652–1862* (Hamden, Conn., 1965 edn).

＊21 訳注。小林幸雄『図説イングランド海軍の歴史』原書房、2016年、14–15頁。

＊22 D. Howarth, *Sovereign of the Seas. The Story of British Sea Power* (London, 1974), pp. 11–63; C. J. Marcus, *A Naval History of England*, 2 vols. to date (London, 1961–71), i, pp. 1–20; B. Murphy, *A History of British Economy 1086–1970* (London, 1973), pp.51–9, 83–98.

＊23 訳注。スティールヤード（Steelyard）とは、ハンザ同盟の商人たちのロンドンにおける活動拠点。1598年、エリザベス一世によって閉鎖された。スティールヤードがあった場所は、ロンドン橋から少し西のテムズ川北岸で、現在キャノン・ストリート駅がある場所。

＊24 B. Murphy, *A History of the British Economy*, p. 89.

＊25 以下を参照。J. A. Williamson, *A Short History of British Expansion*, 2 vols. (London, 1945 edn), i, pp. 81–124; Williamson, *Maritime Expansion 1485–1558* (Oxford, 1913); W. Oakeshott, *Founded upon the Seas* (Cambridge, 1942).

＊26 訳注。制度としてのイギリス海軍予備員（The Royal Naval Reserve）が設立されたのは、1859年であるが、1588年のアルマダの海戦に際しては、多くの武装商船が兵力となり、イングランドの勝利に大きく貢献したので、こうした表現が用いられている。

＊27 R. B. Wernham, *Before the Armada. The Growth of English Foreign Policy 1485–1558* (Cambridge, 1966), p.349.

＊28 K. Marx and F. Engels, 'Manifesto of the Communist Party', in *The Essential Left* (London, 1960 edn), pp. 15–16.

＊29 K. R. Andrews, *Elizabethan Privateering. English Privateering during the Spanish War 1585–1603* (Cambridge, 1964), p. 18.

＊30 T. K. Rabb, *Enterprise and Empire. Merchant and Gentry Investment in the Expansion of England 1575–1630* (Cambridge, Mass., 1967), p. 13.

＊31 L. B. Wright, *Religion and Empire. The Alliance between Piety and Commerce in English Expansion 1558–1625* (New York, 1965 edn).

＊32 *The Cambridge History of the British Empire*, i, edited by J. H. Rose, A. P. Newton and E. A. Benians (Cambridge, 1929), p. 111.

＊33 K. R. Andrews, *Drake's Voyages* (London, 1970), p. 209.

＊34 こうした印象は、〔イギリスの歴史家〕A・L・ロウズ博士（Dr. A. L. Rowse）の諸作品で、特に強く打ち出されている。特に次の作品である。A. L. Rowse, *The Expansion of England and*

＊5　Mahan, *The Influence of Sea Power upon History*, p.25.「　」内も訳者訳。該当箇所は、マハン（北村謙一訳）『マハン海上権力史論』41頁。

＊6　J. Mordal, *25 Centuries of Sea Warfare*（London, 1970 edn）, pp. 3―46; E. B. Potter and C. W. Nimitz（eds.）, *Sea Power: A Naval History*（New Jersey, 1960）, pp. 1―15.

＊7　Mahan, *The Influence of Sea Power upon History*, p.138.

＊8　Potter and Nimitz, *Sea Power: A Naval History*, p. vii.

＊9　ibid.

＊10　Mahan, *The Influence of Sea Power Upon History*, p.88.「　」内も訳者訳。邦訳本での該当箇所は、マハン（北村謙一訳）『マハン海上権力史論』125頁。

＊11　ibid., pp.25―89.〔マハン（北村謙一訳）『海上権力史論』41―126頁。〕次も参照。W. E. Livezey, *Mahan on Sea Power*（Norman, Oklahoma, 1947）, Chapter III.

＊12　Mahan, *The Influence of Sea Power Upon History*, pp.90―91.「　」内も訳者訳。マハン（北村謙一訳）『マハン海上権力史論』では、この部分は、割愛されている。

＊13　ibid., pp.25, 65 and 225―6.

＊14　ibid., p.28.　邦訳本での該当箇所は、マハン（北村謙一訳）『マハン海上権力史論』46頁。

＊15　J. J. Clark, 'Merchant Marine and the Navy: A Note on the Mahan Hypothesis', *Royal United Services Institute Journal*, cxii, no. 646（May 1967）, p. 163. クラークは、この論文のなかで、戦闘力の高い海軍は商業や海運から常に自然と生まれてくるという、マハンの主張を覆す事例を多数挙げている。

＊16　C. G. Reynolds, 'Sea Power in the Twentieth Century', *Royal United Services Institute Journal*, cxi, no. 642（May 1966）, p. 135; Livezey, passim.

第一章

＊1　全般として、以下を参照。*New Cambridge Modern History*, i, *The Renaissance*, edited by G. R. Potter（Cambridge, 1961）; J. Pirenne, *The Tides of History*, ii, *From the Expansion of Islam to the Treaties of Westphalia*（London, 1963 edn）, pp. 213 ff.

＊2　J. H. Parry, *The Age of Reconnaissance*（London, 1963）, p. 54 and passim; C. M. Cipolla, *Guns and Sails in the Early Phase of European Expansion*（London, 1965）.

＊3　J. Needham, *Science and Civilization in China*, 5 vols. to date（Cambridge, 1954―71）, iv, part 3, *Civil Engineering and Nautics*, p. 554.〔ジョセフ・ニーダム『中国の科学と文明　第11巻　航海技術』思索社、1981年。〕

＊4　Parry, *The Age of Reconnaissance*, pp. 83―114; J. A. Williamson, *The Ocean in English History*（Oxford, 1941）, pp. 1―27.

＊5　Needham, iv, part3, *Civil Engineering and Nautics*, pp. 379―587.

＊6　Parry, *The Age of Reconnaissance*, pp. 19―37; Cipolla, *Guns and Sail in the Early Phase of European Expansion*, passim; Needham, iv, part 3, *Civil Engineering and Nautics*, pp. 508―35.

＊7　しかしながら、ニーダムは、これと異なる理由も挙げている。中国人が、ヨーロッパ人のように海洋を基盤として帝国を築かなかったのは、国内での反対と、保守的な儒教思想の強さによるものであるとしている。この二つが理由となって、15世紀、16世紀、中国の海軍力は、相当に低下してゆく、としている。Needham, *Civil Engineering and Nautics*, pp. 524―8.

＊8　海軍軍備の発達に関しては、ここでも、以下を参照。Parry, *The Age of Reconnaissance*, pp. 114―24; Cipolla, *Guns and Sail in the Early Phase of European Expansion*, passim; P. Padfield, *Guns at Sea*（London, 1973）, pp. 9―70.

＊9　Padfield, *Guns at Sea*, pp. 25―7.〔訳者参照、羽田正『東インド会社とアジアの海』講談社学術文庫、2017年、55頁。〕

＊10　Padfield, *Guns at Sea*, p. 9.

Display/1322709（Accessed 1 June 2016）.

＊21　これらの数字については、ふたたびSIPRIの2015年の軍事費のデータベースを用いた。また、次の情報豊富な論文も参考にした。Kyle Mizokuma, 'The Five Most-Powerful Navies on the Planet', *The National Interest*, 6 June 2014, also https://nationalinterest. org/the-five-most-powerful-navies-the-planet-106107,pp.1—3.

＊22　'Taking Arms', the Economist, 27 February 2016, p.34. オーストラリアは、結局、12隻購入することになり、日本とドイツとの激しい入札競争の結果、フランスの企業に発注することとなった。

＊23　SIPRIがはじき出している中国の軍事費の総額は、他の代表的な防衛費の統計よりも、国家予算のより多くの事項や部署の予算を含んだものとなっている。次に上げる統計は、2016年の防衛費の総額を1460億ドルとしている。The International Institute for Strategic Studies（IISS）, *The Military Balance*,（London, 2016）.

＊24　1588年、チューダー朝の海軍が、数において勝るスペインの大艦隊を打ち破った話は、現在、中国の国営放送で、盛んに放映されている。このことが意味することは、明らかであろう。

＊25　J. J. Mearsheimer, *The Tragedy of Great Power Politics*（New York, N.Y.,2001）, passim.〔ジョン・J・ミアシャイマー（奥山真司訳）『大国政治の悲劇　完全版』五月書房新社、2017年。〕

＊26　G. Allison, 'The Thucydides Trap: Are the U.S. and China Headed for War?', *Atlantic Monthly*（September 2015）.〔同著者によるこの主題を扱った最新刊は日本語訳が出版されている。グレアム・アリソン（藤原朝子訳）『米中戦争前夜——新旧大国を衝突させる歴史の法則と回避のシナリオ』ダイヤモンド社、2017年。〕切実な反論としては、たとえば、次の韓国の学術誌を参照。このなかでも Pempel の論文は、かなり、直截的なものである。*Global Asia*, Volume 10, no. 4, Winter 2015, passim but especially pp.60—64, and T. J. Pempel, 'Thucydides（Clap）Trap', idem., pp.88—93.

＊27　ヘンリー・A・キッシンジャー（塚越敏彦ほか訳）『キッシンジャー回想録　中国　下』岩波書店、2012年、557—574頁〔「終章　歴史は繰り返すか——クロウの覚書」〕（H. Kissinger, *On China*（New York, 2011）, Epilogue, pp.514—27.）は、有名な1907年のエア・クロウの覚書［当時の英独関係についての覚書］を用いて、現在と過去を対比し、中国の持続的な拡大を許容するためのアメリカの条件について指摘するものである。

＊28　R. C. Rubel, 'Connecting the Dots: Capital Ships, the Littoral, Command of the Sea, and the World Order', *Naval War College Review*, vol.69, no.4（Autumn, 2015）, pp.46—62.

＊29　リチャード・ゴードンによって主張されている。Richard Gordon, *The Rise and Fall of American Growth*（Princeton U.P., Princeton, 2016）.

＊30　A. T. Mahan, *The Influence of Sea Power Upon History, 1660—1783*（orig, Boston, 1890）, p.88.「　」内も訳者訳。邦訳本での該当箇所は、アルフレッド・セイヤー・マハン（北村謙一訳）『マハン海上権力史論』原書房、2008年、125頁。

序章

＊1　A. T. Mahan, *The Influence of Sea Power upon History, 1660—1783*（London, 1965 edn）, p.88.　訳者訳。邦語訳本での該当箇所は、アルフレッド・セイヤー・マハン（北村謙一訳）『マハン海上権力史論』原書房、2008年、125頁。

＊2　A. T. Mahan, *The Influence of Sea Power upon History, 1660—1783*（London, 1965 edn）, p.iii.「　」内も訳者訳。原文では「vague and unsubstantial」。邦語訳本で訳者の北村謙一は「明確に認識することはできない」と意訳している。該当箇所は、アルフレッド・セイヤー・マハン（北村謙一訳）『マハン海上権力史論』原書房、2008年、1頁。

＊3　H. W. Richmond, *Statesmen and Sea Power*（Oxford, 1946）, p.ix.

＊4　このことについては、次を参照。B. Brodie, *A Guide to Naval Strategy*（New York, Washington and London, 1965 edn）, Chapter IV, 'Command of Sea'.

筆開始、1980年出版)、『大国の興亡』(1981年執筆開始、1987年出版)。1970年代後半と1980年代前半にどのような論文を書いたかについても記しておきたい。「なぜイギリス帝国はかくも長く存続できたのか？(Why Did the British Empire Last So Long?)」、「イギリス外交における融和政策の伝統(The Tradition of Appeasement in British Foreign Policy)」、「第一次世界大戦と諸国間のパワー・バランス(The First World War and the International Power System)」。長期にわたる動向と、相対的な力関係の評価(重要さ)が、何度も登場する主題である。つまりは、海軍の相対的な力関係は、その一面である。

＊11 A.J. Mackinder's in *Britain and the British Seas* (London/ New York, 1902); マハンの卓越した作品「Some Considerations on the Location of Navies(海軍の位置に関する考察)」は、次の著作集に収められている。A.T. Mahan, *Retrospect and Prospect: Studies in International Relations, Naval and Political* (Boston, 1902).

＊12 1940年の夏から秋にかけて、ドイツは、イギリス海峡における空軍力の圧倒的な優位を必要としていたが、実際には持たなかった。精鋭の上陸部隊を必要としていたが、これも持たなかった。さらに、イギリス海軍に対する数の上での優位を必要としていたが、これも持たなかった。1940年の末までには、ドイツ国防軍の将軍たちの幾人かは、ソ連に矛を向けようとするヒトラーを、より強く支持するようになるのだが、これも、もっともなことなのだ。

＊13 この話についてより詳しくは、ポール・ケネディ(伏見威蕃訳)『第二次世界大戦　影の主役――勝利を実現した革新者たち』日本経済新聞社、2013年、第一章(Paul Kennedy, *Engineers of Victory: The Problem Solvers Who Turned the Tide in the Second World War* (London/ New York, 2013), chapter one)を参照。

＊14 訳注。結局、イギリスは終戦までにシンガポールを取り戻すことができなかった。イギリス軍がシンガポールに上陸し、日本軍がシンガポールにおいてイギリス軍に事実上降伏したのは、日本降伏後の9月4日夕方。シンガポール中心部のシティホールにおいて日本が降伏文書に調印し、シンガポールがイギリスの統治下に正式に戻るのは9月12日。

＊15 訳注。海軍の行政を行う機関で、日本語では「海軍省」と訳したり、訳さずにカタカナを当てて「アドミラルティ」と表記されることも多い。本書では「海軍本部」という訳語を当てる。最初は、王室海軍にまつわる雑事をこなす小さな「室」であったものが、時代を経て、大きな行政組織となり「省」のようなものとなった。

＊16 州立大学では、たいてい大規模な予備役将校訓練課程(ROTC program)が設置されており、単独で海軍史を研究する研究者たちは、自らのポストを保持しつづけた。また、海洋・海軍科目は、アメリカ海軍大学校(The US Naval War College)や海軍兵学校(The Naval Academy)においては、教えられつづけた。だが、アイビーリーグを構成するようなトップ校においては、海軍関連科目や海洋関連科目の授業は、ほとんど消えてしまった。

＊17 二隻の大型空母によって、イギリス海軍は、ロシア、日本、フランスの各海軍〔日本の場合、名目上は「海上自衛隊」〕を凌ぐものとなる。これらの国々は、匹敵する艦を持たないからである。

＊18 Jamie Gaskarth, 'Strategy in a Complex World', Royal United Services Institute (RUSI) Journal, vol.160, no.6 (December 2015), pp.4―11. この号は、「二一世紀のイギリスの戦略――善意による舗装(UK Strategy in the 21st Century: Paved with Good Intention)」というタイトルがつけられた号であり、他の論文も参考になる。英語版ウィキペディアの「Royal Navy(イギリス海軍)」の記事での分析は、その歴史が述べられており、参考文献リストも付されており、かなり優れたものである。https://en.wikipedia.org/wiki/Royal_Navy。2016年8月24日アクセス。より詳しくは、次の文献を参照。E. Grove, *From Vanguard to Trident: British Naval Policy Since World War* Ⅱ (USNI Press, Annapolis, 1987), passim.

＊19 Stockholm International Peace Research Institute [以下ではSIPRIと表記する], Military Expenditure Database 2015, https://www.sipri.org/databases/milexからアクセス。GDPは、この年のそれぞれの国の値。

＊20 *Jane's World Navies 2016―17*, Republic of Korea, https://Janes.iha.com/JANES/

注

＊1　訳注。訳文は東中稜代『バイロン——初期の諷刺詩』山口書店、1989年、108頁からの引用。引用元の主語「アルビオン」の位置の関係から、原著よりも、二行前から引用した。「アルビオン」は、グレートブリテン島の古名で「白い島」という意味。イギリス海峡上からグレートブリテン島を眺めると、白亜質の絶壁が白く見えるので、このように呼ばれ、後には、イングランドを指す語ともなった。

二〇一七年版原著者まえがき

＊1　ニューヨークのチャールズ・スクリブナーズ・サンズ（Charles Scribners & Sons）からも同時に出版した。

＊2　訳注。原文は「mainland China」で、台湾と区別するための表現。

＊3　G. Rachman, *Easternisation, War and Peace in the Asian Century*（London, 2016).〔ギデオン・ラックマン（小坂恵理訳）『イースタニゼーション』日本経済新聞出版社、2019年。〕次のようなこれまでの興味深い作品と比較することができる。T. Von Laue, *The World Revolution of Westernisation: the Twentieth Century in Global Perspective*（Oxford, 1987), passim.

＊4　訳注。「外洋海軍（Blue Water Navy)」とは、自国沿岸にとどまらず、広範囲に展開できる能力を有する海軍。

＊5　海軍作戦部長、ジョン・M・リチャードソン提督（Admiral John M. Richardson）の「海上における優位性維持のための構想（A Design for Maintaining Maritime Superiority)」。https://digital-commons.usnwc.edu/nwc-review/vol69/iss2/4/ からダウンロード可能〔海上自衛隊幹部学校ホームページに日本語訳が掲載されている。http://www.mod.go.jp/msdf/navcol/SSG/topics-column/031.html.〕この声明は、気を引き締めるような文書であり、政策については、歴史を参照する必要性が多く述べられている。

＊6　F. Braudel, *The Mediterranean and the Mediterranean World in the Age of Philip II*, 2 vols.（London, 1972, 1973), passim.〔フェルナン・ブローデル（浜名優美訳）『地中海』（全五巻）藤原書店、1991—1995年、普及版2004年。〕

＊7　S. W. Roskill, *British Naval Policy Between the Wars*, 2 vols.（London, 1968, 1972); A. J. Marder, *The Anatomy of British Sea Power: British Naval Policy 1880—1905*,（New York, 1940); idem., *From the Dreadnaught to Scapa Flow*, 5 vols.（Oxford, 1961—1970).

＊8　ジョン・〔テツロー・〕スミダ教授の次の書は、例外の一冊である。Jon Sumida, *In Defence of Naval Supremacy: Financial Limitation, Technological Innovation, and British Naval Policy, 1889—1914*（London, 1999). この本は、加速度的に急上昇した海軍予算によって、1900年以降、イギリスの歴代政権は、より新しい造船技術、新しい艦種、新たな課税を導入できるようになった、と、説得力を持って主張するものである。N. Lambert, *Planning Armageddon: British Economic Warfare and the First World War*（Cambridge, Mass, 2012). この本は、来るべき対独戦に際して経済戦を遂行しようという考えをイギリス海軍本部が持っていたということを示すことによって（すべてが現実的なものであったわけではない)、イギリスの海軍戦略に、経済的視点をふたたび取り込もうとしたものである。

＊9　A. J. P. Taylor, *The Struggle for Mastery in Europe 1848—1918*（Oxford, 1954）の序章。

＊10　筆者の執筆の順序をここに示しておきたい。『イギリス海上覇権の盛衰』（1973年執筆開始、1976年出版)、『英独対立（The Rise of the Anglo—German Antagonism 1860—1914)』（1972年執

Wells, S. F., Jnr., 'British Strategic Withdrawal from the Western Hemisphere, 1904—1906' , *Canadian Historical Review*, xlix (1968).
Wernham, R. B., 'Elizabethan War Aims and Strategy' , in S. T. Bindoff, J. Hurstfield and C. H. Williams (eds.), *Elizabethan Government and Society* (London, 1961).
Wernham, R. B., *Before the Armada. The Growth of English Foreign Policy 1485—1558* (Cambridge, 1964).
Whetton, L. L., 'The Mediterranean Threat' , *Survival*, xii, no. 8 (August 1970).
Williams, B., *Life of William Pitt*, 2 vols. (London, 1915).
Williams, E., *Capitalism and Slavery* (Chapel Hill, 1944).
Williams, G., *The Expansion of Europe in the Eighteenth Century* (London, 1966).
Williams, J. Blow, *British Commercial Policy and Trade Expansion 1750—1850* (Oxford, 1972).
Williamson, J. A., *Maritime Expansion 1485—1558* (Oxford, 1913).
Williamson, J. A., *The Age of Drake* (London, 1938).
Williamson, J. A., *The Ocean in English History* (Oxford, 1941).
Williamson, J. A., *A Short History of British Expansion*, 2 vols. (London, 1945 edn).
Williamson, S. R., *The Politics of Grand Strategy: Britain and France prepare for War, 1904—1914* (Cambridge, Mass., 1969).
Wilson, C., 'The Economic Decline of the Netherlands' , *Economic History Review*, ix, no. 2 (May 1939).
Wilson, C., *Profit and Power. A Study of England and the Dutch Wars* (London, 1957).
Wilson, C., *England' s Apprenticeship 1603—1763* (London, 1965).
Wilson, C., *Queen Elizabeth and the Revolt of the Netherlands* (London, 1970).
Wolf, J. B., *The Emergence of the Great Powers 1685—1714* (New York, 1950).
Wolf, J. B., *Toward a European Balance of Power 1620—1715* (Chicago, 1970).
Wright, L. B., *Religion and Empire. The Alliance between Piety and Commerce in English Expansion 1558—1625* (New York, 1965 edn).
Young, L. K., *British Policy in China 1895—1902* (Oxford, 1970).
Youngson, A. J., *Britain's Economic Growth 1920—1966* (London, 1963).

Semmel, B., *The Rise of Free Trade Imperialism* (Oxford, 1970).
Sherrard, O. A., *Lord Chatham. Pitt and the Seven Years War* (London, 1955).
Sherwig, J. M., *Guineas and Gunpowder. British Foreign Aid in the Wars with France, 1793—1815* (Cambridge, Mass., 1969).
Silberling, N. J., 'Financial and Monetary Policy of Great Britain during the Napoleonic Wars' , *Quarterly Journal of Economics*, xxxviii (1923—4).
Siney, M. C., *The Allied Blockade of Germany 1914—1916* (Ann Arbor, Michigan, 1957).
Smith, C. T., *An Historical Geography of Western Europe before 1800* (London, 1967).
Smith, G., *American Diplomacy during the Second World War 1941—1945* (New York, 1965).
Snyder, W. P., *The Politics of British Defense Policy, 1945—1962* (Columbus, Ohio, 1964).
Spindler, A., *Der Krieg zur See, 1914—1918: Der Handelskrieg mit U-Booten*, 5 vols. (Berlin, 1932—66).
Sprout, M. T., 'Mahan: Evangelist of Sea Power' , in E. M. Earle (ed.), *Makers of Modern Strategy* (Princeton, 1952).
Steinberg, J., *Yesterday' s Deterrent: Tirpitz and the Birth of the German Battle Fleet* (London, 1965).
Stone, L., 'Elizabethan Foreign Trade' , *Economic History Review*, 2nd series, ii, no. 2 (1949—50).
Summerton, N., *British Military Preparations for a War against Germany*, 2 vols. (Ph.D. thesis, London, 1969).
Swartz, M., *The Union of Democratic Control in British Politics during the First World War* (Oxford, 1971).
Syrett, D., *Shipping and the American War 1775—83* (London, 1970).
Tate, M., *The United States and Armaments* (New York, 1948).
Taylor, A. J. P., *The Struggle for Mastery in Europe, 1848—1918* (Oxford, 1954).
Taylor, A. J. P., *The Trouble Makers* (London, 1957).
Taylor, A. J. P., *English History 1914—1945* (Oxford, 1965).
Taylor, A. J. P., *The Origins of the Second World War* (Harmondsworth, Middlesex, 1969 edn).
Terraine, J., 'History and the "Indirect Approach"' , *Journal of the Royal United Services Institute for Defence Studies*, cxvi, no. 662 (June 1971).
Thomson, D., *Europe since Napoleon* (Harmondsworth, Middlesex, 1966).
Thomson, M. A., 'The War of the Austrian Succession' , *The New Cambridge Modern History*, vii, *The Old Régime 1713—63*, edited by J. O. Lindsay (Cambridge, 1957).
Thorne, C., *The Limits of Foreign Policy* (London, 1972).
Times, The (various issues).
Toynbee, A., and Toynbee, V. M. (eds.), *Survey of International Affairs 1939—1946: The Eve of War, 1939* (London, 1958).
Tunstall, B., *The Realities of Naval History* (London, 1936).
Tunstall, B., *William Pitt, Earl of Chatham* (London, 1938).
Turner, L. C. F., 'The Cape of Good Hope and the Anglo-French Conflict, 1797—1806' , *Historical Studies. Australia and New Zealand*, 9, no. 36 (May 1961).
Wagenführ, R., *Die deutsche Industrie im Kriege 1939—1945* (Berlin, 2nd edn, 1963).
Webster, C. K., *The Foreign Policy of Castlereagh*, 2 vols. (London, 1963 edn).
Webster, C. K. and Frankland, N., *The Strategic Air Offensive against Germany 1939—1945*, 4 vols. (London, 1961).
Wellenreuther, H., 'Land, Gesellschaft und Wirtschaft in England während des siebenjährigen Krieges' , *Historische Zeitschrift*, 218, Heft 3 (June 1974).
Weller, J., *Wellington in the Peninsula* (London, 1962).

Richmond, H. W., *National Policy and Naval Strength and Other Essays* (London, 1928).

Richmond, H. W., *Statesmen and Sea Power* (Oxford, 1946).

Richmond, H. W., *The Navy as an Instrument of Policy 1558—1727* (Cambridge, 1953).

Ritter, G., *The Sword and the Sceptre*, ii, *The European Powers and the Wilhelminian Empire 1890—1914* (London, 1972).

Robinson, R. E. and Gallagher, J., with Denny, A., *Africa and the Victorians. The Official Mind of Imperialism* (London, 1961).

Robson, E., 'The Seven Years War' , *The New Cambridge Modern History*, vii, *The Old Régime 1713—63*, edited by J. O. Lindsay (Cambridge, 1957).

Rodger, A. B., *The War of the Second Coalition 1798 to 1801. A Strategic Commentary* (Oxford, 1964).

Roosevelt, T., *The Naval War of 1812* (New York, 1968 reprint).

Ropp, T., *War in the Modern World* (London, 1962 edn).

Rosinski, H., 'The Role of Sea Power in Global Warfare of the Future' , *Brassey's Naval Annual* (1947).

Roskill, S. W., *The War at Sea*, 3 vols. (London, 1954—61).

Roskill, S. W., *The Navy at War 1939—1945* (London, 1960).

Roskill, S. W., *The Strategy of Sea Power* (London, 1962).

Roskill, S. W., *Naval Policy between the Wars*, i, *The Period of Anglo-American Antagonism 1919—1929* (London, 1968).

Rowse, A. L., *The England of Elizabeth* (London, 1951).

Rowse, A. L., *The Expansion of Elizabethan England* (London, 1955).

Ryan, A. N., 'The Defence of British Trade with the Baltic, 1808—1813' , *English Historical Review*, lxxiv, no. CCXCII (July 1959).

Ryan, A. N., 'William III and the Brest Fleet in the Nine Years War' , in R. Hatton and J. S. Bromley (eds.), *William III and Louis XIV. Essays 1680—1720 by and for Mark A. Thomson* (Liverpool, 1968).

Saul, S. B., *Studies in British Overseas Trade 1870—1914* (Liverpool, 1960).

Saville, J. (ed.), *Studies in the British Economy, 1870—1914*, 17, no. 1 (1965), *The Yorkshire Bulletin of Economic and Social Research.*

Savory, R., *His Britannic Majesty's Army in Germany during the Seven Years War* (Oxford, 1966).

Sayers, R. S., *Financial Policy 1939—1945* (London, 1956).

Sayers, R. S., *A History of Economic Change in England 1880—1939* (London, 1967).

Schlenke, M., *England und das Friderizianische Preussen 1740—1763* (Freiburg and Munich, 1963).

Schofield, B., *British Sea Power* (London, 1967).

Schulin, E., *Handelsstaat England. Das politische Interesse der Nation am Aussenhandel vom 16. bis ins frühe 18. Jahrhundert* (Wiesbaden, 1969).

Schumpeter, E. B., 'English Prices and Public Finance, 1660—1822' , *Revue of Economic Statistics*, xx (1938).

Schumpeter, E. B., *English Overseas Trade Statistics 1697—1808* (Oxford, 1960).

Schurman, D. M., *The Education of a Navy: The Development of British Naval Strategic Thought 1867—1914* (London, 1965).

Schurman, D. M., 'Historians and Britain' s Imperial Strategic Stance in 1914' , in J. E. Flint and G. Williams (eds.), *Perspectives of Empire* (London, 1973).

Seeley, J. R., *The Expansion of England* (London, 1884).

Semmel, B., 'The "Philosophical Radicals" and Colonization' , *Journal of Economic History*, 21 (1961).

Panikkar, K. M., *Asia and Western Dominance. A Survey of the Vasco da Gama Epoch of Asian History 1498—1945* (London, 1959 edn).

Pares, R., 'American versus Continental Warfare, 1739—63', *English Historical Review*, li, no. CCIII (July 1936).

Pares, R., *War and Trade in the West Indies 1739—1763* (London, 1963 edn).

Parkinson, C. N., (ed.), *The Trade Winds. A Study of British Overseas Trade during the French Wars 1793—1815* (London, 1964).

Parkinson, C. N., *War in the Eastern Seas 1793—1815* (London, 1954).

Parmalee, M., *Blockade and Sea Power* (London, n.d.,?1925).

Parry, J. H., 'The Caribbean', *The New Cambridge Modern History*, vii, *The Old Régime 1713—63*, edited by J. O. Lindsay (Cambridge, 1957).

Parry, J. H., *The Age of Reconnaissance* (London, 1963).

Parry, J. H., *Trade and Dominion. The European Overseas Empires in the Eighteenth Century* (London, 1971).

Patterson, A. Temple, *The Other Armada. The Franco-Spanish Attempt to Invade Britain in 1779* (Manchester, 1960).

Pelling, H., *Britain and the Second World War* (London, 1970).

Penn, C. D., *The Navy under the Early Stuarts and its Influence on English History* (London, 1970 edn).

Perkins, B., *Prologue to War. England and the United States 1805—1812* (Berkeley/Los Angeles, 1961).

Perkins, B., *The Great Rapprochement. England and the United States 1895—1914* (London, 1969).

Pierre, A. J., *Nuclear Politics. The British Experience with an Independent Strategic Force 1939—1970* (London, 1972).

Pirenne, J., *The Tides of History*, ii, *From the Expansion of Islam to the Treaties of Westphalia* (London, 1963 edn).

Platt, D. C. M., 'Economic Factors in British Policy during the "New Imperialism"', *Past and Present*, no. 39 (1968).

Plumb, J. H., *The Growth of Political Stability in England 1675—1725* (London, 1967).

Pollard, S., *The Development of the British Economy 1914—1967* (London, 1969 edn).

Postan, M. M., *British War Production* (London, 1952).

Potter, E. B. and Nimitz, C. W. (eds.), *Sea Power. A Naval History* (New Jersey, 1960).

Potter, G. R. (ed.), *The New Cambridge Modern History*, i, *The Renaissance* (Cambridge, 1961).

Powell, J. R., *The Navy in the English Civil War* (London, 1962).

Powley, E. B., *The Naval Side of King William's War* (London, 1972).

Preston, A. and Major, J., *Send a Gunboat! A Study of the Gunboat and its Role in British Policy 1854—1904* (London, 1967).

Purcell, V., 'Asia', *The New Cambridge Modern History*, vii, *The Old Régime 1713—63*, edited by J. O. Lindsay (Cambridge, 1957).

Quinn, D. B., 'James I and the Beginnings of Empire in America', *The Journal of Imperial and Commonwealth History*, ii, no. 2 (January 1974).

Rabb, T. K., *Enterprise and Empire. Merchant and Gentry Investment in the Expansion of England, 1575—1630* (Cambridge, Mass., 1967).

Ramsay J. F., *Anglo-French Relations 1763—1770* (Berkeley, 1939).

Reynolds, C. G., 'Sea Power in the Twentieth Century', *Royal United Services Institution Journal*, cxi, no. 642 (May 1966).

Richmond, H. W., *The Navy in the War of 1739—1748* (Cambridge, 1920).

Heft 3 (June 1974).
Martin, L. W., *The Sea in Modern Strategy* (London, 1967).
Martin, L. W., 'British Defence Policy: The Long Recessional', *Adelphi Papers*, no. 61 (November 1969).
Marwick, A., *Britain in the Century of Total War: War, Peace and Social Change 1900–1967* (Harmondsworth, Middlesex, 1970).
Marx, K. and Engels, F., 'Manifesto of the Communist Party', *The Essential Left* (London, 1960 edn).
Mathias, P., *The First Industrial Nation. An Economic History of Britain 1700–1914* (London, 1969).
Matloff, M., *Strategic Planning for Coalition Warfare 1943–1944* (Washington, D.C., 1959).
Mattingly, G., *The Defeat of the Spanish Armada* (Harmondsworth, Middlesex, 1959 edn).
Mayhew, C., *Britain's Role Tomorrow* (London, 1967).
McDonald, J. K., 'Lloyd George and the Search for a Postwar Naval Policy, 1919', in A. J. P. Taylor (ed.), *Lloyd George: Twelve Essays* (London, 1971).
Medlicott, W. N., *The Economic Blockade*, 2 vols. (London, 1952–9).
Medlicott, W. N., *British Foreign Policy since Versailles 1919–1963* (London, 1968 edn).
The Military Balance 1973–1974 (International Institute for Strategic Studies, London, 1973).
Millman, R., *British Foreign Policy and the Coming of the Franco-Prussian War* (Oxford, 1965).
Milward, A. S., *The German Economy at War* (London, 1965).
Milward, A. S., *The Economic Effects of the World Wars on Britain* (London, 1970).
Mitchell, B. R. and Deane, P., *Abstract of British Historical Statistics* (Cambridge, 2nd edn, 1967).
Monger, G. W., *The End of Isolation: British Foreign Policy 1900–1907* (London, 1963).
Moon, H. R., *The Invasion of the United Kingdom: Public Controversy and Official Planning 1888–1918*, 2 vols. (Ph. D. thesis, London, 1968).
Mordal, J., *25 Centuries of Sea Warfare* (London, 1970 edn).
Morris, A. J. A., *Radicalism against War* (London, 1972).
Moulton, J. L., *Defence in a Changing World* (London, 1964).
Murphy, B., *A History of the British Economy 1086–1970* (London, 1973).
National Income and Expenditure 1973 (Central Statistical Office; London, 1973).
Naval and Military Record, The (London, various issues).
Needham, J., *Science and Civilization in China*, 5 vols. to date (Cambridge, 1954–71), iv, part 3, *Civil Engineering and Nautics*.
Nicholas, H. G., *Britain and the United States* (London, 1963).
Nish, I. H., *The Anglo-Japanese Alliance* (London, 1966).
Nish, I. H., *Alliance in Decline: A Study in Anglo-Japanese Relations 1908–23* (London, 1972).
Northedge, F. S., *British Foreign Policy. The Process of Readjustment 1945–1961* (London, 1962).
Northedge, F. S., *The Troubled Giant. Britain among the Great Powers 1916–1939* (London, 1966).
Oakeshott, W., *Founded upon the Seas* (Cambridge, 1942).
Oppenheim, M., *A History of the Administration of the Royal Navy... 1509–1660* (Hamden, Conn., 1961 edn).
Owen, D., 'Capture at Sea: Modern Conditions and the Ancient Prize Laws', paper given at the United Services Institute on 6 April 1905, printed for private use.
Owen, J. H., *War at Sea under Queen Anne 1702–1708* (Cambridge, 1938).
Padfield, P., *The Battleship Era* (London, 1972).
Padfield, P., *Guns at Sea* (London, 1973).

Revolutions 1763—93, edited by A. Goodwin (Cambridge, 1965).
Lewis, W. Arthur, *Economic Survey 1919—1939* (London, 1949).
Liddell Hart, B. H., *The British Way in Warfare* (London, 1932).
Liddell Hart, B. H., *History of the Second World War* (London, 1970).
Lindsay, J. O., 'International Relations', *The New Cambridge Modern History*, vii, *The Old Régime 1713—63*, edited by J. O. Lindsay (Cambridge, 1957).
Livezey, W. E., *Mahan on Sea Power* (Norman, Oklahoma, 1947).
Lloyd, C., *The Nation and the Navy. A History of Naval Life and Policy* (London, 1961).
Lloyd, C., *The Navy and the Slave Trade* (London, 1969 reprint).
Lodge, Sir Richard, *Great Britain and Prussia in the Eighteenth Century* (New York, 1972 reprint).
Louis, W. R., *British Strategy in the Far East 1919—1939* (Oxford, 1971).
Lowe, P., 'The British Empire and the Anglo-Japanese Alliance 1911—1915', *History*, liv (1969).
Lythe, S. G. E., 'Britain, the Financial Capital of the World' , in C. J. Bartlett (ed.), *Britain Pre-eminent. Studies of British World Influence in the Nineteenth Century* (London, 1969).
Mackay, R. F., 'The Admiralty, the German Navy, and the Redistribution of the British Fleet, 1904—1905' , *Mariner's Mirror*, 56 (1970).
Mackay, R. F., *Fisher of Kilverstone* (Oxford, 1973).
Mackesy, P., *The War in the Mediterranean 1803—10* (London, 1957).
Mackesy, P., *The War for America 1775—1783* (London 1970).
Mackinder, H. J., 'The Geographical Pivot of History' , *Geographical Journal*, xxiii, no. 4 (April 1904).
Mackinder, H. J., *Britain and the British Seas* (Oxford, 1925 edn).
Mackinder, H. J., *Democratic Ideals and Reality* (New York, 1962 edn).
Maclachlan, A. D., 'The Road to Peace 1710—1713' , in G. Holmes (ed.), *Britain after the Glorious Revolution* (London, 1969).
Mahan, A. T., *The Influence of Sea Power upon the French Revolution and Empire*, 2 vols. (London, 1892).
Mahan, A. T., *The life of Nelson, the Embodiment of the Sea Power of Great Britain*, 2 vols.(London, 1897).
Mahan, A. T., *Retrospect and Prospect: Studies in International Relations Naval and Political* (London, 1902).
Mahan, A. T., *Sea Power in its Relation to the War of 1812*, 2 vols. (London, 1905).
Mahan, A. T., *The Influence of Sea Power upon History, 1660—1783* (London, 1965 edn).
Mansergh, N., *The Commonwealth Experience* (London, 1969).
Mantoux, P., *The Industrial Revolution in the Eighteenth Century* (London, 1964 edn).
Marcus, C. J., *Quiberon Bay* (London, 1960).
Marcus, C. J., *A Naval History of England*, 2 vols. to date (London, 1961—71).
Marder, A. J. (ed.), *Fear God and Dread Nought: The Correspondence of Admiral of the Fleet Lord Fisher of Kilverstone*, 3 vols. (London, 1952—9).
Marder, A. J., *From the Dreadnought to Scapa Flow*, 5 vols. (London, 1961—70).
Marder, A. J., *The Anatomy of Sea Power: A History of British Naval Policy in the Pre-Dreadnought Era 1880—1905* (Hamden, Conn., 1964 edn).
Marder, A. J., 'The Royal Navy and the Ethiopian Crisis of 1935—36' , *American Historical Review*, lxxv, no. 5 (June 1970).
Marder, A. J., *Winston is Back: Churchill at the Admiralty 1939—1940, English Historical Review*, Supplement 5 (London, 1972).
Martin, B., 'Aussenhandel und Aussenpolitik Englands unter Cromwell' , *Historische Zeitschrift*, 218,

no. 3 (April 1955).
John, A. H., 'Aspects of English Economic Growth in the First Half of the Eighteenth Century', *Economica*, xxviii (May 1961).
Jones, Gwynne (Lord Chalfont), A., 'Training and Doctrine in the British Army since 1945', in M. Howard (ed.), *The Theory and Practice of War* (London, 1965).
Jones, J. R., *Britain and Europe in the Seventeenth Century* (London, 1966).
Jukes, G., 'The Indian Ocean in Soviet Naval Policy', *Adelphi Papers*, no. 87 (May 1972).
Kahn, A. E., *Great Britain in the World Economy* (New York, 1946).
Kahn, H., *The Emerging Japanese Superstate* (London, 1971).
Kahn, H. and Wiener, A. J., *The Year 2000* (London and New York, 1967).
Kennedy, P. M., 'Tirpitz, England and the Second Navy Law of 1900: A Strategical Critique', *Militärgeschichtliche Mitteilungen*, 1970, no. 2.
Kennedy, P. M., 'Imperial Cable Communications and Strategy, 1870—1914', *English Historical Review*, lxxxvi, no. CCCXLI (October, 1971).
Kennedy, P. M., *Pacific Onslaught* (New York and London, 1972).
Kennedy, P. M., 'Maritime Strategieprobleme der deutsch-englischen Flottenrivalität', in H. Schottelius and W. Deist (eds), *Marine und Marinepolitik im kaiserlichen Deutschland 1871—1914* (Düsseldorf, 1972).
Kennedy, P. M., 'The Decline of Nationalistic History in the West', *Journal of Contemporary History*, 8, no. 1 (January 1973).
Kennedy, P. M., 'The Development of German Naval Operations Plans against England, 1896—1914', *English Historical Review*, lxxxix, no. CCCL (January 1974).
Kennedy, P. M., 'The Battle of the Dogger Bank', ii, no. 7; 'The Channel War', iv, no. 14; 'The Dover Patrol', vi, no. 3; 'The Scandinavian Convoy', vi, no. 12: all in *History of the First World War* (London, 1969 f.).
King, F. P., *The New Internationalism. Allied Policy and the European Peace 1939—1945* (Newton Abbot, 1973).
Kirby, S. Woodburn, *The War against Japan*, 5 vols. (London, 1957—69).
Klein, H. Burton, *Germany's Economic Preparations for War* (Cambridge, Mass., 1959).
Klein, I., 'Whitehall, Washington, and the Anglo-Japanese Alliance, 1919—1921', *Pacific Historical Review*, 41 (1972).
Knight, R. J. B., 'The Administration of the Royal Dockyards in England, 1770—1790', *Bulletin of the Institute of Historical Research*, xlv, no. 111 (May 1972).
Knight, R. J. B., 'The Home Dockyards and the American War of independence', paper read to the 14th Conference of the International Commission for Maritime History, Greenwich, 12 July 1974.
Knox, D. W., *The Eclipse of American Naval Power* (New York, 1922).
Kolko, G., *The Politics of War. Allied Diplomacy and the World Crisis of 1943—1945* (London, 1969).
Landes, D. S., *The Unbound Prometheus: Technological Change and Industrial Development in Western Europe from 1750 to the Present* (Cambridge, 1969).
Langhorne, R., 'The Naval Question in Anglo-German Relations, 1912—1914', *Historical Journal*, xiv, no. 2 (1971).
Lee, H. I., 'Mediterranean Strategy and Anglo-French Relations 1908—1912', *Mariner's Mirror*', 57 (1971).
Lepsius, J., *et al.* (eds), *Die Grosse Politik der europäischen Kabinette*, 40 vols. (Berlin, 1922—7).
Lewis, M., *The History of the British Navy* (Harmondsworth, Middlesex, 1957).
Lewis, M., 'Navies', *The New Cambridge Modern History*, viii, *The American and French*

Graham, G. S., *Tides of Empire* (Montreal and London, 1972).
Graham, G. S. and Humphreys, R. A. (eds.), *The Navy and South America 1807–1823* (Navy Records Society; London, 1962).
Grenville, J. A. S., *Lord Salisbury and Foreign Policy* (London, 1964).
Gretton, P., *Winston Churchill and the Royal Navy* (New York, 1969).
Guichard, L. L., *The Naval Blockade, 1914–1918* (London, 1930).
Guinn, P., *British Strategy and Politics 1914 to 1918* (Oxford, 1965).
Haggie, P., 'The Royal Navy and War Planning in the Fisher Era', *Journal of Contemporary History*, 8, no. 3 (July 1973).
Hall, H. Duncan, *North American Supply* (London, 1955).
Halpern, P. G., *The Mediterranean Naval Situation 1908–1914* (Cambridge, Mass., 1971).
Hancock, W. K. and Gowing, M. M., *British War Economy* (London, 1949).
Hankey, Lord, *The Supreme Command 1914–1918*, 2 vols. (London, 1961).
Hargreaves, E. L., *The National Debt* (London, 1966 reprint).
Harlow, V. T., *The Founding of the Second British Empire, 1763–1793*, 2 vols. (London, 1952–64).
Harper, L. A., *The English Navigation Laws* (New York, 1964 edn).
Hays, S., *National Income and Expenditure in Britain and the OECD Countries* (London, 1971).
Heckscher, E. F., *The Continental System. An Economic Interpretation* (Oxford, 1922).
Hellenier, K. F., *The Imperial Loans. A Study in Financial and Diplomatic History* (Oxford, 1965).
Herrick, R. W., *Soviet Naval Strategy* (Annapolis, 1968).
Higgonnet, P. Louis-René, 'The Origins of the Seven Years War', *Journal of Modern History*, 40, no. 1 (March 1968).
Higham, R., *Armed Forces in Peacetime. Britain 1918–1940, a case study* (London, 1962).
Higham, R., *The Military Intellectuals in Britain 1918–1939* (New Brunswick, New Jersey, 1966).
Higham, R., *Air Power: A Concise History* (London, 1972).
Hill, B. W., 'Oxford, Bolingbroke and the Peace of Utrecht', *Historical Journal*, xvi, no. 2 (1973).
Hill, C., *The Century of Revolution 1603–1714* (London, 1961).
Hill, C., *Reformation to Industrial Revolution* (Harmondsworth, Middlesex, 1969).
Hill, C., *God's Englishman. Oliver Cromwell and the English Revolution* (London, 1970).
Hinton, R. K. W., *The Eastland Trade and the Common Weal in the Seventeenth Century* (Cambridge, 1959).
Hobsbawm, E. J., *Industry and Empire* (Harmondsworth, Middlesex, 1969).
Hope-Jones, A., *Income Tax in the Napoleonic Wars* (Cambridge, 1910).
Horn, D. B., 'The Diplomatic Revolution', *The New Cambridge Modern History*, vii, *The Old Régime 1713–63*, edited by J. O. Lindsay (Cambridge, 1957).
Horn, D. B., *Great Britain and Europe in the Eighteenth Century* (Oxford, 1967).
Horsman, R., *The Causes of the War of 1812* (Philadelphia, 1961).
Horsman, R., *The War of 1812* (London, 1969).
Howard, M., *The Continental Commitment* (London, 1972).
Howard, M., *Grand Strategy*, iv (London, 1972).
Howarth, D., *Sovereign of the Seas. The Story of British Sea Power* (London, 1974).
Hyam, R., 'British Imperial Expansion in the Late Eighteenth Century', *Historical Journal*, x, no. 1 (1967).
Imlah, A. H., *Economic Elements in the 'Pax Britannica'* (Cambridge, Mass., 1958).
Innes, A. D., *The Maritime and Colonial Expansion of England under the Stuarts* (London, 1931).
Jane's Fighting Ships (Annual, various years).
John, A. H., 'War and the English Economy 1700–1763', *Economic History Review*, 2nd series, vii,

Ehrman, J., *The Navy in the War of William III 1689—1697* (Cambridge, 1953).
Ehrman, J., *The Younger Pitt. The Years of Acclaim* (London, 1969).
Eldon, C. W., *England' s Subsidy Policy towards the Continent during the Seven Years War* (Philadelphia, 1938).
Farnall, J. E., 'The Navigation Act of 1651, the First Dutch War, and the London Mercantile Community' , *Economic History Review*, 2nd series, xvi, no. 3 (April 1964).
Farnie, D. A., 'The Commercial Empire of the Atlantic, 1607—1783' , *Economic History Review*, 2nd series, xv, no. 2 (December 1962).
Faulkner, H. U., *American Economic History* (New York, 1960 edn).
Fayle, C. E., *History of the Great War: Seaborne Trade*, 3 vols. (London, 1920—24).
Fayle, C. E., 'Economic Pressure in the War of 1739—48' , *Journal of the Royal United Services Institute*, 68 (1923).
Feiling, K., *The Life of Neville Chamberlain* (London, 1957).
Feis, H., *Churchill—Roosevelt—Stalin. The War they Waged and the Peace they Sought* (Princeton, 1957).
Fielden, K. 'The Rise and Fall of Free Trade' , in C. J. Bartlett (ed.), *Britain Preeminent. Studies of British World Influence in the Nineteenth Century* (London, 1969).
Fieldhouse, D. K., *The Colonial Empires* (London, 1966).
Fischer, F., *Germany's Aims in the First World War* (London, 1967).
Fisher, H. A. L., *A History of Europe*, 2 vols. (London, 1960 edn.).
Fox, G., *British Admirals and Chinese Pirates, 1832—1869* (London, 1940).
Frankland, N., 'Britain' s Changing Strategic Position' , *International Affairs*, xxxiii (October 1957).
Fremantle, Sir Sydney, *My Naval Career 1880—1928* (London, 1949).
Fry, M. G., 'The Imperial War Cabinet, the United States, and the Freedom of the Seas' , *The Royal United Services Institution Journal*, cx, no. 640 (November 1965).
Gallagher, J. and Robinson, R., 'The Imperialism of Free Trade' , *Economic History Review*, 2nd series, vi, no. 1 (August 1953).
Gardner, R. N., *Sterling—Dollar Diplomacy* (Oxford, 1956).
Gemzell, Carl-Axel, *Raeder, Hitler und Skandanavien. Der Kampf für einen maritimen Operationsplan* (Lund, 1965).
Geyl, P., *The Netherlands in the Seventeenth Century*, 2 vols. (London, 1961—4).
Gilbert, M. and Gott, R., *The Appeasers* (London, 1963).
Gipson, L. H., *The British Empire Before the American Revolution*, 14 vols. (New York, 1936—68).
Glover, M., *The Peninsular War 1807—1814* (London, 1974).
Gooch, J., *The Plans of War: The General Staff and British Military Strategy, c. 1900—1914* (London, 1974).
Gordon, D. C., 'The Admiralty and Dominion Navies, 1902—1914' , *Journal of Modern History*, xxxiii, no. 4 (December 1961).
Gordon, D. C., *The Dominion Partnership in Imperial Defence 1870—1914* (Baltimore, 1965).
Gough, B., *The Royal Navy and the North-West Coast of America 1810—1914* (Vancouver, 1971).
Gowing, M., *Britain and Atomic Energy 1939—1945* (London, 1964).
Graham, G. S., 'Considerations on the War of American Independence' , *Bulletin of the Institute of Historical Research*, xxii (1949).
Graham, G. S., *Empire of the North Atlantic* (Toronto, 1950).
Graham, G. S., *The Politics of Naval Supremacy* (Cambridge, 1965).
Graham, G. S., *Britain in the Indian Ocean. A Study of Maritime Enterprise 1810—1850* (Oxford, 1967).

Clarke, G. N., 'The Character of the Nine Years War, 1688—97', *Cambridge Historical Journal*, xi, no. 2 (1954).
Clarke, G. N., *The Dutch Alliance and the War against French Trade 1688—1697* (New York, 1971 edn).
Clarke, I. F., *Voices Prophesying War 1793—1984* (London, 1970 edn).
Clarke, J. J., 'Merchant Marine and the Navy: A Note on the Mahan Hypothesis', *Royal United Services Institution Journal*, cxii, no. 646 (May 1967).
Clarkson, R. A., 'The Naval Heresy', *Royal United Services Institution Journal*, cx, no. 640 (November 1965).
Clowes, Sir Laird W., *The Royal Navy, A History*. 7 vols. (London, 1897—1903).
Cohen, P., 'The Erosion of Surface Naval Power', *Survival*, xiii, no. 4 (April 1971).
Collier, B., *The Defence of the United Kingdom* (London, 1957).
Consett, M. W. W. P., *The Triumph of Unarmed Forces (1914—1918)* (London, 1928).
Corbett, J. S., *England in the Seven Years War. A Study in Combined Strategy*, 2 vols. (London, 1918).
Corbett, J. S. and Newbolt H., *History of the Great War: Naval Operations*, 5 vols. (London, 1920—31).
Creswell, J., *Sea Warfare 1939—1945. A Short History* (London, 1950).
Creswell, J., *British Admirals of the Eighteenth Century. Tactics in Battle* (London, 1972).
Crouzet, F., *L' Economie Britannique et le Blocus Continental (1806—1813)*, 2 vols. (Paris, 1958).
Crouzet, F., 'Wars, Blockade and Economic Change in Europe, 1792—1815', *Journal of Economic History*, 24, no. 4 (1964).
Cunningham, A., *British Credit in the Last Napoleonic War* (Cambridge, 1910).
Curtis, E. E., *The Organization of the British Army in the American Revolution* (Menston, Yorkshire, 1972 reprint).
Dangerfield, G. H., *The Strange Death of Liberal England* (London, 1935).
Darby, P., *British Defence Policy East of Suez 1947—1968* (London, 1973).
Davies, K. G., *The Royal African Company* (London, 1957).
Davis, R., 'English Foreign Trade, 1660—1700', *Economic History Review*, 2nd series, vii, no. 2 (December 1954).
Davis, R., 'English Foreign Trade, 1700—1774', *Economic History Review*, 2nd series, xv, no. 2 (December 1962).
Davis, R., *The Rise of the English Shipping Industry in the Seventeenth and Eighteenth Centuries* (Newton Abbot, 1972 edn).
Davis, R., *The Rise of the Atlantic Economies* (London, 1973).
Davis, R., *English Overseas Trade 1500—1700* (London, 1973).
Dehio, L., *The Precarious Balance* (London, 1963).
Derry, T. K., *The Campaign in Norway* (London, 1952).
Dickson, P. G. M., *The Financial Revolution in England. A Study in the Development of Public Credit 1688—1756* (London, 1967).
Dignan, D., 'New Perspectives on British Far Eastern Policy 1913—1919', *University of Queensland Papers*, i, no. 5.
D'Ombrain, N. J., 'The Imperial General Staff and the Military Policy of a "Continental Strategy" during the 1911 International Crisis', *Military Affairs*, xxxiv, no. 3 (October 1970).
D'Ombrain, N. J., *War Machinery and High Politics. Defence Administration in Peacetime Britain 1902—1914* (Oxford, 1973).
Dülffer, J., *Weimar, Hitler und die Marine* (Düsseldorf, 1973).

Bell, A. C., *A History of the Blockade of Germany and of the Countries Associated with Her...* (London, 1961).

Beloff, M., 'The Special Relationship: An Anglo-American Myth', in M. Gilbert (ed.), *A Century of Conflict, 1850–1950* (London, 1966).

Beloff, M., *The Future of British Foreign Policy* (London, 1969).

Beloff, M., *Imperial Sunset, i, Britain's Liberal Empire, 1897–1921* (London, 1969).

Bennett, G., *Naval Battles of the First World War* (London, 1968).

Berghahn, V. R., *Der Tirpitz-Plan* (Düsseldorf, 1972).

Blake, R., *The Conservative Party from Peel to Churchill* (London, 1970).

Bond, B. (ed.), *Victorian Military Campaigns* (London, 1967).

Bourne, K., *Britain and the Balance of Power in North America 1815–1908* (London, 1967).

Boxer, C. R., *The Dutch Seaborne Empire, 1600–1800* (London, 1965).

Bradford, E., *The Mighty Hood* (London, 1959).

Braisted, W. R., *The United States Navy in the Pacific, 1909–1922* (Austin, Texas, 1971).

Brassey's Naval Annual (London, 1898).

Bringles, W. F., 'The Challenge Posed by the Soviet Navy', *Journal of the Royal United Services Institute for Defence Studies*, 118, no. 2 (June 1973).

British Economy, The Key Statistics 1900–1966 (London, n.d., ? 1967).

Brodie, B., *A Guide to Naval Strategy* (New York and Washington and London, 1965 edn).

Bromley, J. S., 'The French Privateering War, 1702–1713', in H. E. Bell and R. S. Ollard (eds.), *Historical Essays 1600–1750, presented to David Ogg* (London, 1963).

Brunn, G., *Europe and the French Imperium 1799–1814* (New York and London, 1938).

Brunn, G., 'The Balance of Power during the Wars, 1793–1814', in *The New Cambridge Modern History*, ix, *War and Peace in an Age of Upheaval 1793–1830*, edited by C. W. Crawley (Cambridge, 1965).

Brunschwig, H., 'Anglophobia and French African Policy', in P. Gifford and W. R. Louis (eds.), *France and Britain in Africa: Imperial Rivalry and Colonial Rule* (New Haven and London, 1971).

Buchanan, A. Russell, *The United States and World War II*, 2 vols. (New York, 1964).

Butler, J. R. M., *Grand Strategy*, ii (London, 1957).

Callender, G., *The Naval Side of British History* (London, 1924).

Cambridge History of the British Empire, The, i, edited by J. H. Rose, A. P. Newton and E. A. Benians (Cambridge, 1929).

Carrington, C. E., *The British Overseas*, part i (Cambridge, 1968 edn).

Carroll, Berenice A., *Design for Total War. Arms and Economics in the Third Reich* (The Hague, 1968).

Cd. 2791, 'A Statement of Admiralty Policy', 1905.

Cd. 4891, 'Statement on the Defence Estimates', 1972.

Chambers, J. D., *The Workshop of the World. British Economic History from 1820 to 1880* (Oxford, 1968 edn).

Churchill, W. S., *The Second World War*, 12 vols. (paperback edn, London, 1964).

Cipolla, C. M., *Guns and Sail in the Early Phase of European Expansion* (London, 1965).

Cipolla, C. M. (ed.), *The Economic Decline of Empires* (London, 1970).

Clapham, J. H., 'Loans and Subsidies in Time of War, 1793–1914', *The Economic Journal*, xxvii (1917).

Clarke, G. N., 'War Trade and Trade War, 1701–1713', *Economic History Review*, i, no. 2 (January 1928).

主要参考文献

(For reasons of space, this bibliography has been limited to works actually cited in the References and no attempt has been made here to compile an exhaustive list of printed sources dealing with British naval, strategic and economic history.)

Albion, R. G., *Forests and Sea Power. The Timber Problem of the Royal Navy 1652–1862* (Hamden, Conn., 1965 edn).

Aldcroft, D. H. (ed.), *The Development of British Industry and Foreign Competition 1875–1914* (London, 1968).

Aldcroft, D. H., *The Inter-War Economy: Britain, 1919–1939* (London, 1970).

Aldcroft, D. H., and Fearns, P. (eds.), *Economic Growth in Twentieth-century Britain* (London, 1969).

Alford, B. W. E., *Depression and Recovery? British Economic Growth 1918–1939* (London, 1972).

Anderson, M. S., 'European Diplomatic Relations, 1763–1790', *The New Cambridge Modern History*, viii, *The American and French Revolutions 1763–93*, edited by A. Goodwin (Cambridge, 1965).

Andrew, C., *Théophile Delcassé and the Making of the Entente Cordiale* (London, 1968).

Andrews, K. R., *Drake's Voyages* (London, 1970 edn).

Andrews, K. R., *Elizabethan Privateering. English Privateering during the Spanish War 1585–1603* (Cambridge, 1964).

Anstey, R. T., 'Capitalism and Slavery: A Critique', *Economic History Review*, 2nd series, xxi, no. 2 (August 1968).

Anthony, V., *Britain's Overseas Trade* (London, 1972).

Ashton, R., 'Revenue Farming under the Early Stuarts', *Economic History Review*, 2nd series, viii, no. 3 (April 1956).

Ashton, R., 'The Parliamentary Agitation for Free Trade in the Opening Year of the Reign of James I', *Past and Present*, no. 38 (December 1967).

Ashton, T. S., *Economic Fluctuations in England 1700–1800* (Oxford, 1959).

Ashworth, W., *An Economic History of England, 1870–1939* (London, 1972 edn).

Assmann, K., *Deutsche Seestrategie im zwei Weltkriege* (Heidelberg, 1957).

Bach, J., 'The Royal Navy in the Pacific Islands', *Journal of Pacific History*, iii, (1968).

Baker, N., *Government and Contractors. The British Treasury and War Supplies 1775–1783* (London, 1971).

Balfour, M., *The Kaiser and His Times* (New York, 1972 edn).

Barnett, C., *Britain and Her Army 1509–1970: A Military, Political and Social Survey* (London, 1970).

Barnett, C., *The Collapse of British Power* (London and New York, 1972).

Barraclough, G., *An Introduction to Contemporary History* (Harmondsworth, Middlesex, 1967).

Bartlett, C. J., *Great Britain and Sea Power 1815–1853* (Oxford, 1963).

Bartlett, C. J., 'The Mid-Victorian Reappraisal of Naval Policy', in K. Bourne and D. C. Watt (eds.), *Studies in International History* (London, 1967).

Bartlett, C. J. (ed.), *Britain Pre-eminent. Studies of British World Influence in the Nineteenth Century* (London, 1969).

Bartlett, C. J., *The Long Retreat. A Short History of British Defence Policy, 1945–1970* (London, 1972).

Baumgart, W., *Deutschland im Zeitalter des Imperialismus* (*1890–1914*) (Frankfurt, 1972).

ワ行

ヤ行

ラ行

マ行

ハ行

ナ行

タ行

サ行

カ行

索　引

英数字

ア行

地図リスト

著　者

ポール・ケネディ　Paul M. Kennedy

イェール大学歴史学部教授。1945年イングランド北部ウォールゼンド生まれ。ニューカッスル大学卒業後、1970年にオックスフォード大学で博士号を取得、1970年から1983年までイースト・アングリア大学歴史学部に所属し、1983年から現職。また、イェール大学国際安全保障研究所所長、イギリス王立歴史協会フェローなど数々の要職も務める。国際政治経済、軍事史に関する著作や論評で世界的に知られる。著書The Rise and Fall of the Great Powers: Economic Change and Military Conflict from 1500 to 2000,1987（『大国の興亡――1500年から2000年までの経済の変遷と軍事闘争（上・下）』1988年／決定版, 1993年）は、世界的なベストセラーとなった。ほかの著作としてPreparing for the Twenty-first Century, 1993（『21世紀の難問に備えて（上・下）』1993年）、Engineers of Victory: the Problem Solvers Who Turned the Tide in the Second World War,2013（『第二次世界大戦影の主役――勝利を実現した革新者たち』2013年）など、エッセイ集として『世界の運命』（中公新書2011)がある。

訳　者

山本文史（やまもと・ふみひと）

近現代史研究家。1971年フランス・パリ生まれ。獨協大学英語学科卒業、獨協大学大学院外国語学研究科修士課程修了、シンガポール国立大学（NUS）人文社会学部大学院博士課程修了。Ph.D.（歴史学）。著書・翻訳書にアザー・ガット『文明と戦争　上下』中央公論新社、2012年（共監訳）、『検証　太平洋戦争とその戦略（全３巻）』中央公論新社、2013年（共編著）、Japan and Southeast Asia: Continuity and Change in Modern Times (Ateneo de Manila University Press, 2014)（分担執筆）、キショール・マブバニ『大収斂――膨張する中産階級が世界を変える』中央公論新社、2015年（単訳）、『日英開戦への道――イギリスのシンガポール戦略と日本の南進策の真実』中公叢書、2016年（単著）、ニーアル・ファーガソン『大英帝国の歴史　上下』中央公論新社、2018年（単訳）などがある。

装　幀　中央公論新社デザイン室

イギリス海上覇権《かいじょうはけん》の盛衰《せいすい》　下
――パクス・ブリタニカの終焉《しゅうえん》

2020年8月10日　初版発行

著　者　ポール・ケネディ
訳　者　山本《やまもと》 文史《ふみひと》
発行者　松田 陽三
発行所　中央公論新社
〒100-8152　東京都千代田区大手町1-7-1
電話　販売 03-5299-1730　編集 03-5299-1740
URL http://www.chuko.co.jp/

DTP　嵐下英治
印　刷　大日本印刷
製　本　小泉製本

Published by CHUOKORON-SHINSHA, INC.
Printed in Japan　ISBN978-4-12-005324-5 C0022

中央公論新社好評既刊

日英開戦への道　中公叢書
——イギリスのシンガポール戦略と日本の南進策の真実

山本文史著

日米間より早く始まった日英開戦。その経緯を、イギリスの東洋政略の実態と当時のシーパワーのバランス、日本の南進策、陸海軍の対英米観の相異と変質を解読しながら検証する

情報と戦争
古代からナポレオン戦争、南北戦争、二度の世界大戦、現代まで

ジョン・キーガン
並木均訳

有史以来の情報戦の実態と無線電信発明以降の戦争の変化を分析、諜報活動と戦闘の結果の因果関係を検証しインテリジェンスの有効性について考察

総力戦としての第二次世界大戦
勝敗を決めた西方戦線の激闘を分析

石津朋之

十の事例から個々の戦いの様相はもとより、技術、政治指導者及び軍事指導者のリーダーシップ、さらに政治制度や社会のあり方をめぐる問題などにも言及、20世紀の戦争をめぐる根源的な考察。

ナチスが恐れた義足の女スパイ
伝説の諜報部員ヴァージニア・ホール

ソニア・パーネル
並木均訳

イギリス特殊作戦執行部（SOE）やアメリカCIAの前身OSSの特殊工作員として単身でナチス統治下のフランスに単身で潜入、仲間の脱獄や破壊工作に従事、レジスタンスからも信頼され、第二次世界大戦を勝利に導いた知られざる女性スパイの活躍を描く実話。

不穏なフロンティアの大戦略
辺境をめぐる攻防と地政学的考察

ヤクブ・グリギエル
A・ウェス・ミッチェル
奥山真司監訳／川村幸城訳

辺境における中国、ロシア、イランの「探り（プロービング）」を阻止できない米同盟の弱体化を指摘、日本など周辺との連携強化を提言

騎士道

レオン・ゴーティエ
武田秀太郎編訳

騎士の十戒の出典、幻の名著を初邦訳。騎士の起源、規範、叙任の実態が判明。ラモン・リュイ「騎士道の書」収録。「武勲詩要覧」付録

海戦の世界史

Naval Warfare: A Global History since 1860 by Jeremy Black

技術・資源・地政学からみる戦争と戦略

ジェレミー・ブラック 著／矢吹 啓 訳

甲鉄艦から大艦巨砲時代を経て水雷・魚雷、潜水艦、空母、ミサイル、ドローンの登場へ。技術革新により変貌する戦略と戦術、地政学と資源の制約を受ける各国の選択を最新研究に基づいて分析する海軍史入門

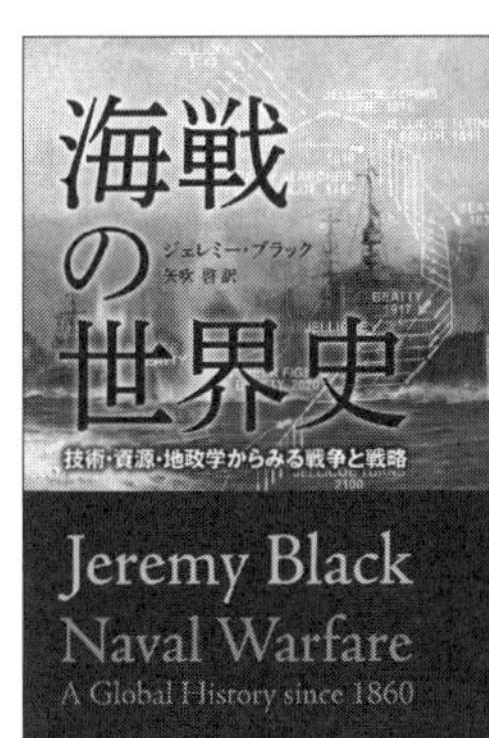